复杂网络控制系统的调度与控制

杜　锋　著

科 学 出 版 社
北　京

内 容 简 介

本书是作者多年来研究复杂网络控制系统(NCS)的网络调度时延补偿及其控制理论和方法的概括与总结. 本书深入研究一自由度内模控制、二自由度内模控制、改进内模控制，以及新型死区调度方法在传感器和控制器节点的实施方法. 以大量的仿真对比研究为例，通过仿真验证其方法的有效性. 以多输入多输出网络控制系统(MIMO-NCS)以及多输入多输出网络解耦控制系统(MIMO-NDCS)中的两输入两输出(TITO)系统结构作为分析与研究的对象，提出一些时延补偿与控制的新方法.

本书既注重对基本概念及理论的准确理解，又注重内容的新颖性和科学价值，同时还注重针对科学问题的研究方法与研究思路的介绍与分析. 本书可作为高等院校控制科学与工程、信息与通信工程、电子科学与技术、计算机科学与技术等学科及其相关专业本科生和研究生的专业参考书，也可供从事相关专业教学与科研、系统设计与应用的人员阅读和参考.

图书在版编目(CIP)数据

复杂网络控制系统的调度与控制/杜锋著. —北京：科学出版社，2017.5
ISBN 978-7-03-052731-8

Ⅰ.①复… Ⅱ.①杜… Ⅲ.①计算机网络-自动控制系统-调控
Ⅳ.①TP273

中国版本图书馆 CIP 数据核字(2017)第 100047 号

责任编辑：张海娜　王　苏 / 责任校对：桂伟利
责任印制：徐晓晨 / 封面设计：蓝正设计

科 学 出 版 社 出版
北京东黄城根北街 16 号
邮政编码：100717
http://www.sciencep.com

北京凌奇印刷有限责任公司 印刷
科学出版社发行　各地新华书店经销
*
2017 年 5 月第　一　版　开本：720×1000 1/16
2018 年 1 月第二次印刷　印张：12 3/4
字数：257 000

定价：85.00 元

(如有印装质量问题，我社负责调换)

前　　言

复杂网络控制系统(networked control system,NCS)涉及计算机、网络通信和控制等技术领域,是当今网络通信与控制理论研究中备受关注的国际前沿性重要课题. 近年来,NCS 已被广泛应用于复杂工业过程控制、电力系统、石油化工、智能交通、环境监测、航空航天、机器人以及国防和军事等多个领域.

目前,国内外对 NCS 的研究,主要是针对单输入单输出网络控制系统(SISO-NCS),分别在网络时延恒定、未知或随机,网络时延小于一个采样周期或大于一个采样周期,单包传输或多包传输,有无数据包丢失等条件下,对其进行数学建模或稳定性分析与控制等方面的研究. 但对实际工业过程中普遍存在的多输入多输出网络控制系统(MIMO-NCS)的研究则相对较少,尤其是对输入与输出信号之间存在耦合作用需要通过解耦处理的多输入多输出网络解耦控制系统(MIMO-NDCS)的时延补偿与控制的研究则相对更少.

近年来,随着 NCS 研究成果的不断涌现,国内外很多大学和科研院所都有从事 NCS 研究的团队,相关书籍也陆续出版,部分高校已经在本科生和研究生中开设 NCS 的学习课程. 但是,从系统结构上分析和设计 NCS 的时延补偿与控制,以及研究复杂 NCS 的网络调度与控制协同设计的书籍并不多见.

本书从 NCS 时延补偿方法"可实现化"的角度出发,从系统结构上研究时延补偿与控制的理论与方法,提出解决 NCS 时延"测不准"难题的新思想与新方法. 针对 MIMO-NCS 中输入与输出之间彼此影响及存在耦合作用需要通过解耦处理的 MIMO-NDCS,提出一些基于其系统结构的时延补偿新方法.

与此同时,基于控制与网络调度协同设计的思想,以确保各个 NCS 既稳定又满足其稳态控制性能质量(QoC)指标为目标,针对共享同一网络资源的 ML-NCS 体系结构的难点问题,提出在传感器和控制器节点中实施的新型死区调度方法,提高网络带宽资源的利用率.

本书从系统性、实用性、可读性和新颖性等角度写作,并配有很多仿真研究的实例,力求成为既介绍原理、又兼顾研究方法、更注重研究思路与研究过程问题的分析与求解的复杂 NCS 学习与研究的参考书.

本书的主要内容源于作者多年来从事 NCS 理论研究工作与工程实践经验的积累与总结. 全书共 17 章.

第 1 章分析基于内模控制(internal model control,IMC)的 NCS 结构、性质与内模控制器设计,并针对一自由度 IMC 的 NCS 进行仿真研究.

第 2 章分析基于二自由度 IMC 的 NCS 结构特点，以及内模控制器与反馈滤波器设计，并针对一自由度和二自由度 IMC 的 NCS 进行仿真对比研究.

第 3 章针对一阶不稳定时滞对象、二阶不稳定时滞对象、被控对象在原点处存在极点，以及在 s 右半平面存在零点的一类非最小相位系统，提出改进 IMC 的 NCS 结构与方法，并进行仿真研究.

第 4 章分析新型 Smith 预估补偿与 IMC 的 NCS 方法与特点，并进行仿真对比研究.

第 5 章分析国内外网络调度方法研究现状，针对死区调度存在的问题，基于控制与调度协同设计的思路，提出一种在控制器节点实施的新型死区调度方法.

第 6 章针对在控制器节点实施的新型死区调度方法进行仿真研究.

第 7 章提出在传感器和控制器节点同时设置传输死区的两种调度方法.

第 8 章针对传感器和控制器节点实施的两种调度方法进行仿真对比研究.

第 9 章在复杂网络环境下对两种调度方法进行仿真研究.

第 10 章以一种两输入两输出网络控制系统（TITO-NCS）结构为例，提出两种时延补偿方法.

第 11～17 章以 TITO-NDCS 的结构(1)～结构(7)为例，提出 11 种时延补偿方法.

本书涉及的科研成果是作者在国家自然科学基金项目“网络资源受限和大时延下的复杂网络控制系统研究”(61263001)以及科技部国际科技合作专项“海上多智能体应急搜救技术联合研究”(2015DFR10510)等项目的资助下取得的. 作者的科研工作得到海南大学南海海洋资源利用国家重点实验室以及海南海大信息产业园有限公司的大力支持，在此表示感谢!

在本书的编写过程中，黎锦钰和唐银清(第 1～4 章)，郭成(第 5 章)，雷楷、张霄羽和房先明(第 6～9 章)，马莲菇和李文缓(第 10 章)，黎锦钰和马莲菇(第 11～17 章)，对上述章节的编写及其仿真验证做了大量的工作，在此表示感谢!

最后，衷心感谢我的导师中国工程院院士钱清泉教授把我引入 NCS 的研究与应用领域，并一直工作至今.

由于作者水平有限，书中难免存在不妥之处，殷切希望广大读者批评指正.

杜　锋

2017 年 4 月于美丽的海南岛

目　　录

第 1 章　一自由度 IMC 的 NCS

1.1 引　　言

NCS 是指传感器、控制器及执行器节点通过实时通信网络构成的闭环反馈控制系统[1]. 与传统的控制系统相比,NCS 可实现资源共享,减少布线,系统容易扩展和维护,可提高系统的可靠性和安全性[2]. 但是,网络的存在势必引起网络诱导时延和数据丢包等现象[3]. 时延将导致系统性能的恶化,甚至引起系统不稳定[4].

针对 NCS 中存在的时延问题,首先可考虑采用常规 PID 控制方法进行控制. 但是,当外界环境条件发生变化,尤其是被控对象参数(或模型)也发生一定变化时,常规控制方法难以得到满意的控制效果,因而可考虑采用先进的控制理论与控制技术,如先进 PID 控制[5]、模糊控制[6]、模糊免疫控制[7]、神经网络控制[8]、Smith 预估器控制[9]等. 其中,先进 PID 控制因具有结构简单、容易实现、控制效果较好、鲁棒性强等优点而被广泛应用.

IMC 是一种新型控制策略,其算法设计简单,易于工程实现. 当被控对象参数(模型)发生一定变化或系统存在干扰时,仍具有较好的控制性能和较强的鲁棒性. IMC 为先进控制策略在远程复杂网络环境中的实际应用和实施提供了一定的理论基础,具有广泛的应用前景.

1.2 国内外研究现状

1.2.1 内模控制器

Garcia 等在 1982 年最先提出 IMC,其基本思路[10]是将被控对象与被控对象模型并联,在不考虑系统鲁棒性和输入约束条件且满足闭环系统的控制性能前提下,前馈控制器选取为被控对象模型的最小相位部分的逆模型,再添加一个前馈滤波器构成传统的内模控制器,以克服噪声与模型失配带来的影响,从而增强系统的鲁棒性.

1) 内模控制器设计

内模控制器设计方法主要有零极点相消法[10-13]、IMC-PID 法[14-18]、预测控制法[19]和有限拍法[20,21]等.

内模控制器的设计通常采用文献[10]提出的两步设计法,也叫零极点相消法,即首先假设在没有模型失配及干扰的情况下设计一个前馈控制器,取之为被控对象模型的最小相位部分的逆模型,以抵消模型的最小相位环节;然后在前馈控制器中添加相应阶次的前馈滤波器,以实现内模控制器的物理可实现性并提高系统的鲁棒性.由于其设计方法思路清晰,简单易行,因此被广泛应用[10-13].但其缺点是当被控对象含有不稳定的零点时,系统的输出有可能产生较大的超调,甚至使系统不稳定.

IMC-PID 方法是首先对被控对象滞后环节采用 Pade 近似[14,15],然后对被控对象无纯滞后部分导出只需要整定一个参数的 IMC-PID 控制.由于此方法控制器中需要调整的参数只有一个,在线调整方便,因而也被广泛应用[16-18].李洪文[16]将其方法应用到大型望远镜伺服系统中,验证了方法的实用性;卢秀和等[17]针对风力发电系统数学模型复杂、时变性强、参数间存在耦合及受外部干扰严重等特点,验证了其控制方法的有效性;陶睿等[18]针对城市供水出水浊度过程是一个大惯性、大时滞、非线性、时变以及容易受随机干扰影响的被控对象,验证了其控制方法的实用性与有效性.

预测控制方法是利用对象模型对输出进行预测的一种方法.孙建平等[19]采用此方法,利用控制增量加权的二次型性能指标和输出误差来求取其控制器;杨明杰等[20]提出一种基于模型的闭环优化预测控制策略,用于具有纯滞后的过程控制中,获得了较好的控制效果.

有限拍方法是根据有限拍控制要求,控制量在有限个采样周期内使系统达到稳态.喻晓红等[21,22]探讨了在控制精度、跟踪误差最优、能量最优以及误差能量综合二次型最优指标下,有限拍内模控制器的设计方法.

2) 滤波器设计

如果被控对象模型中含有位于右半平面的零点或者存在时滞环节,这将会使控制器失去物理可实现性,加之若被控对象参数(或模型)发生一定变化也可能会使系统失去稳定性.因此,可以考虑在反馈回路中添加一个反馈滤波器,以实现内模控制器的物理可实现性,同时提高系统的稳定性和鲁棒性.Masayuki 等[23]详细介绍了常规滤波器的设计方法;陈娟等[24]建立了滤波器时间常数模型整定规则,提出通过在线调整滤波器时间常数,可进一步提高系统的控制品质和鲁棒性.

3) 被控对象模型中时滞环节的处理

在 IMC 的设计过程中,对被控对象模型中时滞环节的处理,通常采用以下几种方法:用一阶 Pade 近似线性化处理方法[25],在滞后较大的情况下逼近效果较好,但会引入新的零点或在初始时刻产生波动;王蕾蕾等[26]对系统纯滞后环节进行一阶 Pade 近似线性化处理后,再依据模糊控制规则,对由内模整定得到 PID 控制器的参数值进行在线二次自整定,从而使系统有较好的调节性能;王文新等[27]采用非对称二阶 Pade 近似的方法处理时滞环节,减小超调量,缩短调节时间,获取更好的系统响应特性;万振磊等[28]采用全极点逼近展开方法,在逼近过程中克服引入零点的缺点.

1.2.2 IMC

针对IMC的研究,通常是对被控对象的时滞环节采用Pade近似线性化处理[29];用针对连续系统的劳斯稳定判据和针对状态空间的李雅普诺夫方法得到保持系统稳定所允许的最大时延阈值[30];在内模通道中引入时延预测环节,利用对历史时延数据进行储存、对下一时刻的时延值进行预测的方法[31];假设网络总的时延等于从控制器到执行器的前向网络通路传输的时延加上从传感器到控制器的反馈网络通路传输的时延,且假设网络时延小于1个采样周期,从而可以不考虑时钟同步的问题[32];对于大于1个采样周期的网络时延,通常采用设置接收缓冲区的方法将随机时延用最大时延代替,将随机性时变时延变成确定性时延,从而使系统的稳定性得到改善[33].但是,通常情况下,网络时延都是随机不确定、难以事先准确预测的,而且在实际的控制过程中,网络时延也往往大于1个采样周期.如果引入缓冲区,将随机时变时延用最大时延来代替,可能人为增大时延,从而对系统的控制性能造成一定的负面影响.温阳东等[34]基于文献[9]的新型Smith预估补偿器控制方法,采用Smith预估补偿器与IMC的等价变换方法,提出针对NCS的IMC方法.但是,其研究未能在有网络存在的环境下进行验证测试,忽略了采样周期、网络数据传输丢包、网络随机时延等因素对NCS的影响.

针对文献[34]的存在的问题,本书作者进一步研究了IMC的NCS.考虑到采样周期,网络数据传输丢包概率和数据传输速率等因素对系统的影响,在动态网络环境下进行了仿真验证研究.其结果表明:基于IMC的NCS可免除对网络时延进行的预测、辨识或估计,降低系统对节点时钟信号同步的要求,可免除设置信号接收缓存器.其适用于网络时延是随机、时变或不确定,大于1个乃至数十个采样周期,网络中可存在一定量的数据包丢失,被控对象参数(或模型)发生一定变化的NCS中的应用.

基于一自由度IMC的NCS中仅有一个可调的参数,因此往往要在跟踪性和鲁棒性之间进行折中,难以同时取得最优的动态性能和最强的鲁棒性.解决这个问题的有效途径是采用二自由度结构[35-41],通过设置不同的跟踪控制器和抗干扰控制器,分别对跟踪性能和鲁棒性能进行调节,提高系统的控制性能质量.于湘涛等[35]针对电厂主蒸汽温度大惯性、大滞后被控对象,设计二自由度内模PID控制器,其控制器中有两个调节参数,一个用来调节系统的位置跟随性能,另一个用来调整系统的干扰抑制特性和鲁棒性,但需要将纯滞后环节用Pade线性化处理进行逼近;赵曜[36]提出利用频域理论中传递函数互质分解的方法以求取闭环系统稳定的控制器;汤伟等[37]提出对被控对象先行在线辨识的方法用以设计内模控制器;

彭可等[38]设计的二自由度 IMC 系统,需要假设节点时钟同步,采用设置接收缓冲区的方法将随机时延用最大时延代替,使系统的稳定性得到改善,但人为增加了额外的时延,从而影响系统的控制性能;Liu[39]、喻晓红等[40]针对过程控制中对象不够精确、系统中存在干扰或者被控对象参数发生变化的情况,提出用内模前馈控制器及反馈滤波器的二自由度 IMC 结构,以提高控制系统的抗干扰能力和鲁棒性能;Chen 等[41]在文献[39]和文献[40]的基础上,提出采用模糊神经网络方法,自适应调整滤波器常数,使滤波器能跟随外部环境的变化进行调整,从而获取更好的控制性能. 但是,文献[39]～文献[41]都仅在没有网络协议的静态环境下进行仿真研究,忽略了网络数据传输丢包、网络不确定性时延等因素对 NCS 的影响.

为此,本书作者提出二自由度 IMC 的 NCS,并将其方法在动态网络环境下进行仿真研究. 其结果表明:基于二自由度 IMC 的 NCS,具有比一自由度 IMC 的 NCS 更好的控制性能和抗干扰能力.

1.2.3 IMC 与先进控制结合

许多研究者把 IMC 与其他智能控制相结合,形成多种复合控制. Danlel 等[42]将 PID 与 IMC 结合;Li 等[43]在二自由度 IMC 的反馈回路中采用了模糊控制器,有效防止了被控对象参数(或模型)发生一定变化时系统控制性能变差甚至不稳定的状况,同时又解决了模糊控制的稳态误差问题;袁桂丽等[44]将免疫反馈控制与内模控制相结合,有效缓解 IMC 中只有一个可调整参数需要在鲁棒性和快速性之间进行折中的矛盾;Zhou 等[45]、Zhao 等[46]将 IMC 与神经网络相结合,利用神经网络充分逼近复杂非线性系统的能力对被控对象进行建模;王建平等[47]使用小波神经网络的方法,分别逼近非线性系统中的被控对象模型和被控对象的逆模型,并分析了小波神经网络 IMC 的稳定性和鲁棒性问题;Chidrawar 等[48]、侯明冬等[49]提出通过神经网络的在线学习能力,实时整定内模控制器的可调参数,以增强系统的稳定性和鲁棒性;Zhang 等[50]提出利用自适应模糊神经网络的 IMC 方法,解决由于网络时延带来的不稳定性问题;侯萍等[51]将 IMC 与单神经元相结合,利用单神经元的自学习与自适应能力,使系统具有较强的鲁棒性.

1.3 基于 IMC 的 NCS

基于 IMC 的 NCS 如图 1.1 所示.

图 1.1 中,$C_{IMC}(s)$是内模控制器,系统输出 $y(s)$与内部模型输出 $y_m(s)$的差值为 Δy,此时传感器发送的信号和控制器接收的信号不再是系统的输出 y 而是 Δy. 假设传感器采用时间驱动,内模控制器 $C_{IMC}(s)$和执行器采用事件驱动,被控对象的传递函数 $G(s)$已知,$d(s)$为干扰信号,τ_{sc}为信号从传感器节点向控制器节点传

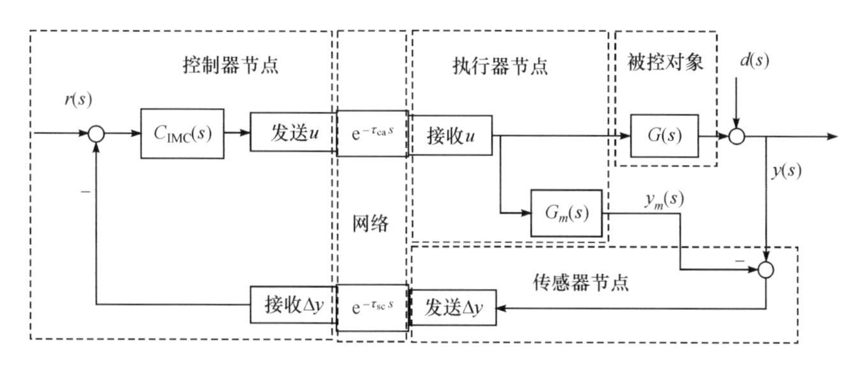

图1.1　基于IMC的NCS

输的反馈通路网络时延，τ_{ca}为信号从控制器节点向执行器节点传输的前向通路网络时延.在被控对象$G(s)$端并联一个被控对象的内部模型$G_m(s)$，基于IMC的NCS输出为

$$\begin{aligned} y(s)= & \frac{C_{IMC}(s)e^{-\tau_{ca}s}G(s)}{1+C_{IMC}(s)e^{-\tau_{ca}s}[G(s)-G_m(s)]e^{-\tau_{sc}s}}r(s) \\ & +\frac{1-C_{IMC}(s)e^{-\tau_{ca}s}G_m(s)e^{-\tau_{sc}s}}{1+C_{IMC}(s)e^{-\tau_{ca}s}[G(s)-G_m(s)]e^{-\tau_{sc}s}}d(s) \end{aligned} \tag{1-1}$$

由式(1-1)可得系统的目标值跟踪传递函数为

$$\frac{y(s)}{r(s)}=\frac{C_{IMC}(s)e^{-\tau_{ca}s}G(s)}{1+C_{IMC}(s)e^{-\tau_{ca}s}[G(s)-G_m(s)]e^{-\tau_{sc}s}} \tag{1-2}$$

系统的干扰抑制传递函数为

$$\frac{y(s)}{d(s)}=\frac{1-C_{IMC}(s)e^{-\tau_{ca}s}G_m(s)e^{-\tau_{sc}s}}{1+C_{IMC}(s)e^{-\tau_{ca}s}[G(s)-G_m(s)]e^{-\tau_{sc}s}} \tag{1-3}$$

系统的闭环特征方程为

$$1+C_{IMC}(s)e^{-\tau_{ca}s}[G(s)-G_m(s)]e^{-\tau_{sc}s}=0 \tag{1-4}$$

式(1-4)中包含了网络时延τ_{ca}和τ_{sc}的指数项$e^{-\tau_{ca}s}$和$e^{-\tau_{sc}s}$，时延的存在将恶化系统的控制性能，甚至导致系统不稳定.

(1) 由式(1-2)可知，当$G_m(s)=G(s)$时，目标值跟踪传递函数可改写为

$$\frac{y(s)}{r(s)}=C_{IMC}(s)e^{-\tau_{ca}s}G(s) \tag{1-5}$$

此时，闭环控制系统相当于一个开环控制系统，系统的稳定性仅与被控对象和控制器的稳定性有关，因此，只要被控对象和控制器本身是稳定的，其系统就是稳定的.式(1-5)的等效结构如图1.2所示.

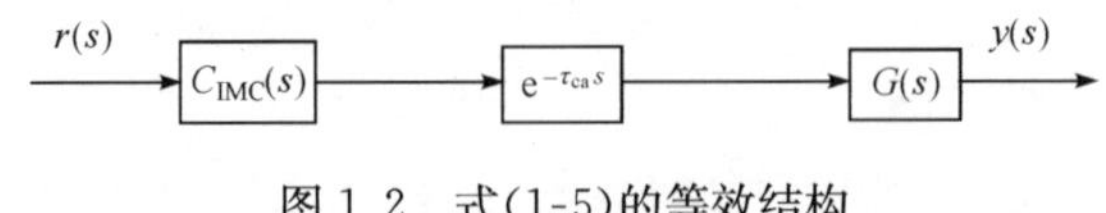

图 1.2　式(1-5)的等效结构

(2) 由式(1-2)可知,当 $G_m(s)\neq G(s)$时,在反馈回路中,反馈信号除了含有原来的系统干扰、网络时延信息以外,还包含被控对象与被控对象内部模型不匹配的一些信息. 因此,可以根据这些反馈信息选择合适的内模控制器,降低其给系统控制性能带来的影响,以提高系统的鲁棒性.

1.4　IMC 的基本性质

IMC 通常具有以下几项基本性质[52]:

(1) 对偶稳定性。

如果模型准确,即 $G_m(s)=G(s)$,则由式(1-5)所示的闭环传递函数可知,使系统稳定的充分条件是被控对象 $G(s)$和 IMC 传递函数 $C_{IMC}(s)$都稳定,即对偶稳定. 通过利用对偶稳定性的判据对系统的稳定性进行辨识与判断,使其分析变得简单容易,特别是对于具有纯滞后的非线性控制系统,其稳定性的分析尤其复杂,通过对偶稳定性,可以对系统稳定性的分析进行一定的简化.

如果模型不准确,即 $G_m(s)\neq G(s)$,则由式(1-2)所示的闭环传递函数可知,要使系统稳定的充分条件是除了要求被控对象 $G(s)$和 IMC 传递函数 $C_{IMC}(s)$都稳定,还要求式(1-4)所示的闭环特征方程的特征根都落在 s 域的左半开平面,这需要通过选择合适的内模控制器来保证.

(2) 理想控制器特性。

内模控制器的设计一般先忽略模型不精确和系统的干扰等因素对系统的影响,设计一个理想的前馈控制器,然后添加相应阶次的滤波器来调节系统的各种性能,从而改善控制品质.

(3) 稳态无静差性。

如果内模控制器的静态增益等于被控对象内部模型的静态增益的倒数,则在闭环系统稳定的情况下,稳态偏差为零.

1.5　IMC 设计

设计内模控制器一般采用零极点相消法,即两步设计法[10]:第一步是设计一个被控对象模型的逆模型作为前馈控制器;第二步是在前馈控制器中添加一定阶次的前馈滤波器,构成一个完整的内模控制器.

1.5.1 前馈控制器

先忽略被控对象与被控对象模型不完全匹配时的误差、系统的干扰以及其他各种约束的条件等因素，选择内部模型等于被控对象，即

$$G_m(s)=G(s) \tag{1-6}$$

此时，被控对象内部模型可以根据被控对象的零极点分布状况划分为

$$G_m(s)=G_{m+}(s)G_{m-}(s) \tag{1-7}$$

式中，$G_{m+}(s)$为$G_m(s)$中包含纯滞后环节和 s 右半平面的零极点为不可逆部分；$G_{m-}(s)$为被控对象的最小相位的可逆部分.

通常，前馈控制器可选取为

$$C(s)=G_{m-}^{-1}(s) \tag{1-8}$$

1.5.2 前馈滤波器

由于被控对象中的纯滞后环节和位于 s 右半平面的零极点会影响前馈控制器的物理实现性，因此在前馈控制器的设计过程中只取了被控对象最小相位的可逆部分 $G_{m-}(s)$，忽略了 $G_{m+}(s)$；又因为被控对象与被控对象模型之间往往不完全匹配而存在误差，系统中还有干扰信号，这些因素都有可能使系统失去稳定性. 为此，可以在前馈控制器中添加一定阶次的前馈滤波器，降低以上因素对系统的影响，最终提高系统的鲁棒性.

通常把前馈滤波器选取为比较简单的 n 阶滤波器的形式，即

$$f(s)=\frac{1}{(\lambda s+1)^n} \tag{1-9}$$

式中，λ 为前馈滤波器时间常数；n 为前馈滤波器的阶次，且 $n=n_a-n_b$，n_a 为被控对象分母的阶次，n_b 为被控对象分子的阶次，通常 $n>0$.

1.5.3 内模控制器

综合上述 1.5.1 小节和 1.5.2 小节的内容，内模控制器可取为

$$C_{\mathrm{IMC}}(s)=C(s)f(s)=G_{m-}^{-1}(s)\frac{1}{(\lambda s+1)^n} \tag{1-10}$$

1.6 模型分析

通过 1.5 节的介绍，在了解内模控制器的设计方法后，对基于 IMC 的 NCS 进行简要分析.

(1) 当模型匹配，即 $G(s)=G_m(s)$时，由式(1-5)和式(1-10)可得系统的目标

值跟踪特性传递函数为

$$\frac{y(s)}{r(s)}=f(s)\mathrm{e}^{-\tau_{\mathrm{ca}}s}G_{m+}(s)=\frac{1}{(\lambda s+1)^n}\mathrm{e}^{-\tau_{\mathrm{ca}}s}G_{m+}(s) \tag{1-11}$$

由式(1-3)和式(1-10)可得系统的干扰抑制特性传递函数为

$$\frac{y(s)}{d(s)}=1-\frac{1}{(\lambda s+1)^n}\mathrm{e}^{-\tau_{\mathrm{ca}}s}G_{m+}(s)\mathrm{e}^{-\tau_{\mathrm{sc}}s} \tag{1-12}$$

由式(1-11)和式(1-12)可知:当模型匹配时,系统的跟踪性能和抗干扰能力都是由滤波器 $f(s)$和被控对象的不可逆部分 $G_{m+}(s)$决定的,由于被控对象一旦确定,$G_{m+}(s)$通常不会改变. 因此,由式(1-11)可得系统的跟踪性能将随着 $f(s)$中可调节参数 λ 的减小而变好,而由式(1-12)可知系统的抗干扰能力将随着 $f(s)$中可调节参数 λ 的减小而变差.

(2) 当模型不匹配,即 $G(s)\neq G_m(s)$时,将式(1-7)和式(1-10)代入式(1-2),可得系统的目标值跟踪特性传递函数为

$$\frac{y(s)}{r(s)}=\frac{G_{m-}^{-1}(s)f(s)\mathrm{e}^{-\tau_{\mathrm{ca}}s}G(s)}{1+G_{m-}^{-1}(s)f(s)\mathrm{e}^{-\tau_{\mathrm{ca}}s}[G(s)-G_m(s)]\mathrm{e}^{-\tau_{\mathrm{sc}}s}} \tag{1-13}$$

由式(1-3)和式(1-10)可得系统的干扰抑制特性传递函数为

$$\frac{y(s)}{d(s)}=\frac{1-G_{m-}^{-1}(s)f(s)\mathrm{e}^{-\tau_{\mathrm{ca}}s}G_m(s)\mathrm{e}^{-\tau_{\mathrm{sc}}s}}{1+G_{m-}^{-1}(s)f(s)\mathrm{e}^{-\tau_{\mathrm{ca}}s}[G(s)-G_m(s)]\mathrm{e}^{-\tau_{\mathrm{sc}}s}} \tag{1-14}$$

由式(1-13)和式(1-14)可知:当模型不匹配时,系统的跟踪性能和抗干扰能力除了与 $G_m(s)$和 $f(s)$有关,还与被控对象 $G(s)$有关. 当被控对象发生一定变化时,系统的跟踪性能和抗干扰能力将受到影响,而 $G_m(s)$是一开始设计好的内部模型,$G_{m-}(s)$是被控对象的最小相位部分. 因此,$f(s)$中可调节参数 λ 的选择对系统的跟踪性能和抗干扰能力有着重要的影响.

综前所述:无论模型是否匹配,一个自由度内模控制器中都只有一个可调节参数 λ,它与系统的跟踪性能和抗干扰能力都有着直接的关系. 一般来说,当按照系统的目标值跟踪特性整定 λ 时,系统的干扰抑制特性会稍差;当按照干扰抑制特性整定 λ 时,系统的目标值跟踪特性会稍差. 因此,在整定滤波器的可调节参数 λ 时,一般要在系统的跟踪性与抗干扰能力两者之间进行折中选择,因而难以达到最优.

1.7 一自由度 IMC 的 NCS 仿真

本节的仿真将重点研究 IMC 模型与真实被控对象模型及其参数存在不匹配、网络存在一定量的数据丢包、闭环控制回路存在阶跃干扰情况下的系统的鲁棒性和抗干扰能力. 涉及的网络协议为有线网络 CSMA/CD(Ethernet)以及无线网络 IEEE802.11b/g(WLAN). 采用图 1.1 所示的基于 IMC 的 NCS 结构,网络时延是随机、时变或不确定,大于数个乃至数十个采样周期,将 IMC 与常规 PI 控制进行

对比研究.

1.7.1　仿真设计

基于 MATLAB/Simulink/Truetime 1.5 仿真工具,搭建 IMC 的 NCS 仿真平台,选择网络协议 CSMA/CD(Ethernet),仿真系统由传感器节点、控制器节点、执行器节点、干扰节点(用来模拟其他控制回路或者节点占用网络带宽资源的情况)、网络以及被控对象组成.

传感器节点采用时间驱动工作方式,采样周期为 0.010s,控制器节点和执行器节点采用事件驱动工作方式.网络传输速率为 80kbit/s,最小帧为 40bit.参考信号 r 选取为幅值从 −1.0 到 +1.0 变化的方波信号,仿真时间为 10.000s.在第 9.000s 时加入幅值为 0.4 的阶跃干扰信号,用于测试系统的抗干扰能力.

被控对象选取为一阶惯性加纯滞后环节:

$$G(s)=\frac{100}{s+100}\mathrm{e}^{-0.020s} \tag{1-15}$$

为了便于对比,仿真中选择如下两个 NCS 控制回路:

(1) 第一个控制回路采用常规 PI 控制算法,其 PI 控制器的比例增益为 $K_{\mathrm{p}}=0.1338$,积分时间为 $T_{\mathrm{i}}=0.0263$.

(2) 第二个控制回路采用 IMC,其前馈控制器为 $C(s)=G_{m-}^{-1}(s)=(s+100)/100$,根据式(1-9),可选择一阶滤波器为 $f(s)=1/(\lambda s+1)$,选择内模控制器为 $C_{\mathrm{IMC}}(s)=C(s)f(s)=(s+100)/[100(\lambda s+1)]$.根据系统控制性能质量要求,在响应时间和超调量之间进行折中,内模控制器的滤波器时间常数选择为 $\lambda=0.1$.

1.7.2　仿真研究

在以下系统响应的仿真结果图中,y_1 为 PI 控制,y_2 为 IMC.

1. 网络数据丢包概率为 0.0,干扰节点占用网络带宽为 0.0%

系统输出响应的仿真结果如图 1.3 所示.

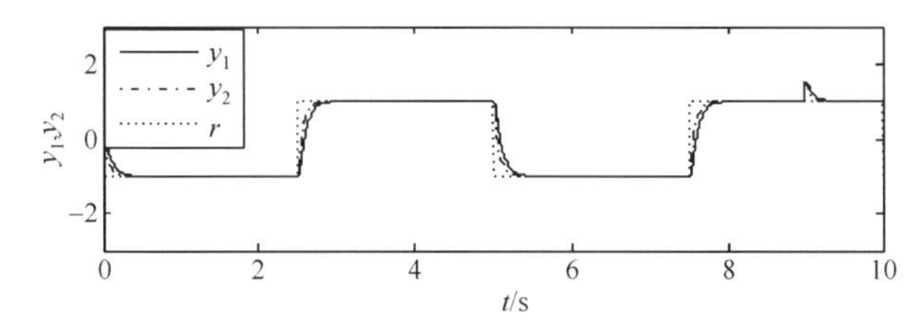

图 1.3　系统输出响应曲线

从图 1.3 中可以看出:在无网络丢包和干扰节点占用带宽的情况下,PI 控制与 IMC 的 NCS 效果相当,控制性能都能满足系统要求.

2. 网络数据丢包概率为 0.3，干扰节点占用网络带宽为 47.5%

系统输出响应的仿真结果如图 1.4 所示.

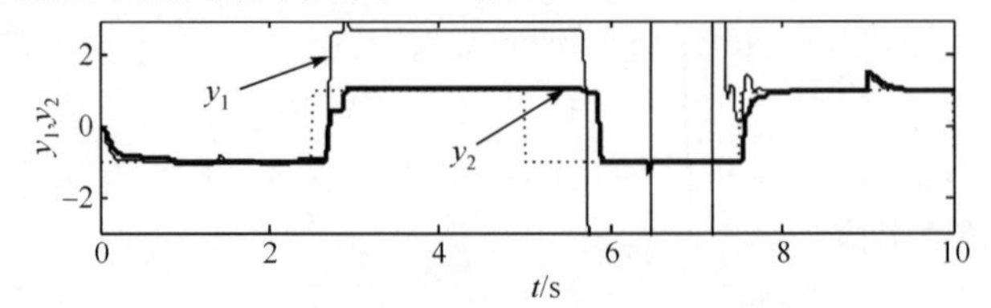

图 1.4　系统输出响应曲线

网络时延 τ_{sc}和 τ_{ca}分别如图 1.5 和图 1.6 所示.

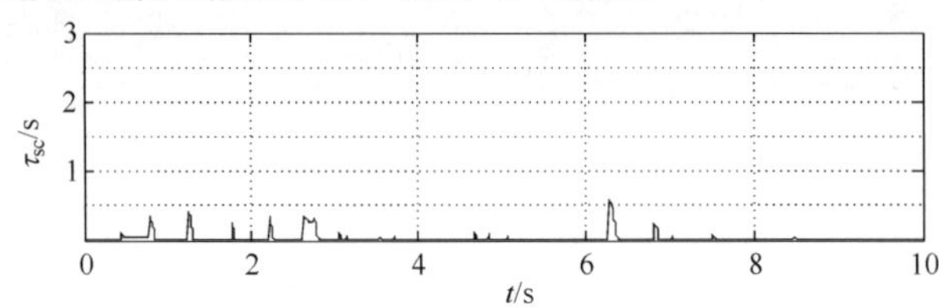

图 1.5　从传感器到控制器的网络时延 τ_{sc}

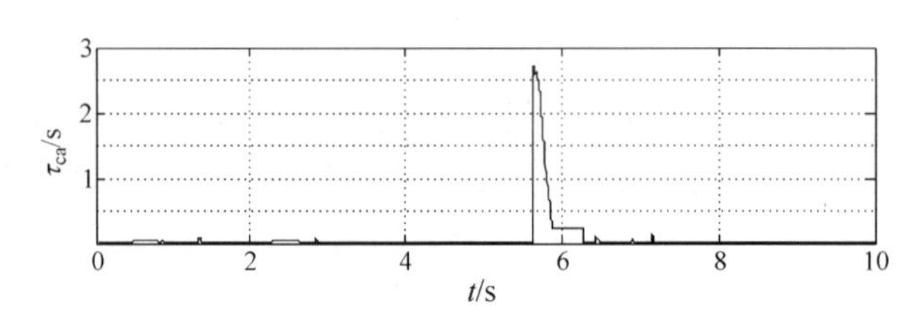

图 1.6　从控制器到执行器的网络时延 τ_{ca}

网络数据丢包 d_{sc}和 d_{ca}如图 1.7 和图 1.8 所示.

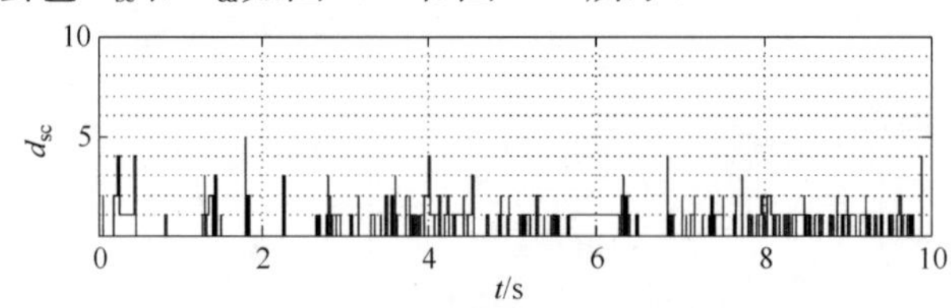

图 1.7　从传感器到控制器的数据丢包 d_{sc}

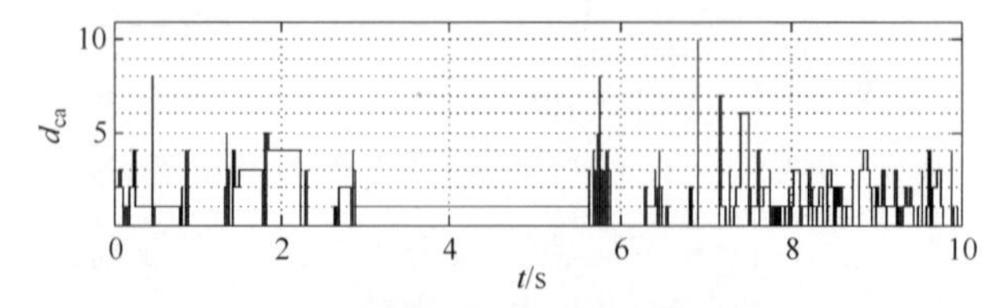

图 1.8　从控制器到执行器的数据丢包 d_{ca}

由图1.4～图1.8中可以得出如下结论：

(1) 采用常规PI控制的系统输出 y_1 随着网络时延 τ_{sc} 和 τ_{ca} 的增大而增大，数据丢包 d_{sc} 和 d_{ca} 数量随之增多，在5.800～7.500s内，y_1 输出的超调量变得很大，难以满足系统控制性能质量要求；而IMC的NCS，其系统输出 y_2 的超调量很小，完全满足系统控制性能质量要求.

(2) 当在9.000s时刻加入幅值为0.4的阶跃干扰信号，PI控制和IMC的NCS都能迅速响应并快速跟踪给定值，由此可见，两种控制算法的抗干扰能力都较强.

(3) 网络时延 τ_{sc} 和 τ_{ca} 都是不确定、随机变化的，在采样周期为0.010s的情况下，τ_{sc} 和 τ_{ca} 的最大时延值分别是0.600s和2.650s，已超过60个和265个采样周期.

(4) 在网络数据丢包概率为0.3的情况下，从传感器到控制器的数据丢包 d_{sc} 的最大值为5个；从控制器到执行器的数据丢包 d_{ca} 的最大值为10个.

3. 网络数据丢包概率为0.3，干扰节点占用网络带宽为47.5%，被控对象参数发生变化

改变式(1-15)中被控对象的参数，使其纯滞后时间从0.020s增加至0.040s，静态增益系数比原来增加20%，时间常数则比原来减小20%，与内部模型参数不再匹配，此时的被控对象为

$$G(s)=\frac{120}{0.8s+100}e^{-0.040s} \tag{1-16}$$

系统输出响应的仿真结果如图1.9所示.

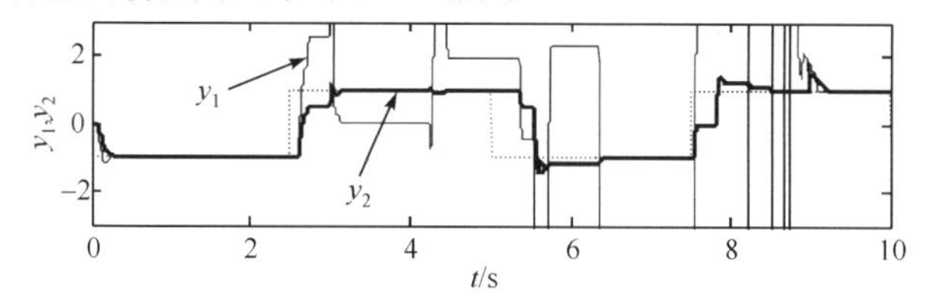

图1.9　被控对象参数发生变化时系统输出响应曲线

网络时延 τ_{sc} 和 τ_{ca} 分别如图1.10和图1.11所示.

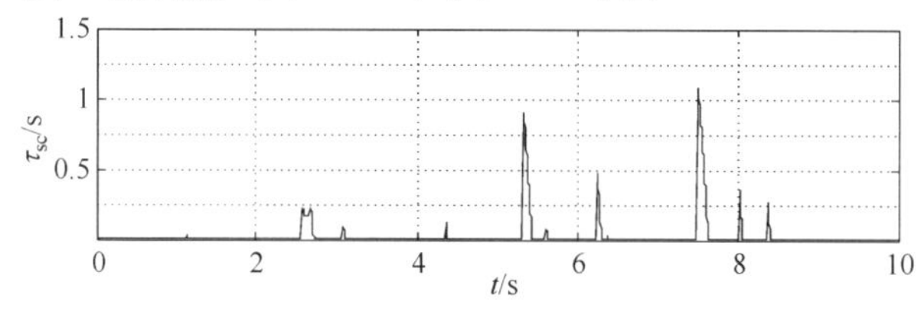

图1.10　从传感器到控制器的网络时延 τ_{sc}

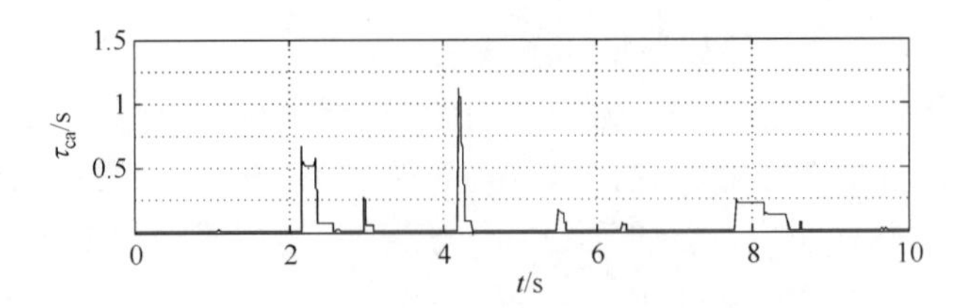

图 1.11　从控制器到执行器的网络时延 τ_{ca}

数据丢包 d_{sc}和 d_{ca}分别如图 1.12 和图 1.13 所示.

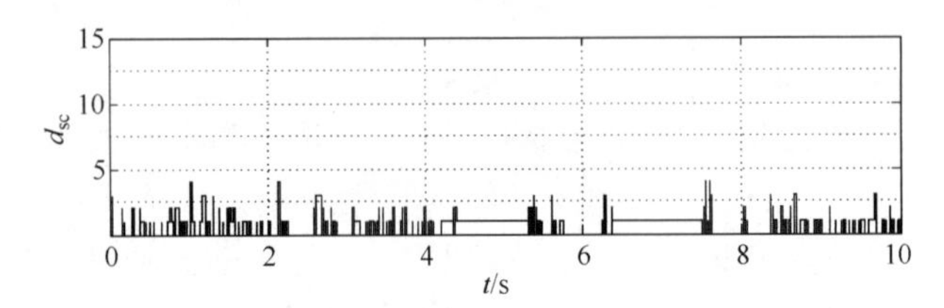

图 1.12　从传感器到控制器的数据丢包 d_{sc}

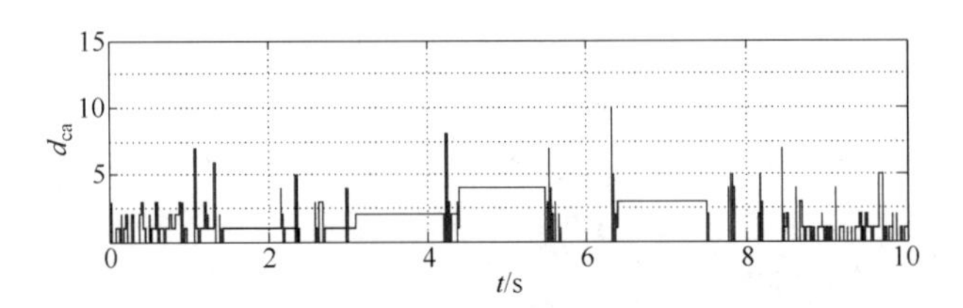

图 1.13　从控制器到执行器的数据丢包 d_{ca}

由图 1.9～图 1.13 中可以得出如下结论：

(1) 常规 PI 控制的系统输出 y_1 随着网络时延 τ_{sc}和 τ_{ca}的增大而增大，数据丢包 d_{sc}和 d_{ca}也随之增多，在 2.600～8.900s 内，y_1 输出的超调量很大，控制效果很差；而 IMC 能快速地跟踪方波，系统输出 y_2 的超调量很小，满足系统控制性能质量要求.

(2) 在 9.000s 时加入幅值为 0.4 的阶跃干扰信号，虽然模型已不再匹配，但 PI 控制和 IMC 都能够迅速响应并使之快速地跟踪给定值，两种算法的抗干扰能力都较强.

(3) 网络时延 τ_{sc}和 τ_{ca}都是不确定、随机变化的，在采样周期为 0.010s 的情况下，τ_{sc}和 τ_{ca}的最大时延值分别是 1.100s 和 1.150s，已超过 110 个和 115 个采样周期.

(4) 在网络数据丢包概率为 0.3 的情况下，数据丢包 d_{sc}和 d_{ca}的最大值分别是 4 个和 10 个.

综上所述，仿真结果表明：基于 IMC 的 NCS 无论在超调量的大小、响应时间的长短还是抗干扰能力方面都能满足控制性能质量要求，因此，基于 IMC 的 NCS 是有效的.

1.8　一自由度 IMC 的 WNCS 仿真

1.8.1　仿真设计

基于 MATLAB/Simulink/Truetime1.5 仿真工具，被控对象选用一阶惯性加纯滞后单元，搭建 IMC 的 WNCS 仿真平台，无线网络选择 IEEE802.11b (WLAN)，采样周期为 0.010s，传输速率为 80kbit/s，最小帧长度大小为 272bit，发射功率为 20dBm，接收信号阈值为 −48dBm，信号衰减指数为 3.5，确认超时时间为 0.00004s，节点重传次数的上限为 5，误码上限为 0.03.

参考信号 r 采用幅值从 −1.0 到 +1.0 的方波信号，仿真时间为 10.000s. 在第 9.000s 时加入幅值为 0.4 的阶跃干扰信号用于测试系统的抗干扰性.

被控对象选取一阶惯性加纯滞后环节：

$$G(s)=\frac{100}{s+100}e^{-0.030s} \tag{1-17}$$

根据被控对象的表达式可知，被控对象的最小相位部分 $G_{m-}(s)=100/(s+100)$，不可控部分 $G_{m+}(s)=e^{-0.030s}$，可得前馈控制器为 $C(s)=G_{m-}^{-1}(s)=(s+100)/100$，因被控对象为一阶系统，选择相应阶次的一阶滤波器 $f(s)=1/(\lambda s+1)$，其内模控制器为

$$C_{\mathrm{IMC}}(s)=C(s)f(s)=\frac{s+100}{100(\lambda s+1)} \tag{1-18}$$

为了获得较佳的输出响应曲线，在响应时间和超调量之间进行折中，内模控制器选择滤波器参数 $\lambda=0.1$. 对比实验中的 PI 控制器比例增益选取为 $K_p=0.3328$，积分时间常数选择为 $T_i=0.0263$.

1.8.2　仿真研究

在以下系统输出响应的仿真结果图中，y_1 为 IMC，y_2 为 PI 控制.

1. 模型匹配，即 $G_m(s)=G(s)$，干扰节点占用网络带宽 80%

系统输出响应的仿真结果如图 1.14 所示.

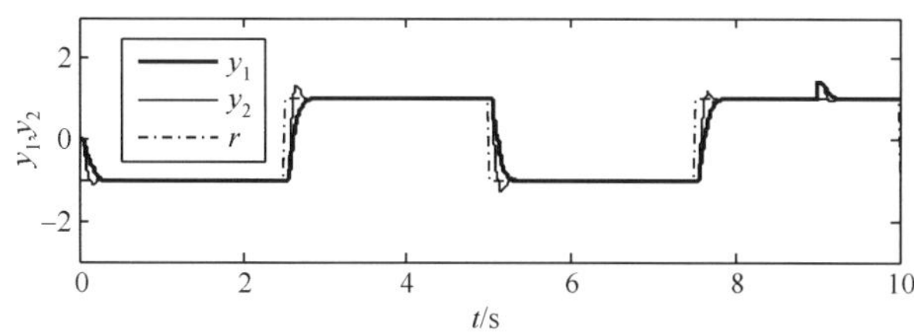

图 1.14　模型匹配时的系统输出响应曲线

由图 1. 14 可知，在模型匹配时，IMC 和 PI 控制均能很好地跟踪给定信号，在 9. 000s 时加入阶跃干扰信号后，都能快速恢复跟踪给定信号，IMC 的效果略好于 PI 控制.

2. 模型参数失配，干扰节点占用网络带宽 80%

被控对象变为

$$G(s)=\frac{150}{0.5s+100}\mathrm{e}^{-0.040s} \tag{1-19}$$

其中，被控对象的静态增益由 100 增至 150，时间常数变为 0. 5，纯滞后时间增至 0. 040s，系统输出响应的仿真结果如图 1. 15 所示.

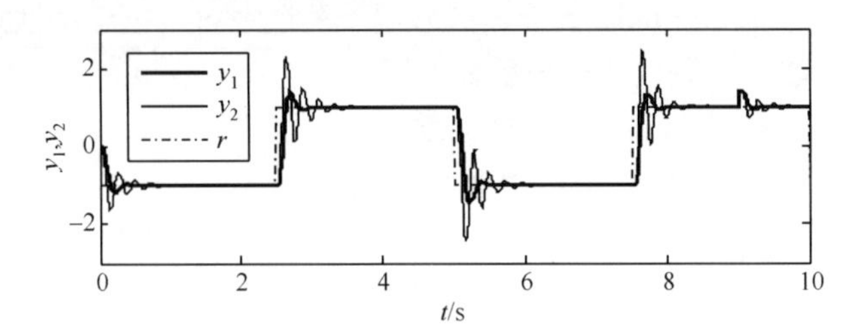

图 1. 15　被控对象参数变化时的系统输出响应曲线

3. 模型失配，干扰节点占用网络带宽 80%

被控对象由一阶系统变为二阶系统，纯滞后时间增至 0. 060s，被控对象变为

$$G(s)=\frac{1770}{s^2+60s+1770}\mathrm{e}^{-0.060s} \tag{1-20}$$

系统输出响应的仿真结果如图 1. 16 所示.

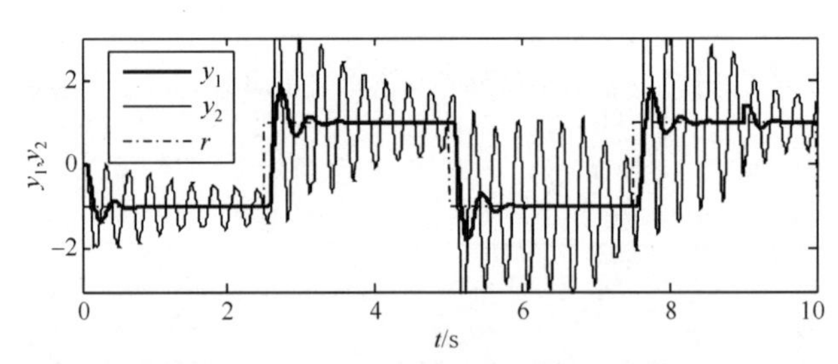

图 1. 16　被控对象变为二阶惯性加纯滞后单元时的系统输出响应曲线

网络时延 τ_{sc} 和 τ_{ca} 分别如图 1. 17 和图 1. 18 所示.

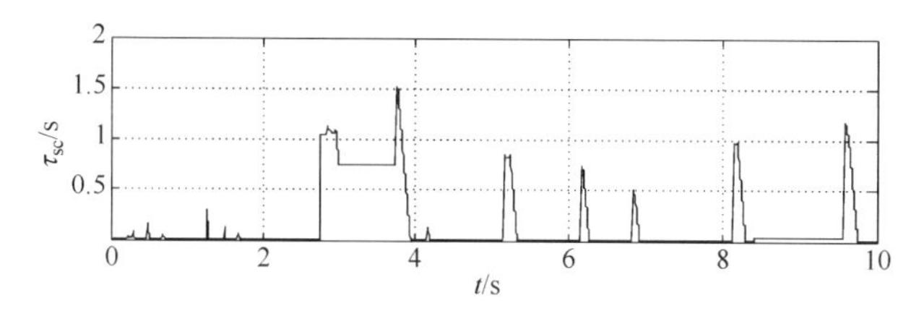

图 1.17 从传感器节点到控制器节点传输时延 τ_{sc}

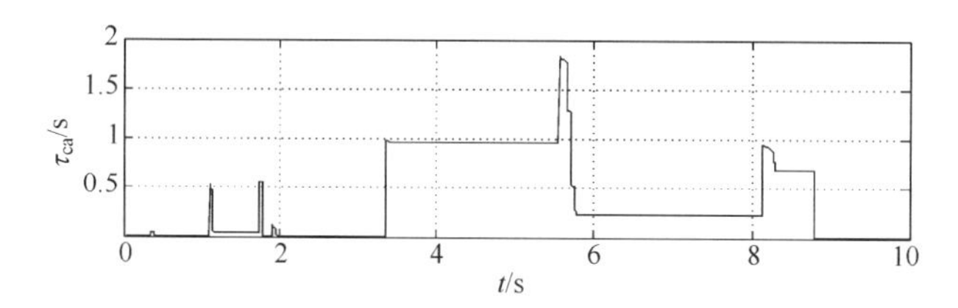

图 1.18 从控制器节点到执行器节点的传输时延 τ_{ca}

综上可得如下结论：

(1) 当模型参数失配，被控对象参数变化后，由图 1.15 可知：PI 控制出现较大的超调量，IMC 上升时间与超调量都较小. 在第 9.000s 时加入阶跃干扰信号后，IMC 能快速跟踪参考信号，降低了干扰对控制品质的不良影响.

(2) 当模型失配，被控对象由一阶惯性加纯滞后单元变为二阶惯性加纯滞后单元后，由图 1.16 可知：常规 PI 控制的品质很差，已不能满足控制性能质量的要求；而 IMC 具有较强的鲁棒性与抗干扰性能，超调量与上升时间仍然较小. 在第 9.000s 时加入阶跃干扰信号，IMC 仍然能快速跟踪参考信号，输出曲线满足 WNCS 的控制品质要求.

(3) 由图 1.17 与图 1.18 可知，网络时延 τ_{sc} 最大达到 1.520s，超过 152 个采样周期；网络时延 τ_{ca} 最大达到 1.800s，超过 180 个采样周期.

从上述仿真对比实验中可以看出：在网络时延随机、时变、不确定且大于数个乃至数十个采样周期的情况下，IMC 无论在跟踪性还是鲁棒性上都能满足系统控制的性能要求，验证了 IMC 方法用于 WNCS 是有效的.

1.9 本章小结

本章首先介绍了基于 IMC 的 NCS 的结构和基本性质，就内模控制器设计进行了详细的讨论，并对模型进行了简要的分析.

在 MATLAB/Simulink/Truetime1.5 的动态网络仿真环境下，对基于 IMC 的 NCS 以及基于 IMC 的 WNCS 分别进行了仿真研究，并在如下三种情况下与常规 PI 控制的 NCS 进行对比研究：

(1) 无网络传输数据丢包和无干扰节点占用网络带宽资源；

(2) 存在网络数据丢包和干扰节点占用网络带宽资源；

(3) 存在网络数据丢包和干扰节点占用网络带宽资源的同时，还存在被控对象参数以及模型阶次发生变化.

仿真研究结果表明：在动态仿真环境下，基于 IMC 的 NCS 以及基于 IMC 的 WNCS 可免除对网络时延的辨识、预测或估计；当网络时延为不确定或随机时变，大于数个乃至数十个采样周期，同时有一定数量的数据包丢失以及被控对象发生一定变化时，系统仍具有较好的动态性能、较强的鲁棒性和抗干扰能力.

参考文献

[1] JIANG S, FANG H J. State and fault simultaneous estimation for nonlinear networked system with random packet dropout and time delay[C]. Proceedings of the 30th Chinese Control Conference, Yantai, 2011: 4555-4559.

[2] PENG C, TIAN Y C, YUE D. Output feedback control of discrete-time systems in networked environments[J]. IEEE transactions on systems, man and cybernetics-part A: systems and humans, 2011, 41(1): 185-190.

[3] LIU A D, YU L, ZHANG W A, et al. Model predictive control for networked control systems with random delay and packet disordering[C]. Proceedings of The 8th Asian Control Conference, Kaohsiung, 2011: 653-658.

[4] FAN Y Y, CUI H R, LIU X J. Stability analysis of improved networked predictive control systems with random network delays[C]. The 2nd International Conference on Intelligent Control and Information Processing, Harbin, 2011: 732-737.

[5] ANGEL C, JULIAN S, ANTONIO S, et al. A delay-dependent dual-rate PID controller over an ethernet network[J]. IEEE transaction on industrial informations, 2011, 7(1): 18-29.

[6] DANG X K, GUAN Z H, TRAN H D, et al. Fuzzy adaptive control of networked control system with unknown time-delay[C]. Proceedings of the 30th Chinese Control Conference, Yantai, 2011: 4622-4626.

[7] DU F, DU W C. Fuzzy immune control and new Smith predictor for wireless networked control systems[C]. Chinese Control and Decision Conference, Guilin, 2009: 1563-1568.

[8] CHEN J, CHENG N, ZHANG J. Neural based PID control for networked processes[C]. Proceedings of the 4th International Symposium on Advanced Control of Industrial Processes, Hangzhou, 2011: 466-471.

[9] 杜锋，钱清泉，杜文才. 基于新型 Smith 预估器的网络控制系统[J]. 西南交通大学学报，2010, 45(1): 65-69, 81.

[10] GARCIA C E, MORARI M. Internal model control. 1. A unifying review and some new results[J]. Ind. Eng. Chem. Processes Des. Dev., 1982, 21(2): 308-323.

[11] BAIESU A S,PARASCHIV N,MIHAESCU D. Using an internal model control method for a distillation column[C]. Proceedings of the 2011 IEEE International Conference on Mechatronics and Automation,Beijing,2011:1588-1593.

[12] 周渊深,李雪龙. 基于内模控制的功率内环和电容能量外环的 PWM 整流器[C]. Proceedings of the 30th Chinese Control Conference,Yantai,2011:3528-3532.

[13] 赵大勇,柴天佑. 自适应内模控制方法在磨矿过程中的应用[J]. 控制工程,2009,16(4):426-428,431.

[14] ZHEN X P,LI Q S,WEI H,et al. The application of model PID or IMC-PID advanced process control to refinery and petrochemical plants[C]. Proceedings of the 26th Chinese Control Conference,Zhangjiajie,2011:699-703.

[15] 靳其兵,刘明鑫,龙萍. 二阶时滞系统内模 PID 控制的研究[J]. 工业仪表与自动化装置,2009,(5):10-13.

[16] 李洪文. 基于内模 PID 控制的大型望远镜伺服系统[J]. 光学精密工程,2009,(2):327-332.

[17] 卢秀和,耿聪. 内模 PID 在风力发电系统变桨距控制器中的应用[J]. 电气传动,2010,40(9):50-53.

[18] 陶睿,肖术骏,王秀,等. 基于内模控制的 PID 控制器在大时滞过程中的应用研究[J]. 控制理论与应用,2009,28(8):8-10.

[19] 孙建平,李晓燕,王立军,等. 广义内模预测控制在非最小相位系统中的应用[J]. 电力科学与工程,2009,25(8):41-44.

[20] 杨明杰,曹建安,于敏. 基于模型预测的内模控制数字逆变电源[J]. 电力电子技术,2008,42(5):84-86.

[21] 喻晓红,杨涛. 基于控制精度的有限拍内模控制器最优设计[J]. 成都大学学报(自然科学版),2009,28(1):48-51.

[22] 喻晓红,杨涛. 二次型最优有限拍内模控制及加权阵的选择[J]. 计算机仿真,2010,27(6):321-324.

[23] MASAYUKI K,SEIJI H,TAKEO I. Disturbance observer-based internal model control with an adaptive mechanism for linear actuators[C]. SICE Annual Conference,Kagawa,2007:1299-1304.

[24] 陈娟,潘立登,曹柳林. 时滞系统的滤波器时间常数自调整内模控制[J]. 系统仿真学报,2006,18(6):1630-1633.

[25] ZHANG M G,WANG P,WANG Z G. Study on fuzzy self-tuning PID internal model control algorithm and its application[C]. International Conference on Computational Intelligence and Security Workshops,Harbin,2007:31-34.

[26] 王蕾蕾,王孟效. Fuzzy IMC-PID 控制器的设计及仿真研究[J]. 计算机工程与应用,2008,44(32):220-222,239.

[27] 王文新,潘立登,孔德宏,等. IMC-PID 鲁棒控制器设计及其在蒸馏装置上的应用[J]. 北京化工大学学报,2004,31(5):93-96.

[28] 万振磊,王钦若,肖华军. IMC-PID 炉温控制器的设计与仿真[J]. 可编程控制器与工厂自

动化,2011,(1):97-99.

[29] 肖术骏,陶睿,王秀,等. IMC-PID在水厂出水浊度控制中的仿真研究[J]. 控制系统,2009,(1):36-38.

[30] MIKAEL B,MIKAEL J. Networked PID control:tuning and outage compensation[C]. IECON 2010,the 36th Annual Conference on IEEE Industrial Electronics Society,Glendale,2010:168-173.

[31] 王柱锋,蒋静坪,黄杭美. 内模网络控制系统稳定性[J]. 电子技术学报,2008,23(7):138-142.

[32] 王柱锋,李丽春,黄杭美. 延时预测内模网络控制系统[J]. 浙江大学学报(工学版),2008,42(11):1885-1888,1893.

[33] 赵国材,王昊轶. 基于内模PID控制器的时延网络控制系统的保稳定性设计[J]. 计算机系统应用,2010,19(8):104-107,69.

[34] 温阳东,陈小飞. 基于内模控制的网络控制系统[J]. 合肥工业大学学报(自然科学版),2011,34(6):838-840.

[35] 于湘涛,刘红军,丁俊宏,等. 二自由度PID内模主气温控制[J]. 华北电力大学学报,2004,31(1):41-43.

[36] 赵曜. 改进型内模控制系统的稳定性与鲁棒跟踪条件[J]. 控制与决策,2007,22(4):1668-1672.

[37] 汤伟,施颂椒,王孟效. 大时滞过程双自由度自整定内模控制[J]. 上海交通大学学报,2003,37(4):493-498.

[38] 彭可,陈志盛,李仲阳,等. NCS系统中二自由度内模控制器的优化设计[J]. 计算机工程与应用,2005,41(21):227-229.

[39] LIU J R. A novel PID tuning method for load frequency control of power systems[C]. The 3rd International Conference on Anti-Counterfeiting,Security and Identification in Communication,Hong Kong,2009:437-442.

[40] 喻晓红,刘永春,张修军. 二自由度内模控制抗干扰及鲁棒性分析[J]. 四川理工学院学报(自然科学版),2010,23(3):331-333.

[41] CHEN G H,ZHANG J G,ZHAO Z C. A two-degree-of-freedom IMC parameters online intelligent tuning method[C]. International Conference on Computational Aspects of Social Networks,Taiyuan,2010:483-486.

[42] DANLEL E R,MANFRED M,SLGURD S. Internal model control:4. PID controller design[J]. Ind. Eng. Chem. Processes Des. Dev. ,1986,25(1):252-265.

[43] LI H,XIONG S B. A new type of control method for electro-hydraulic servo systems[C]. Proceedings of the 7th World Congress on Intelligent Control and Automation,Chongqing,2008:6450-6453.

[44] 袁桂丽,刘吉臻,牛玉广. 免疫内模控制及其在过热汽温系统的应用[J]. 电力自动化设备,2010,30(9):89-92.

[45] ZHOU L Y,LUO Y T,ZHAO K G,et al. Internal model control of PM synchronous motor

based on RBF network optimized by genetic algorithm[C]. IEEE International Conference on Control and Automation, Guangzhou, 2007: 3051-3054.

[46] ZHAO Z C, LIU Z Y, WEN X Y, et al. A new multi-model internal model control scheme based on neural network[C]. Proceedings of the 7th World Congress on Intelligent Control and Automation, Chongqing, 2008: 4719-4722.

[47] 王建平,米晓东,白俊峰,等. 小波神经网络内模控制的性能研究[J]. 现代电力, 2009, 26(1): 77-82.

[48] CHIDRAWAR S K, PATRE B M. Implementation of neural network for internal model control and adaptive control[C]. Proceedings of the International Conference on Computer and Communication Engineering, Kuala Lumpur, 2008: 741-746.

[49] 侯明冬,张井岗,赵志诚. 基于神经网络的自适应内模 PID 控制方法[J]. 山东轻工业学院学报, 2009, 23(1): 28-32.

[50] ZHANG Z J, WANG X M. Internal model control based on dynamic fuzzy neural network [C]. The 3rd International Conference on Natural Computation, Haikou, 2007: 207-211.

[51] 侯萍,王执铨. 基于 PID 神经元网络和内模控制的拥塞控制算法[J]. 计算机应用研究, 2009, 26(4): 1443-1445, 1470.

[52] 周静. 针对不稳定对象的部分内模控制系统[D]. 成都: 四川大学, 2006.

第 2 章　二自由度 IMC 的 NCS

2.1 引　　言

随着对 IMC 研究的不断深入，IMC 已推广并应用到 MIMO 系统和非线性过程，基于过程动态模型求逆的设计思路得以实施. IMC 不仅在慢响应的过程控制中获得了大量的实际应用，而且在快速响应的电机控制系统中的应用也取得了较好的效果. 通常，一自由度 IMC 的 NCS 的可调参数只有一个，滤波器的设计要在跟踪性和抗干扰性能之间进行折中，对于高性能要求的控制系统或存在较大扰动和模型失配的系统，难以兼顾各方面的性能而获得满意的控制效果. 因此，需要在传统的 IMC 结构上加以改进.

本章将针对二自由度 IMC 的 NCS 的跟踪性能与抗干扰能力进行研究，并通过仿真进行验证.

2.2 系 统 结 构

一自由度 IMC 只有一个可调节参数，其输出需要在跟踪性与鲁棒性之间进行折中. 针对这一缺陷，在 NCS 中引入二自由度 IMC，即在控制回路中添加反馈滤波器 $F(s)$. 基于二自由度 IMC 的 NCS 如图 2.1 所示.

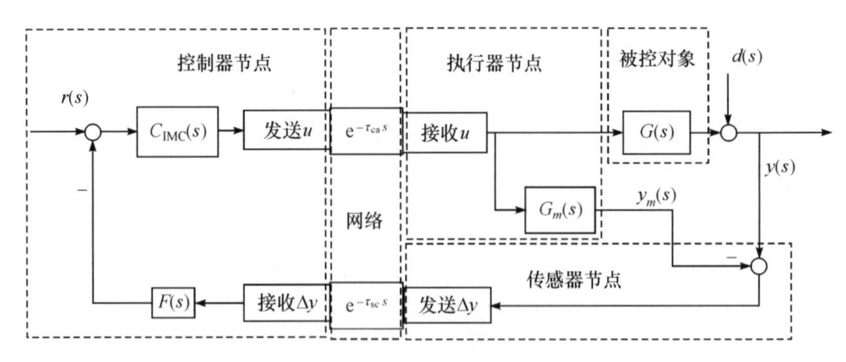

图 2.1　基于二自由度 IMC 的 NCS

闭环控制系统的输出为

$$y(s)=\frac{C_{\mathrm{IMC}}(s)\mathrm{e}^{-\tau_{\mathrm{ca}}s}G(s)r(s)+(1-C_{\mathrm{IMC}}(s)\mathrm{e}^{-\tau_{\mathrm{ca}}s}G_m(s)\mathrm{e}^{-\tau_{\mathrm{sc}}s}F(s))d(s)}{1+C_{\mathrm{IMC}}(s)\mathrm{e}^{-\tau_{\mathrm{ca}}s}(G(s)-G_m(s))\mathrm{e}^{-\tau_{\mathrm{sc}}s}F(s)}\tag{2-1}$$

跟踪响应传递函数为

$$\frac{y(s)}{r(s)}=\frac{C_{\mathrm{IMC}}(s)\mathrm{e}^{-\tau_{\mathrm{ca}}s}G(s)}{1+C_{\mathrm{IMC}}(s)\mathrm{e}^{-\tau_{\mathrm{ca}}s}(G(s)-G_m(s))\mathrm{e}^{-\tau_{\mathrm{sc}}s}F(s)} \tag{2-2}$$

扰动响应传递函数为

$$\frac{y(s)}{d(s)}=\frac{1-C_{\mathrm{IMC}}(s)\mathrm{e}^{-\tau_{\mathrm{ca}}s}G_m(s)\mathrm{e}^{-\tau_{\mathrm{sc}}s}F(s)}{1+C_{\mathrm{IMC}}(s)\mathrm{e}^{-\tau_{\mathrm{ca}}s}(G(s)-G_m(s))\mathrm{e}^{-\tau_{\mathrm{sc}}s}F(s)} \tag{2-3}$$

系统的闭环特征方程为

$$1+C_{\mathrm{IMC}}(s)\mathrm{e}^{-\tau_{\mathrm{ca}}s}(G(s)-G_m(s))\mathrm{e}^{-\tau_{\mathrm{sc}}s}F(s)=0 \tag{2-4}$$

若被控对象预估模型等于其真实模型，即 $G_m(s)=G(s)$，式(2-2)可等效为

$$\frac{y(s)}{r(s)}=C_{\mathrm{IMC}}(s)\mathrm{e}^{-\tau_{\mathrm{ca}}s}G(s) \tag{2-5}$$

由式(2-5)可知：在被控对象确知的情况下，跟踪响应传递函数仅依赖于内模控制器 $C_{\mathrm{IMC}}(s)$. 与此同时，式(2-3)可等效为

$$\frac{y(s)}{d(s)}=1-C_{\mathrm{IMC}}(s)\mathrm{e}^{-\tau_{\mathrm{ca}}s}G_m(s)\mathrm{e}^{-\tau_{\mathrm{sc}}s}F(s) \tag{2-6}$$

由式(2-6)可知：扰动响应的传递函数不仅与 $C_{\mathrm{IMC}}(s)$有关，而且与反馈滤波器$F(s)$有关. 此时系统的闭环传递函数相当于一个开环系统.

因此，可以通过调节反馈滤波器的时间常数以获得系统较强的抗干扰能力，实现将系统的跟踪响应与扰动响应分离.

若被控对象 $G(s)$发生变化，闭环控制系统的反馈信息中包含偏差 Δy，也可通过选择 $C_{\mathrm{IMC}}(s)$与 $F(s)$，灵活调整两个参数，提高系统的控制性能与稳定性.

2.3　内模控制器设计

二自由度 IMC 的前馈控制器的设计方法与第 1 章所述的一自由度 IMC 的前馈控制器设计方法相同；其反馈滤波器则选择为 $F(s)=(\lambda_1 s+1)/(\lambda_2 s+1)$，其中，$\lambda_1$ 为前馈滤波器的调节参数，λ_2 为反馈滤波器的调节参数.

由式(2-2)可知，当模型匹配，即 $G_m(s)=G(s)$时，NCS 的闭环传递函数为

$$\frac{y(s)}{r(s)}=\frac{C_{\mathrm{IMC}}(s)\mathrm{e}^{-\tau_{\mathrm{ca}}s}G(s)}{1+C_{\mathrm{IMC}}(s)\mathrm{e}^{-\tau_{\mathrm{ca}}s}(G(s)-G_m(s))\mathrm{e}^{-\tau_{\mathrm{sc}}s}F(s)}=\frac{1}{(\lambda_1 s+1)^n}G_{m+}(s)\mathrm{e}^{-\tau_{\mathrm{ca}}s} \tag{2-7}$$

由式(2-7)可知，系统的动态特性由滤波器 $f(s)$与 $G_{m+}(s)$决定，只要模型确定，$G_{m+}(s)$就确定，系统的动态特性仅由滤波器 $f(s)$的参数 λ_1 决定.

由式(2-2)可得，当模型不匹配，即 $G_m(s)\neq G(s)$时，NCS 的闭环传递函数为

$$\frac{y(s)}{r(s)}=\frac{G_{m-}^{-1}(s)f(s)\mathrm{e}^{-\tau_{\mathrm{ca}}s}G(s)}{1+G_{m-}^{-1}(s)f(s)\mathrm{e}^{-\tau_{\mathrm{ca}}s}(G(s)-G_m(s))\mathrm{e}^{-\tau_{\mathrm{sc}}s}F(s)} \tag{2-8}$$

由式(2-8)可知,系统的动态性能除了与被控对象模型、前馈滤波器 $f(s)$有关以外,还与反馈滤波器 $F(s)$有关,此时反馈滤波器决定系统的抗干扰性能,可通过选择合适的滤波器抑制控制器的调节作用以获得系统较强的鲁棒性,提高整个系统的输出性能.

2.4 二自由度 IMC 的 NCS 仿真

本节的仿真将重点在二自由度 IMC 模型及其参数存在不匹配、网络存在一定量的数据丢包,同时闭环控制回路还存在阶跃干扰的情况下,对系统的鲁棒性和抗干扰能力进行研究. 涉及的网络协议包括有线网络 CSMA/CD(Ethernet)以及无线网络 IEEE802.15.4(ZigBee),采用图 2.1 所示的基于二自由度 IMC 的 NCS 结构,网络时延可以是随机、时变或不确定,大于数个甚至数十个采样周期,将二自由度 IMC 与一自由度 IMC 进行对比研究.

2.4.1 仿真设计

基于 MATLAB/Simulink/Truetime1.5 仿真工具,搭建二自由度 IMC 的 NCS 仿真平台,选择网络协议 CSMA/CD(Ethernet). 系统由传感器节点、控制器节点、执行器节点、干扰节点(用来模拟其他控制回路或者节点占用网络带宽资源的情况)、网络和被控对象组成.

传感器节点采用时间驱动工作方式,采样周期为 0.010s,控制器节点和执行器节点采用事件驱动工作方式. 网络传输速率为 80kbit/s,最小帧为 40bit,参考信号 r 选取幅值从 -1.0 到 $+1.0$ 变化的方波信号,仿真时间为 10.000s. 在第 9.000s 时加入幅值为 0.4 的阶跃干扰信号用于测试系统的抗干扰性能.

被控对象选取为一阶惯性加纯滞后环节:

$$G(s)=\frac{100}{s+100}\mathrm{e}^{-0.020s} \tag{2-9}$$

为了便于比较,仿真中选择如下三个 NCS 控制回路:

(1) 第一个 NCS 的控制回路采用一自由度 IMC,其前馈滤波器的可调参数选为 $\lambda=0.10$.

(2) 第二个 NCS 的控制回路采用二自由度 IMC,其前馈控制器选择为 $C(s)=(s+100)/100$,前馈滤波器选择为 $f(s)=1/(\lambda_1 s+1)$,$\lambda_1=0.10$,则内模控制器为 $C_{\mathrm{IMC}}(s)=C(s)f(s)=(s+100)/[100(0.10s+1)]$,反馈滤波器的调节参数设定为 $\lambda_2=0.05$,则反馈滤波器为 $F(s)=(0.10s+1)/(0.05s+1)$.

(3) 第三个 NCS 的控制回路采用常规 PI 控制,PI 控制器的比例增益为 $K_{\mathrm{p}}=0.1338$,积分时间为 $T_{\mathrm{i}}=0.0263$.

2.4.2　仿真研究

在以下系统输出响应的仿真结果中，y_1 为一自由度 IMC，y_2 为二自由度 IMC，y_3 为 PI 控制.

1. 网络数据丢包概率为 0.0，干扰节点占用网络带宽为 0.0%

系统输出响应的仿真结果如图 2.2 所示.

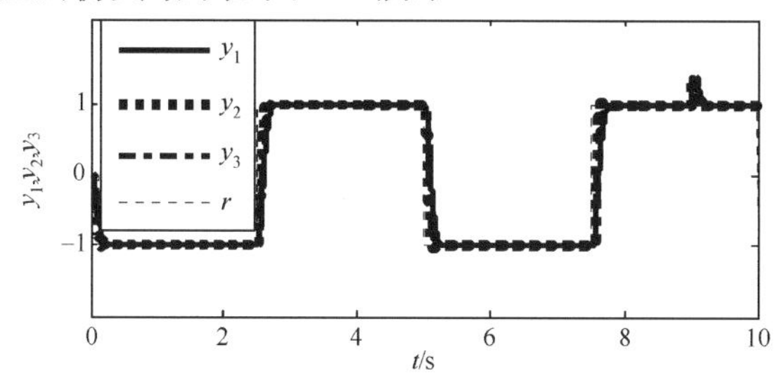

图 2.2　系统输出响应曲线

从图 2.2 中可以看出：在无网络传输数据丢包和无干扰节点占用网络带宽资源的情况下，PI 控制以及 IMC 的 NCS 的稳定性都较好，抗干扰能力较强，系统的控制性能都能满足系统的控制质量要求，基于二自由度的 IMC 的抗干扰性能稍好于一自由度的 IMC.

2. 网络数据丢包概率为 0.3，干扰节点占用网络带宽为 47.5%

系统输出响应的仿真结果如图 2.3 所示.

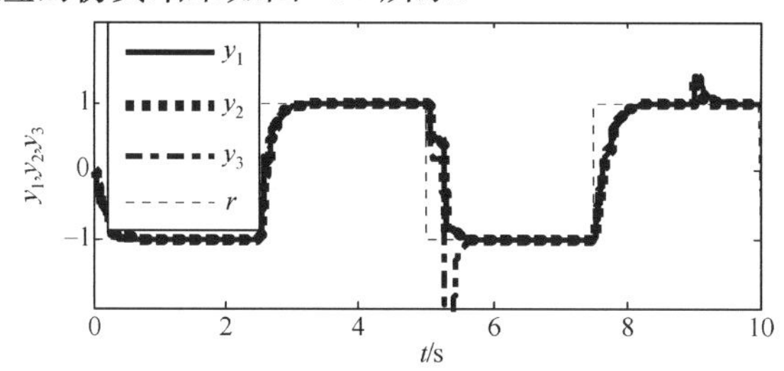

图 2.3　系统输出响应曲线

网络时延 τ_{sc} 和 τ_{ca} 分别如图 2.4 和图 2.5 所示.

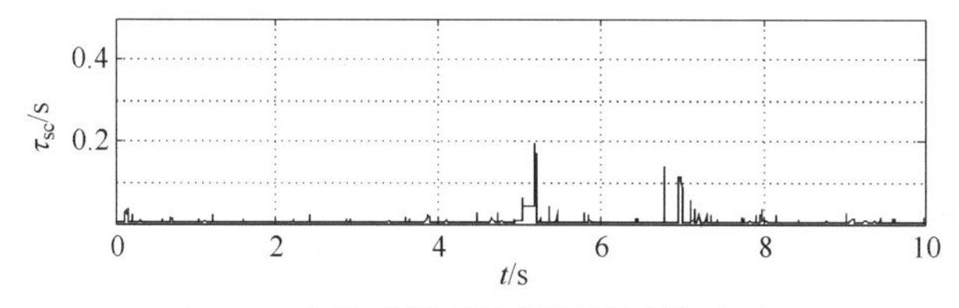

图 2.4　从传感器到控制器的网络时延 τ_{sc}

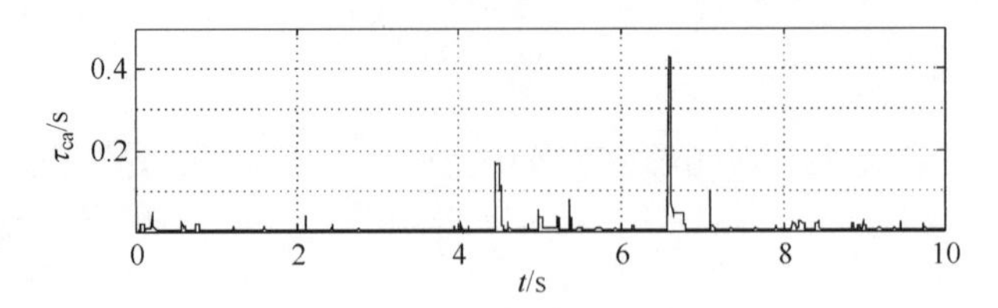

图 2.5　从控制器到执行器的网络时延 τ_{ca}

网络数据丢包 d_{sc} 和 d_{ca} 如图 2.6 和图 2.7 所示.

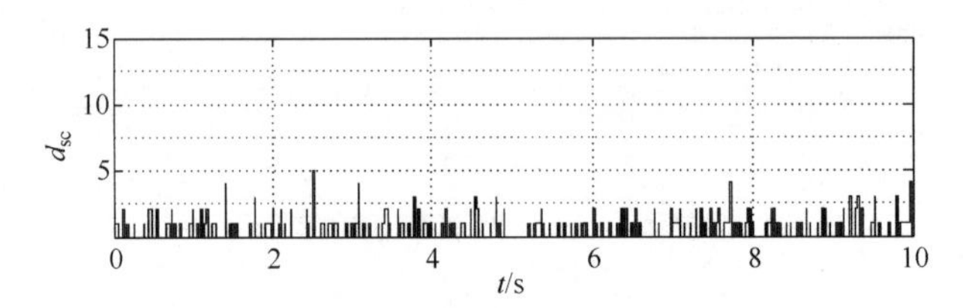

图 2.6　从传感器到控制器的数据丢包 d_{sc}

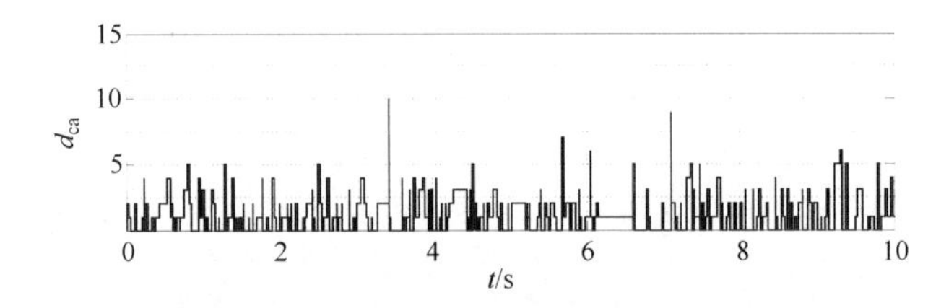

图 2.7　从控制器到执行器的数据丢包 d_{ca}

由图 2.3～图 2.7 可以得出如下结论：

(1) 采用常规 PI 控制的输出 y_3，随着 τ_{sc} 和 τ_{ca} 的增大而增大，数据丢包随之增多，在 5.200～5.500s 内，超调量很大，难以满足系统性能质量，而基于 IMC 的 NCS 超调量很小，满足系统的控制性能要求.

(2) 在 9.000s 时加入幅值为 0.4 的阶跃干扰信号，PI 控制和基于 IMC 的 NCS 都能迅速响应并快速跟踪给定值，抗干扰能力都较强，而基于二自由度的 IMC 的 NCS 的抗干扰能力稍强于一自由度的 IMC 的 NCS.

(3) 网络时延 τ_{sc} 和 τ_{ca} 都是不确定、随机变化的，在采样周期为 0.010s 的情况下，τ_{sc} 和 τ_{ca} 的最大时延值分别是 0.200s 和 0.420s，已超过 20 个和 42 个采样周期.

(4) 在网络数据丢包概率为 0.3 的情况下，数据丢包 d_{sc} 的最大值为 5 个，d_{ca} 的最大值为 10 个.

3. 被控对象参数发生变化，网络数据丢包概率为0.3，干扰节点占用网络带宽为47.5%

为了检验在外界环境变化引起被控对象参数发生变化的情况下，二自由度IMC的NCS的抗干扰性能，改变式(2-9)中被控对象的参数，使其纯滞后时间从0.020s增至0.040s，静态增益系数比原来减小20%，其分母参数也发生变化，与内部模型参数不再匹配，此时被控对象改变为

$$G(s)=\frac{80}{0.8s+120}e^{-0.040s} \tag{2-10}$$

系统输出响应的仿真结果如图2.8所示.

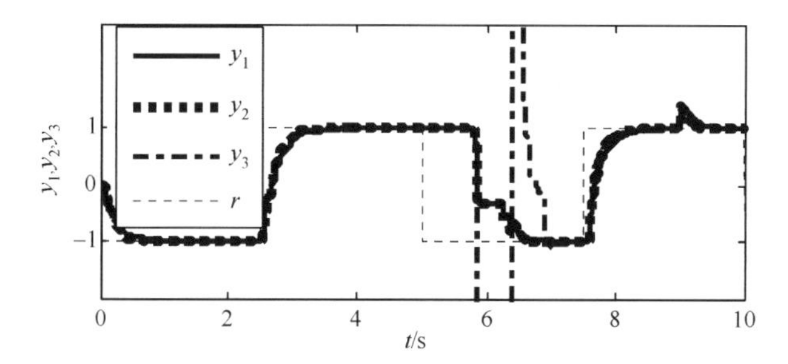

图2.8　被控对象参数变化时的系统输出响应曲线

网络时延τ_{sc}和τ_{ca}如图2.9和图2.10所示.

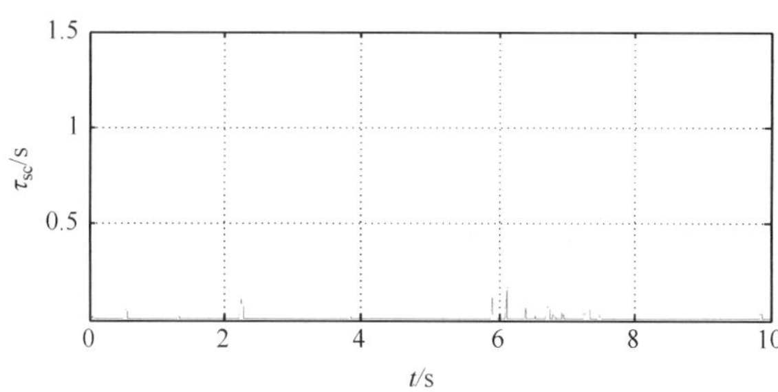

图2.9　从传感器到控制器的网络时延τ_{sc}

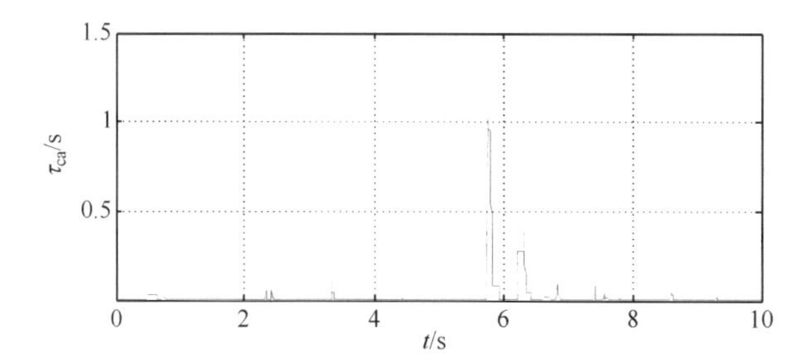

图2.10　从控制器到执行器的网络时延τ_{ca}

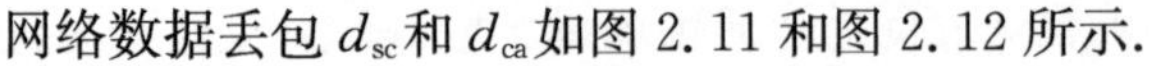
网络数据丢包 d_{sc}和 d_{ca}如图 2.11 和图 2.12 所示.

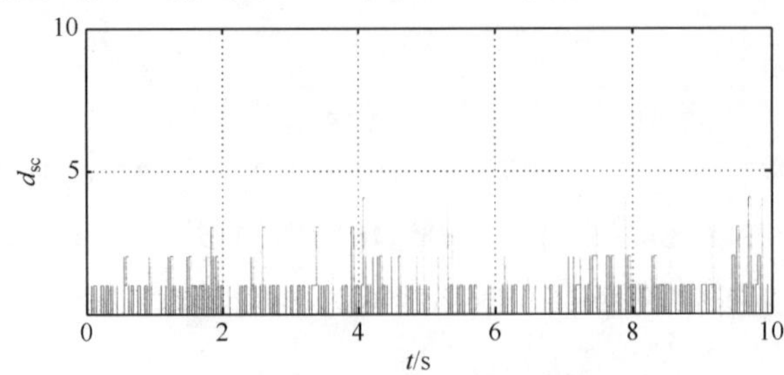

图 2.11　从传感器到控制器的数据丢包 d_{sc}

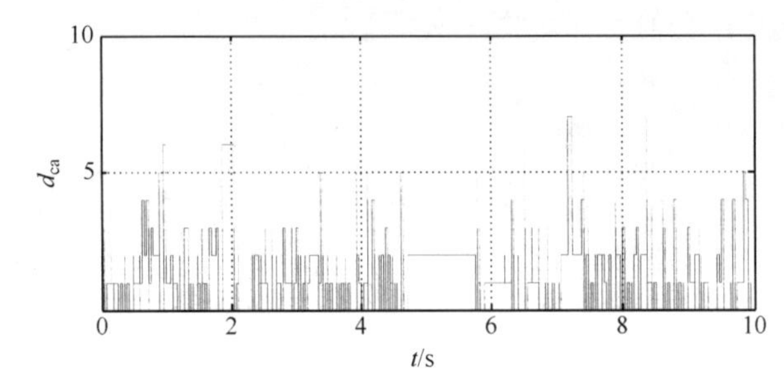

图 2.12　从控制器到执行器的数据丢包 d_{ca}

由图 2.8～图 2.12 可以得出如下结论:

(1) 采用常规 PI 控制的 NCS 的输出 y_3,不能满足控制系统的控制性能质量要求;而 IMC 的 NCS 的超调量保持很小,仍然满足控制系统的控制性能质量要求,并且基于二自由度 IMC 的 NCS 的系统跟踪性能要稍好于一自由度 IMC 的 NCS.

(2) 当有阶跃干扰信号输入时,虽然模型参数已不再匹配,但 PI 控制和 IMC 的 NCS 能迅速响应并快速地跟踪给定值,抗干扰能力较强,并且基于二自由度 IMC 的 NCS 的抗干扰能力要稍强于一自由度 IMC 的 NCS.

(3) 网络时延 τ_{sc}和 τ_{ca}的最大值分别是 0.300s 和 1.210s,都已经超过了 30 个和 121 个采样周期.

(4) 数据丢包 d_{sc}和 d_{ca}的最大值分别是 7 个和 12 个.

以上仿真结果表明:基于二自由度 IMC 的 NCS,无论在超调量的大小、快速跟踪性能以及抗干扰性能等方面都满足系统的控制质量要求,并且其性能好于一自由度 IMC 的 NCS. 因此,基于二自由度 IMC 的 NCS 方法是有效的.

2.4.3　滤波器参数选择

在网络数据丢包概率为 0.3,干扰占用网络带宽为 47.5%的环境下进行仿真,为了验证二自由度 IMC 中前馈滤波器和反馈滤波器时间常数对系统的跟踪性和抗干扰性能的影响，被控对象选为式(2-9). 为了清楚地看出效果，选择阶跃函数作为参考信号，在 6.000s 时加入幅值为 0.4 的阶跃干扰信号，以观察系统的抗干扰性能.

1) 讨论前馈滤波器 $f(s)$中 λ_1 对系统性能的影响

选择两个控制回路，参数 $\lambda_2=0.2$ 固定不变，两个控制回路选取不同的 λ_1，即分别选取 $\lambda_{1a}=0.5$(对应 y_1)和 $\lambda_{1b}=0.1$(对应 y_2)，仿真结果如图 2.13 所示.

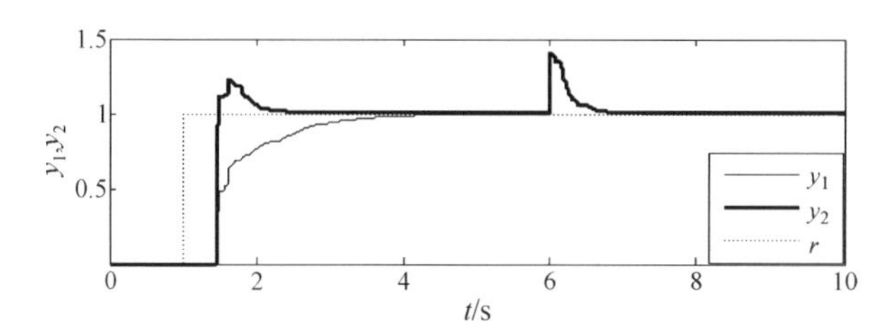

图 2.13　λ_1 参数变化时的系统输出响应曲线

从图 2.13 中可以看出：当 λ_2 固定不变时，系统的跟踪性能会随着 λ_1 的减小而变好.

2) 讨论反馈滤波器 $F(s)$中 λ_2 对系统控制性能的影响

选择两个控制回路，参数 $\lambda_1=0.1$ 固定不变，两个控制回路选取不同的 λ_2，即分别选取 $\lambda_{2a}=0.4$ 和 $\lambda_{2b}=0.2$，仿真结果如图 2.14 所示.

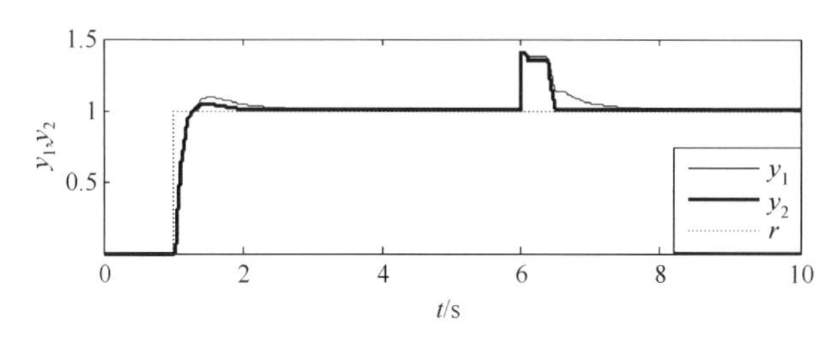

图 2.14　λ_2 参数变化时的系统输出响应曲线

从图 2.14 可以看出：在参数 λ_1 固定不变的情况下，系统的跟踪性几乎不变，而抗干扰能力则会随着 λ_2 的减小而变强.

综上所述，基于二自由度 IMC 的 NCS 可以通过合理选择 $f(s)$和 $F(s)$来提高系统的跟踪性和抗干扰能力.

2.5　二自由度 IMC 的 WNCS 仿真

2.5.1　仿真设计

基于 MATLAB/Simulink/Truetime1.5 仿真工具，选用一阶惯性加纯滞后环节，搭建二自由度 IMC 的 WNCS 仿真平台，无线网络选择 802.15.4(ZigBee)，采样周期为 0.010s，数据传输速率为 200kbit/s，传输功率为 27dBm，接收信号阈值为−48dBm，节点重传次数为 3，参考信号 r 采用幅值为 1.0 的阶跃信号.

仿真时间为 4.000s，在第 2.000s 时加入幅值为 0.8 的阶跃干扰信号用于测试系统的抗干扰性能.

被控对象选为一阶惯性加纯滞后环节：

$$G(s)=\frac{100}{s+100}\mathrm{e}^{-0.030s} \tag{2-11}$$

由被控对象的表达式可知，被控对象最小相位部分为 $G_{m-}(s)=100/(s+100)$，不可控部分为 $G_{m+}(s)=\mathrm{e}^{-0.030s}$，可得前馈控制器为 $C(s)=G_{m-}^{-1}(s)=(s+100)/100$. 由于被控对象为一阶系统，因而可选择相应阶次的一阶滤波器 $f(s)=1/(\lambda s+1)$，其内模控制器为

$$C_{\mathrm{IMC}}(s)=C(s)f(s)=\frac{s+100}{100(\lambda s+1)} \tag{2-12}$$

为了获得较佳的输出响应曲线，需要在响应时间和超调量之间进行折中，内模控制器选择滤波器参数 $\lambda=0.1$，反馈滤波器 $F(s)=(\lambda_1 s+1)/(\lambda_2 s+1)$，调节 λ_2 获得较好的抗干扰能力，选择滤波器参数 $\lambda_1=0.1$，$\lambda_2=0.05$.

2.5.2 仿真研究

在以下系统输出响应的仿真结果中，y_1 为二自由度 IMC，y_2 为一自由度 IMC.

1. 模型匹配，即 $G_m(s)=G(s)$，干扰节点占用网络带宽 80%

系统输出响应的仿真结果如图 2.15 所示.

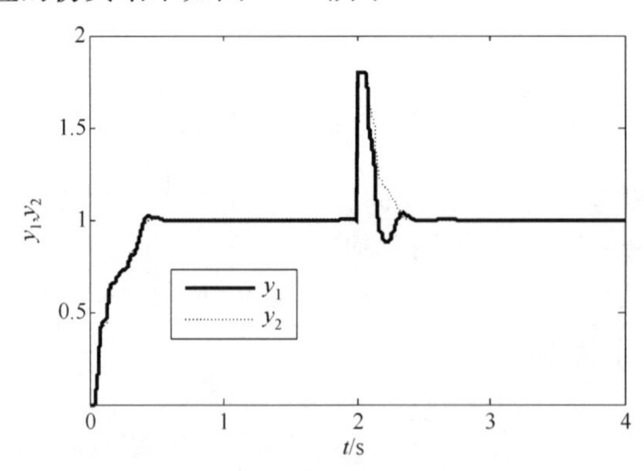

图 2.15 模型匹配时的系统输出响应曲线

2. 模型参数失配，干扰节点占用网络带宽 80%

被控对象的参数变化为

$$G(s)=\frac{80}{0.8s+120}\mathrm{e}^{-0.050s} \tag{2-13}$$

系统输出响应的仿真输出结果如图 2.16 所示.

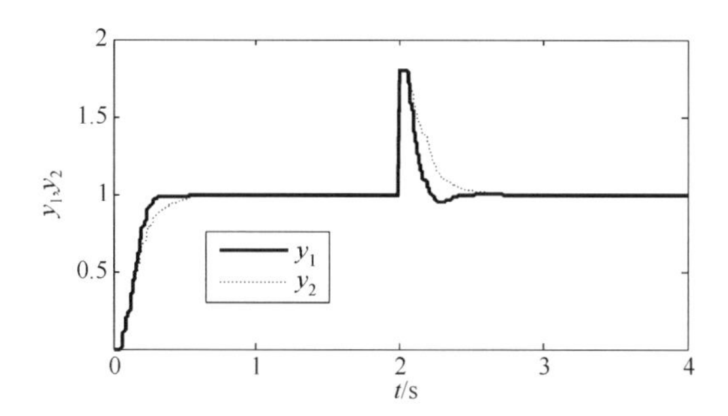

图 2.16　模型参数失配时的系统输出响应曲线

3. 模型与参数均失配，干扰节点占用网络带宽 80%

被控对象由一阶变为二阶系统，被控对象模型与参数变为

$$G(s)=\frac{1770}{s^2+60s+1770}\mathrm{e}^{-0.02s} \tag{2-14}$$

系统输出响应的仿真结果如图 2.17 所示.

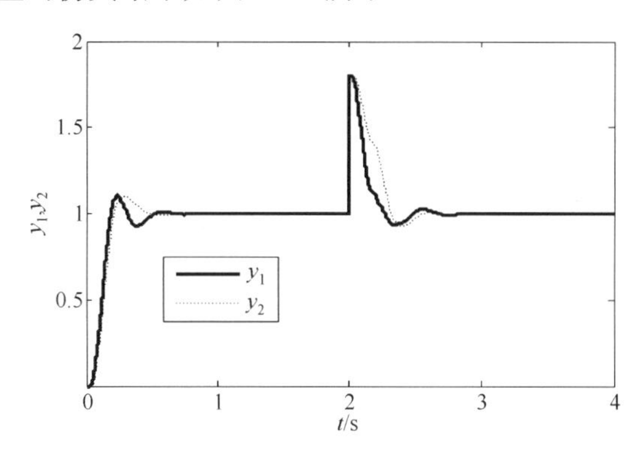

图 2.17　模型与参数均失配时的系统输出响应曲线

2.5.3　结果分析

(1) 由图 2.15 可知：在模型匹配时，二自由度 IMC 和一自由度 IMC 均能较快跟踪设定值信号，超调量小，系统输出性能良好. 在第 2.000s 加入干扰信号后，二自由度 IMC 与一自由度 IMC 相比，能快速恢复跟踪，具备较强的抗干扰能力.

(2) 由图 2.16 和图 2.17 可知：在模型参数失配与在模型与参数均失配的情况下，二自由度 IMC 与一自由度 IMC 都能较快地跟踪设定值信号，并能保证系统稳定,但二自由度 IMC 上升时间较快,超调量较小,跟踪性更好. 在第 2.000s 时加入干扰信号后,二自由度 IMC 表现出更强的抗干扰恢复能力,提高了系统的控制性能.

从上述对比仿真试验中可以看出:在模型失配且存在较大时延的情况下,二自由度 IMC 的 WNCS 的性能优于一自由度 IMC 的 WNCS.

2.6 本章小结

本章首先介绍了基于二自由度 IMC 的 NCS 的基本结构与特点,对内模控制器、反馈滤波器的设计进行了分析.

然后在 MATLAB/Simulink/Truetime1.5 的动态网络仿真环境下,对基于二自由度 IMC 的 NCS 以及基于二自由度 IMC 的 WNCS 分别进行了仿真研究,并在如下三种情况下对一自由度、二自由度 IMC 的 NCS 进行对比研究:

(1) 无网络数据丢包和无干扰节点占用网络带宽资源;

(2) 存在网络数据丢包和干扰节点占用网络带宽资源;

(3) 有网络数据丢包和干扰节点占用网络带宽资源的同时,还存在被控对象参数发生一定变化.

对比研究发现:一自由度 IMC 方法只有一个可以调节的参数,控制系统需要在跟踪性与稳定性之间折中;二自由度 IMC 将系统的跟踪性与鲁棒性分开调节,实现将系统的跟踪特性与抗干扰特性分离,仿真证明二自由度 IMC 具有更好的动态性能与抗干扰能力.

第 3 章　改进 IMC 的 NCS

3.1　引　　言

第 1 和第 2 章分析并仿真研究了一自由度和二自由度 IMC 的 NCS,在被控对象开环稳定的前提下,IMC 具有良好的跟踪性与鲁棒性,且无须对网络时延进行预测、估计和辨识,能保证 NCS 在大时延情况下的稳定性.

然而,在实际工业过程控制中,有许多控制过程属于难以控制的开环不稳定过程,尤其是一些具有大时滞特性的被控对象,如聚合反应器和生化反应器等. 这些不确定项和外界干扰的存在将对 NCS 系统产生负面的影响,甚至使控制系统发散. 因此,设计控制器以镇定不稳定过程并抑制干扰的影响,已成为能否将 IMC 用于 NCS 需要解决的一个重要问题.

当被控对象在 s 右半平面存在零点时,系统输出信号可能会出现负调变化,即输出曲线初始变化方向与实际控制方向相反,使系统出现操作错误的概率增大,控制信号对被控对象作用后反而更加恶化了系统输出的性能. 传统控制理论的研究难以同时兼顾抑制负调、控制超调和减少响应时间;而基于智能控制的设计方法虽然也有研究,但由于设计复杂而增加了实际的操作难度. 近年来,以预测控制、模型参考控制等为基础的先进控制方法有了较快的发展,其中 IMC 方法受到了极为广泛的关注.

本章将 IMC 策略延伸至开环不稳定的时滞对象,系统设计首先需要考虑对不稳定对象进行镇定,并构造一个稳定的广义被控对象,然后基于 IMC 原理进行内模控制器设计.

针对常规内模控制器的设计方法已无法满足非最小相位系统的设计需要,本章采用极点镜像映射方法用于 NCS 中设计系统控制器,将被控对象模型分解为含有稳定极点的部分和 s 右半平面有零点的部分. 在控制器设计时,先求得模型稳定部分的逆,再在 s 左半平面添加非最小相位零点的镜像极点,设计稳定前馈控制器,并将前馈控制器与滤波器串联,进而通过调节滤波器参数以获得较好的系统输出性能.

3.2　针对不稳定时滞对象的改进 IMC

常规 IMC 的研究着重于对时滞的近似处理,通常采用一阶 Taylor、一阶 Pade、二阶对称 Pade、二阶非对称 Pade 以及全极点近似等方法. 其中,全极点近似是现有的近似方法中效果较好的一种方法. 但是,时滞的近似并不能解决滞后真正存在的问题. 事实上,由于 NCS 中网络诱导时延远远大于被控对象的时滞,在 NCS 中进行内模控制器的设计时,被控对象的时滞通常不是考虑与研究的重点问题. 目前,针对 NCS 中存在长网络时延和不稳定被控对象的 IMC 的研究成果相对较少. 为此,本章将对其进行一些初步的研究与探讨.

3.2.1 系统结构

针对不稳定时滞被控对象,基于一自由度改进 IMC 的 NCS 如图 3.1 所示.

当被控对象 $P(s)$为不稳定时滞对象时,先采用反馈控制器 $Q(s)$镇定不稳定对象 $P(s)$,形成稳定的内环,再针对广义被控对象 $G(s)$按 IMC 方法进行设计.

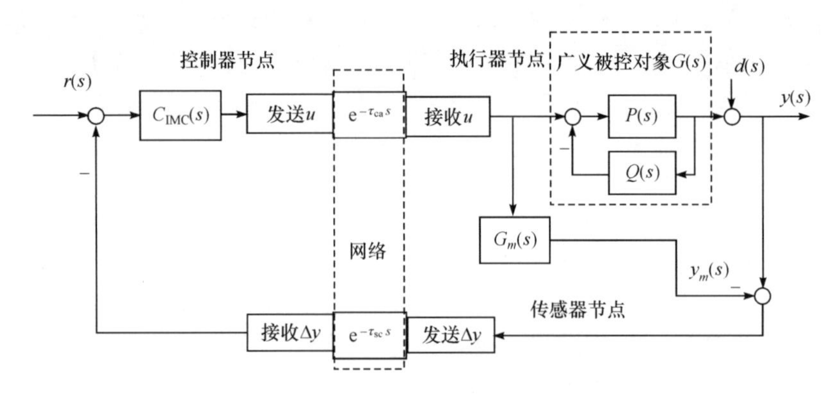

图 3.1 基于一自由度改进 IMC 的 NCS

图 3.1 中,跟踪响应的闭环传递函数为

$$\frac{y(s)}{r(s)}=\frac{C_{\mathrm{IMC}}(s)\mathrm{e}^{-\tau_{\mathrm{ca}}s}P(s)}{1+P(s)Q(s)+C_{\mathrm{IMC}}(s)\mathrm{e}^{-\tau_{\mathrm{ca}}s}(G(s)-G_m(s))\mathrm{e}^{-\tau_{\mathrm{sc}}s}} \tag{3-1}$$

式中,广义稳定的被控对象 $G(s)=P(s)/(1+P(s)Q(s))$.

当 $G(s)=G_m(s)$时,式(3-1)可以等效为

$$\frac{y(s)}{r(s)}=\frac{C_{\mathrm{IMC}}(s)\mathrm{e}^{-\tau_{\mathrm{ca}}s}P(s)}{1+P(s)Q(s)} \tag{3-2}$$

对于任意的线性时不变系统,若其任意两点的输入与输出之间的传递函数是稳定的,则系统是内稳定的. 只有当控制系统在内环稳定的情况下,才能保证 NCS 的正常运行,所以在控制器设计时,需要充分考虑并解决 NCS 在闭环情况下的内稳定性问题.

由式(3-1)可知:若内模控制器 C_{IMC}稳定,只需广义被控对象 $G(s)$稳定,则系统可等效为开环稳定,其输出受时延的影响仅表现为输出曲线在水平方向上的平移,改进 IMC 方法可解决系统的稳定性分析与设计问题.

3.2.2　系统设计

1）稳定器$Q(s)$设计

设被控对象传递函数$P(s)=ke^{-\tau s}/(as-1)$，其中，$a/\tau>1$. 在控制结构中增设反馈环节，形成稳定的内环，以构成稳定的广义被控对象. 使用比例控制器$Q(s)$，令$Q(s)=K$，当广义稳定的被控对象$G(s)$等于其广义被控对象模型$G_m(s)$时，即

$$G(s)=G_m(s)=\frac{P(s)}{1+KP(s)} \tag{3-3}$$

要得到稳定的局部闭环被控对象，其闭环特征方程的根应位于s左半平面，即满足Routh-Hurwitz判据.

2）内模控制器设计

内模控制器$C_{IMC}(s)$由广义被控对象最小相位环节的逆和低通滤波器串联而成，其结构为$C_{IMC}(s)=G_{m-}^{-1}(s)f(s)$，其中，低通滤波器为

$$f(s)=\frac{\lambda_1}{(\lambda_2 s+1)^n} \tag{3-4}$$

则设计的内模控制器为

$$C_{IMC}(s)=(s+1)\frac{\lambda_1}{(\lambda_2 s+1)^n} \tag{3-5}$$

3.3　被控对象在s右半平面存在极点的仿真

选取不稳定时滞被控对象，基于MATLAB/Simulink/Truetime1.5仿真软件，搭建不稳定时滞对象的内模WNCS仿真系统. 无线网络选择IEEE802.11b(WLAN)，采样周期为0.010s，传输速率为65kbit/s，最小帧长度大小为272bit，发射功率为20dBm，接收信号阈值为−48dBm，信号衰减指数为3.5，确认超时时间为0.00004s，节点重传次数的上限为5，误码上限为0.030. 参考信号r为幅值从−1.0到+1.0变化的方波信号，仿真时间为10.000s.

针对不稳定时滞被控对象$P(s)=ke^{-\tau s}/(as-1)$，令$a=1.0$，$k=1.0$，$\tau=0.020$s，此时，被控对象在s右半平面存在极点$s=1.0$，则包含时滞$\tau=0.020$s的一阶不稳定对象为

$$P(s)=\frac{1}{s-1}e^{-0.020s} \tag{3-6}$$

选取稳定器$K=2.0$，由式(3-3)可知，其等效广义稳定的被控对象为$G(s)=1/(s+1)$，当广义被控对象与其广义被控对象的模型相等即$G(s)=G_m(s)$时，其内模控制器为$C_{IMC}(s)=\lambda_1(s+1)/(\lambda_2 s+1)^n$. 选取较佳参数：$n=1$，$\lambda_1=5.0$，$\lambda_2=1.0$，

则设计的内模控制器为

$$C_{IMC}(s)=\frac{5s+5}{s+5} \tag{3-7}$$

3.3.1 模型匹配

当模型匹配即 $G(s)=G_m(s)$ 时,干扰节点占用网络带宽为 55%. 系统输出响应的仿真结果如图 3.2 所示.

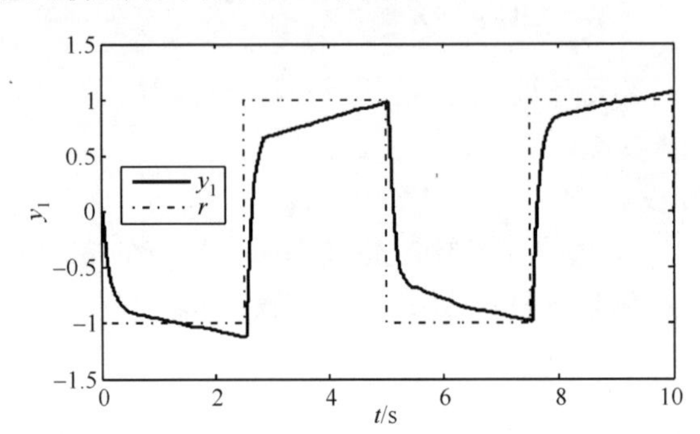

图 3.2 模型匹配时的系统输出响应曲线

网络时延如图 3.3 所示.

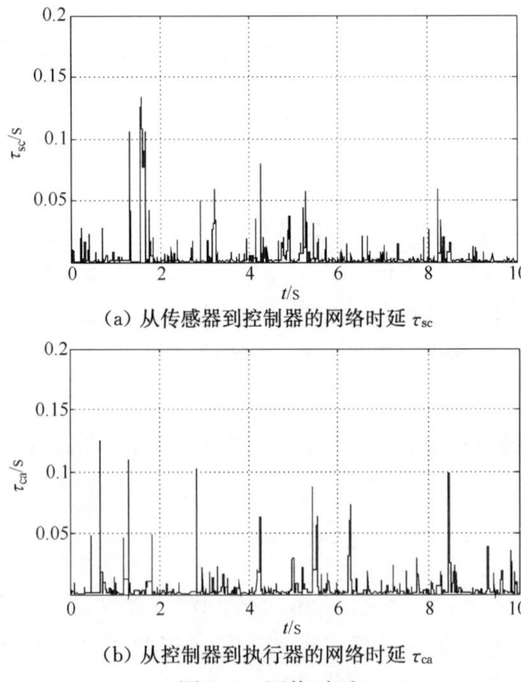

(a) 从传感器到控制器的网络时延 τ_{sc}

(b) 从控制器到执行器的网络时延 τ_{ca}

图 3.3 网络时延

由图 3.2 和图 3.3 可得如下结论：

(1) 由图 3.3(a)和图 3.3(b)可知：网络节点之间的传输时延是随机、时变和不确定的，从传感器到控制器之间的传输时延 τ_{sc} 最大为 0.130s，超过 13 个采样周期(采样周期为 0.010s)；从控制器到执行器之间的传输时延 τ_{ca} 最大为 0.120s，超过 12 个采样周期.

(2) 由图 3.2 可知：在被控对象为不稳定时滞对象的情况下，添加比例反馈稳定器 $Q(s)=K$ 之后，基于改进 IMC 的 WNCS 的上升时间与超调量都比较小，系统的输出响应能快速跟踪参考输入信号，满足系统控制性能质量要求.

3.3.2　模型失配

(1) 不稳定时滞被控对象改变为

$$P(s)=\frac{1}{s-1.5}e^{-0.040s} \tag{3-8}$$

选取稳定器 $K=2.0$，此时其等效广义稳定被控对象为 $G(s)=1/(s+0.5)$，保持广义被控对象的模型 $G_m(s)=1/(s+1)$ 不变，干扰节点占用带宽资源为 75%，其系统输出响应的仿真结果如图 3.4 所示.

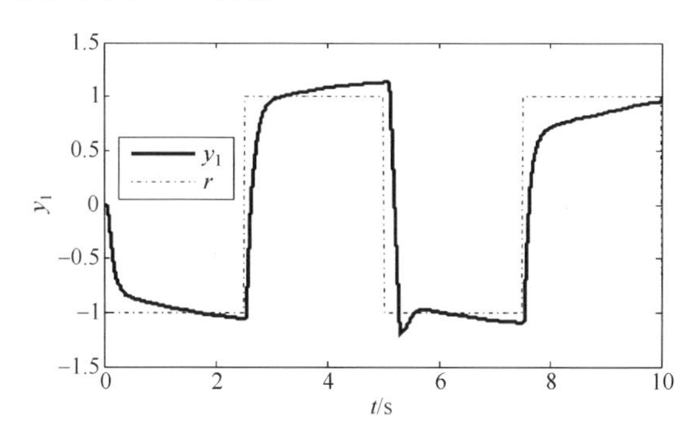

图 3.4　被控对象参数变化时的系统输出响应曲线

(2) 不稳定时滞被控对象改变为

$$P(s)=\frac{1}{s-0.5}e^{-0.040s} \tag{3-9}$$

选取稳定器 $K=2.0$，此时等效广义稳定被控对象为 $G(s)=1/(s+1.5)$，保持广义被控对象模型 $G_m(s)=1/(s+1)$ 不变，干扰节点占用带宽资源为 75%，其系统输出响应的仿真结果如图 3.5 所示.

由图 3.4 和图 3.5 可知：在不稳定被控对象的时间常数改变且纯滞后时间增加的情况下，添加比例反馈稳定器 $Q(s)=K$ 之后，基于改进 IMC 的 WNCS 的输出响应同样能较快速地跟踪参考输入信号，在跟踪性和鲁棒性上能满足系统控制性能质量要求，进而扩大了 IMC 在 NCS 中的应用范围.

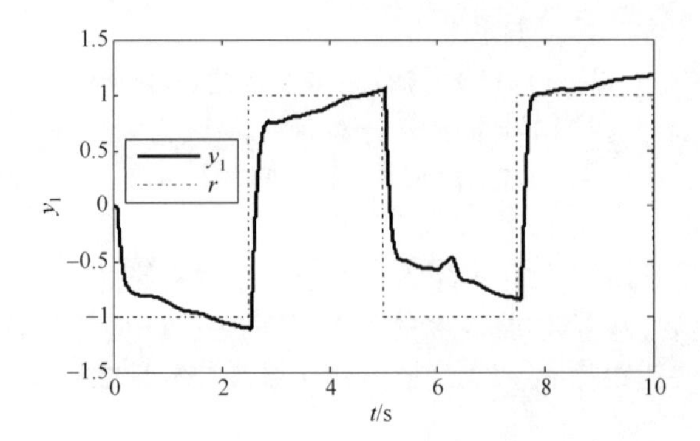

图 3.5 被控对象参数变化时的系统输出响应曲线

3.4 被控对象在原点处存在极点的仿真

当被控对象在原点处存在极点时，应用同样的原理，首先用比例反馈控制镇定不稳定时滞被控对象，形成广义稳定被控对象，然后使用 IMC 策略. 仿真网络参数如 3.3 节所述.

3.4.1 模型匹配

选择如下典型被控对象：

$$P(s)=\frac{1}{s}\mathrm{e}^{-0.020s} \tag{3-10}$$

选取稳定器 $K=1.0$，其等效广义稳定被控对象为 $G(s)=1/(s+1)$. 当广义被控对象与其预估模型相等即 $G(s)=G_m(s)$时，得到形如式(3-7)所示的内模控制器. 仿真中，在第 9.000s 时加入幅值为 0.4 的阶跃干扰信号用于测试系统的抗干扰性能. 仿真结果如图 3.6 所示.

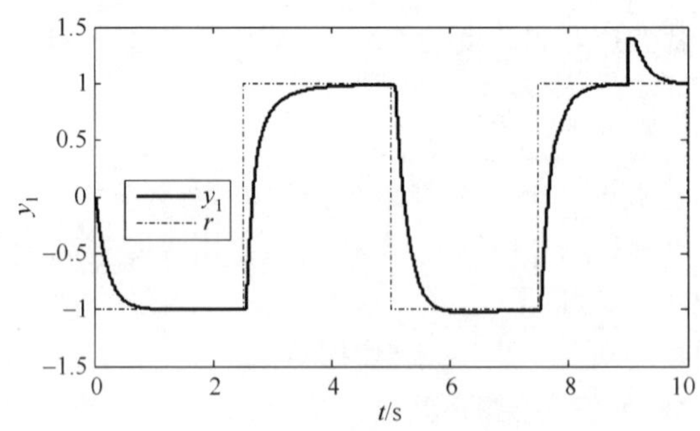

图 3.6 模型匹配时的系统输出响应曲线

3.4.2　模型失配

被控对象改变为

$$P(s)=\frac{1}{s-0.5}\mathrm{e}^{-0.040s} \tag{3-11}$$

选取稳定器 $K=1.0$，其等效广义稳定被控对象为 $G(s)=1/(s+0.5)$，保持广义被控对象模型 $G_m(s)=1/(s+1)$ 不变，此时 $G(s)\neq G_m(s)$. 仿真中，在第 9.000s 时加入幅值为 0.4 的阶跃干扰信号用于测试系统的抗干扰性能. 仿真结果如图 3.7 所示.

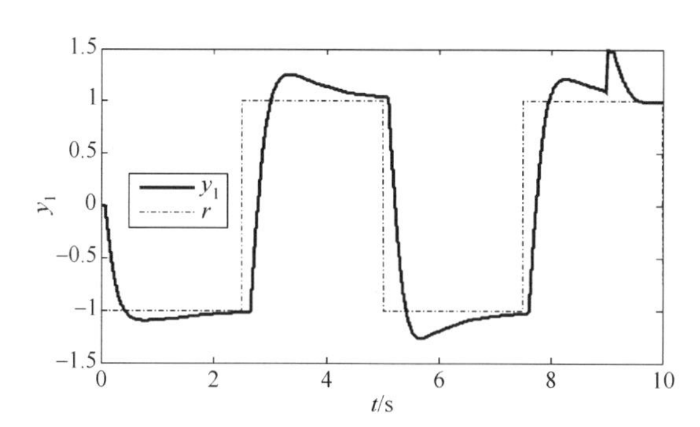

图 3.7　被控对象参数变化时的系统输出响应曲线

由图 3.6 和图 3.7 可得如下结论：

(1) 由图 3.6 可知，对于在原点处存在极点的不稳定时滞被控对象，首先使用比例反馈镇定不稳定被控对象，构成稳定内环；再使用 IMC 策略，使输出响应信号能快速跟踪输入给定信号，保证了系统的控制性能质量.

(2) 由图 3.7 可知，当不稳定被控对象参数改变，广义被控对象与模型已经严重失配时，系统输出响应的超调量及上升时间有所增加，但仍在系统可接受的稳定范围之内；在第 9.000s 时加入阶跃干扰信号后，其输出信号能及时跟踪输入给定信号.

由此可见，系统具有较强的鲁棒性，在确保稳定性的前提下具有较强的抗干扰性能.

3.5　二阶不稳定时滞被控对象仿真

部分内模控制(PIMC)结合 IMC 与反馈控制的优点，对不稳定对象进行简单有效的控制. 若被控对象为如下二阶不稳定的时滞对象：

$$P(s)=\frac{k}{(a_1 s+1)(a_2 s-1)}\mathrm{e}^{-\tau s} \tag{3-12}$$

传递函数包含不稳定极点，将不稳定二阶被控对象分解为稳定部分和不稳定部分：

$$P(s)=P_1(s)\times P_2(s)=\frac{k_1}{(a_1s+1)}\times\frac{k_2}{(a_2s-1)}\mathrm{e}^{-\tau s} \tag{3-13}$$

式中，$P_1(s)$为稳定部分；$P_2(s)$为不稳定部分.

基于不稳定二阶时滞被控对象的改进 IMC 的 NCS 如图 3.8 所示.

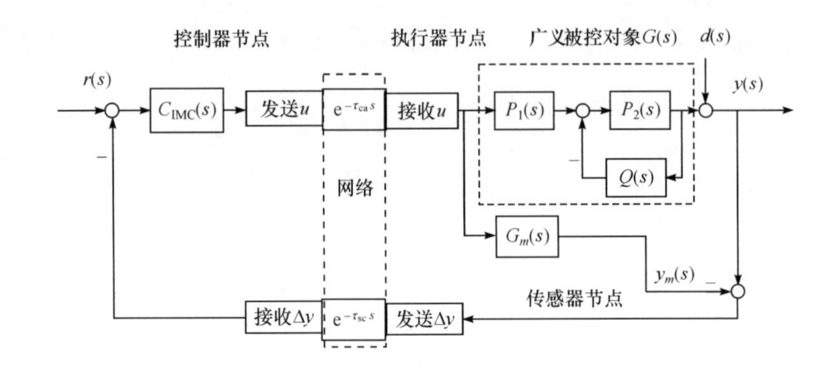

图 3.8 基于不稳定二阶时滞被控对象的改进 IMC 的 NCS

在不稳定部分 $P_2(s)$端添加比例反馈稳定器，形成稳定内环. 选择稳定器 $Q(s)=K$，稳定内环的传递函数为

$$P_2^*(s)=\frac{P_2(s)}{1+KP_2(s)} \tag{3-14}$$

将 $P_2^*(s)$与 $P_1(s)$串联形成二阶广义稳定被控对象 $G(s)=P_1(s)P_2^*(s)$，再根据广义被控对象 $G(s)$设计内模控制器.

在二阶不稳定时滞被控对象 $P(s)=k\mathrm{e}^{-\tau s}/[(a_1s+1)(a_2s-1)]$中，令 $a_1=1.0$，$a_2=1.0$，$k=1.0$，$\tau=0.020\mathrm{s}$，得到被控对象：

$$P(s)=\frac{1}{(s+1)(s-1)}\mathrm{e}^{-0.020s} \tag{3-15}$$

式中，$P_1(s)=1/(s+1)$；$P_2(s)=\mathrm{e}^{-0.020s}/(s-1)$. 采用比例反馈 $Q(s)$镇定 $P_2(s)$. 令 $Q(s)=K$，选取稳定器 $K=2.0$，其等效广义稳定被控对象为 $G(s)=1/(s+1)^2$，选择式(3-7)所示的内模控制器.

为了便于清晰地观察输出信号进入稳态的过程，本节的二阶不稳定时滞被控对象仿真的参考信号 r 选择幅值为 1 的单位阶跃信号，其仿真时间设置为 40.000s.

3.5.1　模型匹配

当模型匹配即 $G(s)=G_m(s)$时，干扰节点占用网络带宽为 55%.

仿真结果如图 3.9 所示.

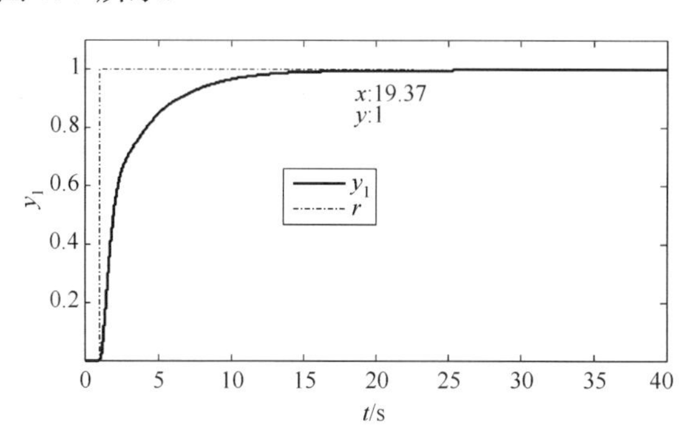

图 3.9　模型匹配时的系统输出响应曲线

3.5.2　模型失配

被控对象参数改变为

$$P(s)=\frac{1}{(s+1.2)(s-1.2)}e^{-0.050s} \tag{3-16}$$

选取稳定器 $K=2.0$，其等效广义稳定被控对象 $G(s)=1/(s+1.2)(s+0.8)$，保持广义对象模型 $G_m(s)=1/(s+1)^2$ 不变，此时 $G(s)\neq G_m(s)$，干扰节点占用网络带宽为 75%. 仿真结果如图 3.10 所示.

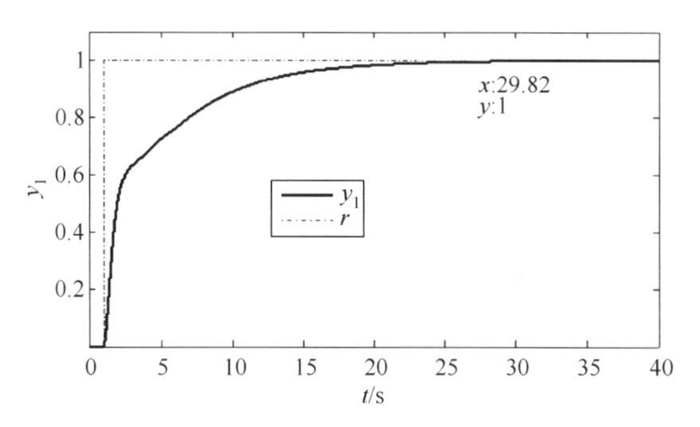

图 3.10　被控对象参数变化时的系统输出响应曲线

由图 3.9 和图 3.10 可得如下结论：

(1) 由图 3.9 可知，当不稳定被控对象为二阶惯性加纯滞后时，传递函数分解为稳定部分和不稳定部分，使用比例反馈 K 镇定不稳定部分，形成稳定的内环，构成二阶广义稳定被控对象. 当模型匹配时，虽然系统输出信号的上升时间增加，但在 19.37s 时能准确跟踪输入信号，并达到稳态值，满足控制系统性能的质量要求.

(2) 由图 3.10 可知，当二阶惯性加纯滞后不稳定被控对象的参数发生变化，模型失配时，系统的输出曲线需要更长时间才能跟踪输入信号，在 29.82s 时进入稳态值，说明该改进方案需要充分根据被控对象的参数变化在线调节内模控制器的参数才能更好地适应被控对象的参数变化，提升控制系统的性能质量.

3.6 非最小相位系统控制器设计

假设一阶惯性加纯滞后过程为

$$G(s)=\frac{N(s)}{M(s)}\mathrm{e}^{-\tau s} \tag{3-17}$$

式中，$N(s)$和$M(s)$是 s 域内的多项式.

当 $N(s)$中有形如$(-as+1)$或$(a^2s^2-2abs+1)$时，其中，$a,s>0$，则控制器积分平方差(ISE)的最优解是求得模型稳定部分的逆，再在 s 左半平面添加非最小相位零点的镜像极点.

当被控对象与其被控对象的模型相等，即 $G(s)=G_m(s)$时，将模型分解为

$$G_m(s)=\frac{N_-(s)N_+(s)}{M(s)}\mathrm{e}^{-\tau s} \tag{3-18}$$

式中，$N_-(s)$包含稳定部分零点；$N_+(s)$包含非最小相位部分在 s 右半平面的零点，$N_+(s)$可写为

$$N_+(s)=\prod_{ij}(a_i+1)(a_j^2s^2-2a_jb_js+1),\quad a_i,a_j>0;0<b_j<1 \tag{3-19}$$

设计时需要注意以下两点：

(1) $N_+(s)$的增益是 1；

(2) 先将模型转换为 $N_+(s)$和 $N_-(s)$的时间常数形式，再设计控制器.

添加前馈滤波器 $f(s)=1/(\lambda s+1)^n$，确保系统的鲁棒性，得到内模控制器：

$$C_{\mathrm{IMC}}(s)=\frac{M(s)}{N_-(s)N_+(-s)(\lambda s+1)^n} \tag{3-20}$$

式中，$N_+(s)$右半平面零点在左半平面添加的镜像极点是 $N_+(-s)$.

3.7 s 右半平面存在零点的仿真

本节主要针对 s 右半平面含有一个零点的非最小相位系统，基于改进 IMC 的 WNCS 进行仿真研究. 采用 MATLAB/Simulink/Truetime1.5 仿真软件，无线网络采用 IEEE802.11b(WLAN)，采样周期为 0.010s，传输速率为 65kbit/s，最小帧长度为 272bit，发射功率为 20dBm，接收信号阈值为 −48dBm，信号衰减指数为

3.5，确认超时时间为 0.00004s，节点重传次数的上限为 5，误码上限为 0.030. 参考信号 r 是幅值为 1 的阶跃信号，仿真时间为 30.000s.

选择一阶惯性加纯滞后对象为

$$G(s)=\frac{s-1}{s+2}e^{-0.200s} \tag{3-21}$$

将式(3-21)化为时间常数形式 $G(s)=-1(1-s)e^{-0.200s}/(s+2)$，在 s 左半平面加入镜像极点，取 $n=1$，由式(3-20)可得内模控制器：

$$C_{IMC}(s)=\frac{s+2}{-1(s+1)(\lambda s+1)} \tag{3-22}$$

增加或减小滤波器的时间常数 λ，可以改变系统的阶跃响应.

3.7.1　模型匹配

(1) 当模型匹配时，即 $G(s)=G_m(s)=(s-1)e^{-0.200s}/(s+2)$，加入镜像极点，内模控制器中取 $\lambda=1$，由式(3-22)计算内模控制器，$C_{IMC}(s)=(s+2)/(-s^2-2s-1)$，设置干扰节点占用网络带宽为 55%. 仿真输出曲线如图 3.11 所示.

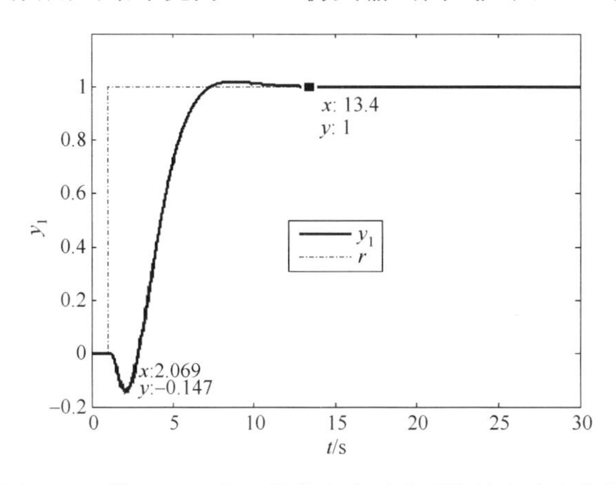

图 3.11　模型匹配、加入镜像极点时的系统输出响应曲线

(2) 当模型匹配时，即 $G(s)=G_m(s)=(s-1)e^{-0.200s}/(s+2)$，但不加入镜像极点时，$C_{IMC}(s)=(-s-2)/(\lambda s+1)^n$；当 $\lambda=1.0$ 且 $n=2$ 时，得到内模控制器 $C_{IMC}(s)=(-s-2)/(s^2+2s+1)$，干扰节点占用网络带宽为 55%. 仿真输出如图 3.12 所示.

3.7.2　模型失配

式(3-21)所示的模型参数变化为

$$G(s)=\frac{s-1.5}{s+2.5}e^{-0.400s} \tag{3-23}$$

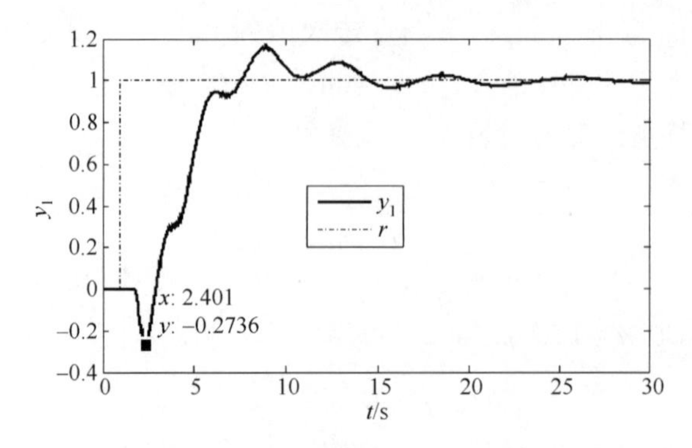

图 3.12　模型匹配、未加入镜像极点时的系统输出响应曲线

模型失配，即 $G(s) \neq G_m(s)$，加入镜像极点，保持 $G_m(s)=(s-1)\mathrm{e}^{-0.200s}/(s+2)$ 不变，内模控制器 $C_{\mathrm{IMC}}(s)=(s+2)/(-s^2-2s-1)$ 不变，干扰节点占用网络带宽为 75%.

为了验证系统的抗干扰性能，在第 20.000s 时加入幅值为 0.4 的阶跃干扰信号，仿真输出曲线如图 3.13 所示.

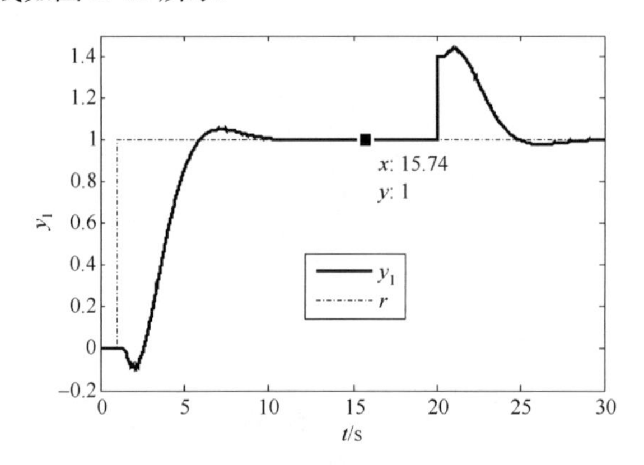

图 3.13　模型失配、加入镜像极点时的系统输出响应曲线

3.8　不同滤波器参数仿真

针对滤波器参数对系统性能存在影响的情况，选取不同的前馈滤波器参数进行仿真研究. 仿真中，在第 20.000s 时加入幅值为 0.4 的干扰信号用于观察系统的抗干扰性能，系统的被控对象选择式(3-21). 当 $\lambda_1=0.5$、$\lambda_2=2.0$ 时，得到式(3-24)和式(3-25)所示的不同内模控制器表达式：

$$C_{\mathrm{IMC1}}(s)=\frac{s+2}{-0.5s^2-1.5s-1} \tag{3-24}$$

$$C_{\mathrm{IMC2}}(s)=\frac{s+2}{-2s^2-3s-1} \tag{3-25}$$

干扰节点占用网络带宽为 55%. 仿真输出曲线如图 3.14 所示.

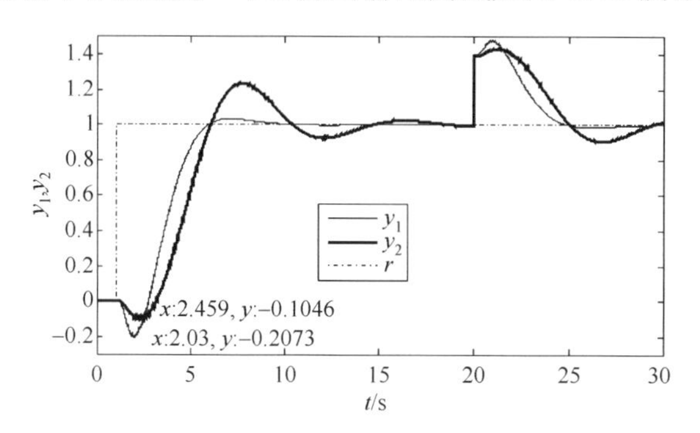

图 3.14　模型匹配、加入镜像极点时的系统输出响应曲线

$y_1=0.5$ 对应 $\lambda_1=0.5$；$y_2=0.5$ 对应 $\lambda_2=2$

由图 3.11～图 3.14 可得如下结论：

(1) 由图 3.11 与图 3.12 对比可知，当模型完全匹配时，加入镜像极点的输出信号初始负调较小，提高了整个系统的控制品质；而未加入镜像极点时，系统初始负调较大，达到 −0.2736，输出曲线波动较大，系统稳定性变差.

(2) 由图 3.11 与图 3.13 对比可知，模型匹配时，输出曲线在 13.400s 达到稳定，其后无静差地跟踪参考信号；模型严重失配时，输出信号在 15.740s 时进入稳定区域，且在加入干扰信号后仍能快速恢复跟踪，验证了其具有良好的鲁棒性及抗干扰能力.

(3) 由图 3.14 可知，加入镜像极点，模型完全匹配时，滤波器时间常数 λ 的改变影响系统的输出特性. 在图 3.11 中，$\lambda=1$ 时，输出曲线最大负调值为 −0.1470；在图 3.14 中，λ 减小到 0.5 时，输出曲线 y_1 负调增大到 −0.2073，上升时间减少；反之，λ 增大到 2 时，输出信号负调减小到 −0.1046，但是输出曲线 y_2 上升时间增加，仿真证明了滤波器参数的选择对系统输出性能有重要的影响.

3.9　本章小结

本章针对不稳定时滞过程，使用比例反馈进行内部镇定，形成广义稳定被控对象，提出相应的改进内模控制器的设计方法. 通过仿真研究了一阶不稳定时滞对象，二阶不稳定时滞对象在参数变化、存在外界干扰等不利因素影响的情况下，系统的动态性能与稳定性等问题,验证了改进内模控制器设计方法的有效性.

非最小相位系统在工业控制领域中是很难控制的系统,本章针对 s 右半平面存在零点的 WNCS,在系统左半平面添加镜像极点,实现对系统的控制.研究滤波器时间常数的选取与系统输出之间的关系,通过合理调整滤波器参数,能够令其同时兼具良好的目标跟随特性和干扰抑制特性.仿真结果表明:改进方案能有效减小系统输出的负调,提高系统的控制性能.由于很多实际系统是非最小相位系统且内模控制器设计简单方便,调节参数少,因此,改进 IMC 方法具有一定的实用性.

第 4 章　新型 Smith 预估补偿与 IMC 的 NCS

4.1　引　　言

Smith 在 1957 年提出一种预估补偿控制方法，针对纯滞后系统中闭环特征方程含有纯滞后，在常规 PID 反馈控制的基础上，引入一个预估补偿环节，使闭环特征方程不含纯滞后，从而提高了整个系统的控制性能品质.

作为 IMC 设计的原型，Smith 预估补偿与 IMC 在特定的情况下可以相互转化. 针对 Smith 预估补偿的 NCS 研究，近年来已成为 NCS 时延补偿研究的热点问题.

网络时延补偿与控制的难点主要如下：

(1) 由于网络时延与网络的拓扑结构、通信协议、网络负载、网络带宽和数据包大小等因素有关，对于随机、时变和不确定，大于数个乃至数十个采样周期的网络时延，要建立准确的预测、估计或辨识的数学模型，目前是有困难的.

(2) 发生在控制器节点之后，由控制器节点向执行器节点传输数据过程中的网络时延，在控制器节点中无论采用何种预测或估计方法，都不可能提前知道其准确值.

(3) 要确保 NCS 中所有节点时钟信号完全同步是不现实的.

基于经典 Smith 预估补偿的 NCS 研究，通常需要知道网络时延的大小或者概率分布，或者需要设置缓存器，额外增加系统开销. 文献[1]提出一种基于新型 Smith 预估器的网络时延动态补偿方法，无须知道网络时延的预估模型，无须在线辨识、测量或估计网络时延的大小，适用于网络时延是不确定、随机或时变，大于 1 个乃至数十个采样周期，或同时存在一定量的数据丢包的 NCS 时延补偿与控制.

4.2　基于新型 Smith 预估补偿的 NCS

假设包含纯滞后的被控对象传递函数 $G(s)\mathrm{e}^{-\tau s}$ 已知，其预估模型为 $G_m(s)\mathrm{e}^{-\tau_m s}$，则基于新型 Smith 预估补偿的 NCS 如图 4.1 所示.

系统的闭环传递函数为

$$\frac{y(s)}{r(s)}=\frac{C(s)\mathrm{e}^{-\tau_{ca}s}G(s)\mathrm{e}^{-\tau s}}{1+C(s)G_m(s)+C(s)\mathrm{e}^{-\tau_{ca}s}(G(s)\mathrm{e}^{-\tau s}-G_m(s)\mathrm{e}^{-\tau_m s})\mathrm{e}^{-\tau_{sc}s}}\tag{4-1}$$

闭环特征方程为

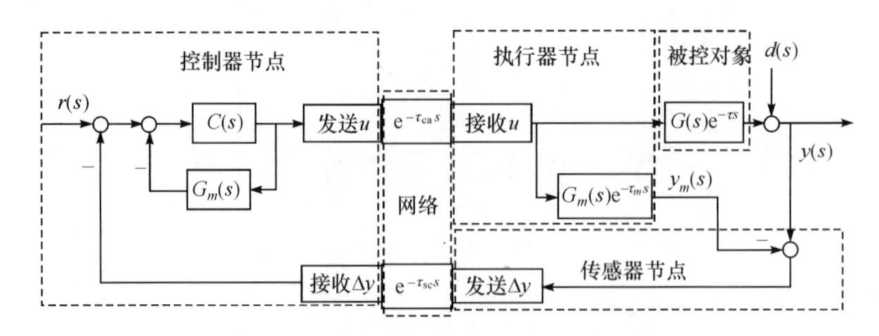

图 4.1　基于新型 Smith 预估补偿的 NCS

$$1+C(s)G_m(s)+C(s)\mathrm{e}^{-\tau_{ca}s}(G(s)\mathrm{e}^{-\tau s}-G_m(s)\mathrm{e}^{-\tau_m s})\mathrm{e}^{-\tau_{sc}s}=0 \tag{4-2}$$

系统的闭环特征方程中包含被控对象 $G(s)\mathrm{e}^{-\tau s}$ 及其预估模型 $G_m(s)\mathrm{e}^{-\tau_m s}$，不包含网络时延的预估模型 $\mathrm{e}^{-\tau_{scm}s}$ 和 $\mathrm{e}^{-\tau_{cam}s}$.

当被控对象预估模型等于其真实模型，即 $\tau_m=\tau, G_m(s)=G(s)$ 时，式(4-1)可改写为

$$\frac{y(s)}{r(s)}=\frac{C(s)\mathrm{e}^{-\tau_{ca}s}G(s)\mathrm{e}^{-\tau s}}{1+C(s)G(s)} \tag{4-3}$$

系统的闭环特征方程为

$$1+C(s)G(s)=0 \tag{4-4}$$

影响系统稳定性的时延指数项已从闭环特征方程中消除.

式(4-3)的等效控制系统如图 4.2 所示.

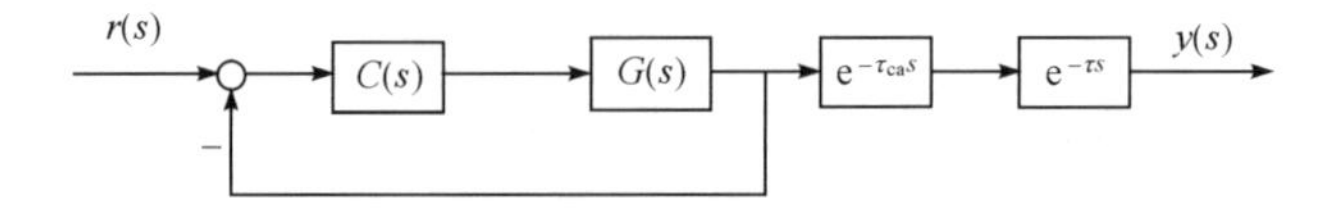

图 4.2　式(4-3)的等效控制系统

基于新型 Smith 预估补偿的 NCS 具有以下一些特点：

(1) 从结构上实现对网络时延和被控对象纯滞后的双重动态预估补偿与控制，即将前向通路中控制器到执行器的网络时延 τ_{ca} 和被控对象纯滞后 τ 从闭环回路中移到闭环回路外，同时将反馈网络通路中传感器到控制器的网络时延 τ_{sc} 从控制系统中消除，进而可降低网络时延 τ_{ca} 和 τ_{sc} 以及被控对象纯滞后 τ 对系统稳定性的影响，提高系统的控制性能质量.

(2) 在将反馈通路的网络时延 τ_{sc} 从控制系统中消除的同时，又不影响将传感器输出信号经反馈网络通路实时、在线和动态地传输到远程控制节点，进而无须对反馈通路实施网络调度来改变网络流量的大小，以减小网络时延对系统稳定性的影响：一方面，可以比静态或动态调度更为有效地利用网络带宽资源；另一方面，可以提高 NCS 对反馈网络通路中数据丢包的鲁棒性.

(3) 由于采用真实的网络数据传输过程代替其间网络时延预估补偿模型，基于新型 Smith 预估补偿的 NCS 中，将不再包含网络时延 τ_{ca} 和 τ_{sc} 的预估值 τ_{cam} 和 τ_{scm}，信息流所经历的网络时延就是控制过程中真实的网络时延. 因而无须对网络时延进行在线测量、估计或辨识，从而可降低对网络节点时钟信号同步的要求，避免对网络时延进行估计时由于模型不准确所造成的估计误差，避免对网络时延进行辨识时所需耗费大量节点存储资源的浪费；同时，还可避免由于网络时延造成的“空采样”或“多采样”带来的补偿误差. 只要系统满足被控对象预估模型等于其真实模型，即 $G_m(s)=G(s)$，$\tau_m=\tau$ 时，Smith 动态预估补偿与控制总是有效的.

(4) 通常情况下，控制器 $C(s)$ 可采用常规 PID 控制策略，当被控对象参数时变或具有非线性特性时，控制器 $C(s)$ 可采用智能控制如模糊控制、模糊免疫控制、神经网络控制、自适应控制、非线性控制等控制策略，可进一步增强系统的鲁棒性和抗干扰能力，动态地适应控制系统过程参数的变化.

(5) 在 NCS 中，由于传感器、控制器和执行器节点通常都是智能节点，不仅具有通信能力，还具有一定的计算和存储，甚至控制功能，预估控制在控制器、执行器或传感器节点中实施是完全可行的.

(6) 传统 Smith 预估补偿控制系统的参数整定方法，同样也适用于基于新型 Smith 预估补偿控制的 NCS 参数整定.

然而，在实际的工业控制过程中，真实被控对象的模型常常是难以确知的，而且大都处在不断的变化过程之中，要建立真实被控对象准确的数学模型，现阶段是非常困难的，即要满足被控对象的预估模型与真实被控对象完全匹配的条件也是不现实的.

针对新型 Smith 预估补偿的 NCS 的鲁棒性与抗干扰性能问题的研究，可参见文献[1]和文献[2].

4.3　新型 Smith 预估补偿与 IMC 的联系

IMC 的产生就是作为 Smith 预估补偿的一种扩展，Smith 预估补偿控制是 IMC 的一种特例. 基于新型 Smith 预估补偿 NCS 结构如图 4.1 所示，基于 IMC 的 NCS 结构如图 1.1 所示.

从结构上可以看出：只要新型 Smith 预估补偿控制器 $C(s)$ 与其构成内环的 $G_m(s)$ 与 IMC 中的 $C_{IMC}(s)$ 等效，新型 Smith 预估补偿与 IMC 就是等价的，可以相互转换.

从传递函数看：由图 4.1 可得，假定 $G_m(s)=G_{m+}(s)G_{m-}(s)$ 是稳定且物理可实现的，新型 Smith 预估补偿控制器和 $G_m(s)$ 组成的内环传递函数为

$$C_{Smith}(s)=\frac{C(s)}{1+C(s)G_m(s)} \tag{4-5}$$

IMC 的控制器传递函数为

$$C_{IMC}(s)=C(s)f(s)=G_{m-}^{-1}(s)\frac{1}{(\lambda s+1)^n} \tag{4-6}$$

当 NCS 取相同的被控对象时，比较式(4-5)和式(4-6)，并令 $G_{Smith}(s)=C_{IMC}(s)$，可得

$$\frac{C(s)}{1+C(s)G_m(s)}=G_{m-}^{-1}(s)f(s) \tag{4-7}$$

$$C(s)=\frac{G_{m-}^{-1}(s)f(s)}{1-G_{m+}(s)f(s)} \tag{4-8}$$

当新型 Smith 预估补偿的 NCS 的控制器如式(4-8)所示时，可以得到等效的 IMC 的控制器式(4-6). 显然，在满足式(4-8)的等量关系时，新型 Smith 预估补偿与 IMC 就是等价的，并且可以相互转换.

4.4 新型 Smith 预估补偿与 IMC 的区别

IMC 是由新型 Smith 预估补偿控制转化而来，Smith 预估补偿控制是 IMC 的特例，两者可以在一定条件下相互转化.

4.4.1 相同点

1. 当被控对象预估(内部)模型等于其真实模型时

(1) 从系统结构上看，两种方法都能将反馈网络通路中传感器到控制器的网络时延 τ_{sc}从控制系统中消除，同时将前向通路的网络时延 τ_{ca}和被控对象纯滞后 τ 移到闭环控制回路以外，进而可实现对网络时延 τ_{ca}和 τ_{sc}以及被控对象纯滞后 τ 的补偿与控制，降低网络时延对系统稳定性的影响，提高系统的控制性能质量.

(2) 由于两种方法从系统结构上实现将反馈网络通路中传感器到控制器的网络时延 τ_{sc}从控制系统中消除，因而无须对反馈通路实施网络调度来改变网络流量的大小以减小网络时延对系统稳定性的影响：一方面，可以提高网络带宽资源的利用率；另一方面，可提高 NCS 对其反馈网络通路中数据丢包的鲁棒性.

(3) 由于两种方法都是采用真实的网络数据传输过程代替其间网络时延预估补偿模型，新型 Smith 预估控制和 IMC 的 NCS，将不再包含网络时延 τ_{ca}和 τ_{sc}的预估值 τ_{cam}和 τ_{scm}，因而可免除对网络时延的在线辨识、测量或估计；避免由于对网络时延估计不准确而带来的误差；避免对网络时延进行辨识时所需耗费大量节点存储资源的浪费；避免由于网络时延造成的“空采样”或“多采样”带来的补偿误差.

(4) 两种方法的实施都与 NCS 中网络协议的选择无关,既可用于确定性网络,也可用于非确定性网络;既可用于有线网络,也可用于无线网络.

(5) 两种方法都是通过“软件”改变 NCS 结构的方法,不需要额外增加硬件设施就可以实现其补偿与控制功能.

2. 当被控对象预估(内部)模型不等于其真实模型时

从系统结构上看,新型 Smith 预估补偿与 IMC 的 NCS,即使被控对象预估(内部)模型与其真实模型有偏差,但仍可确保系统中均不包含网络时延的预估模型,也无须对网络时延进行在线辨识、测量或估计,网络数据传输过程中的时延所经历的过程是控制过程中真实的网络数据传输过程,因此可确保系统满足网络时延的时延(预估)补偿条件.

4.4.2　不同点

(1) 新型 Smith 预估补偿的控制器 $C(s)$,既可采用常规 PID 控制策略,也可采用各种先进(智能)控制策略或其组合;与 IMC 的控制器 $C_{\mathrm{IMC}}(s)$ 相比,$C(s)$ 有更多的控制策略可供选择,但其需要调整的控制参数较多,相对较复杂.

(2) IMC 一般按照两步设计法,其设计方法简单,容易实现. 但由于通常只有一个可调控制参数,因此很难同时获得系统最佳的目标跟踪特性与干扰抑制性能,因此存在一定的局限性.

4.5　仿真设计与研究

选用 MATLAB/Simulink/Truetime1.5 仿真软件,建立新型 Smith 预估补偿与 IMC 的 NCS 仿真平台,采用有线网络 CSMA/CD(Ethernet),传感器节点采用时间驱动,采样周期为 0.010s,控制器和执行器节点采用事件驱动,干扰节点(用于模拟其他节点或控制回路占用网络资源的情况)采用时间驱动,采样周期为 0.001s,网络传输速率为 80kbit/s,最小帧为 40bit,参考信号 r 为幅值从 −1 到 +1 变化的方波信号,仿真时间为 10.000s,在第 9.000s 时加入幅值为 0.4 的阶跃干扰信号来测试系统的抗干扰能力.

选取被控对象为

$$G(s)=\frac{100}{s+100}\mathrm{e}^{-0.020s} \tag{4-9}$$

选择如下三个 NCS 控制回路:

(1) 第一个 NCS 控制回路采用 IMC,$C_{\mathrm{IMC}}(s)=(s+100)/[100(\lambda s+1)]$,其中 $\lambda=0.1$;

(2) 第二个 NCS 控制回路采用 PI 控制,PI 控制器的比例增益为 $K_{\mathrm{p}}=0.3328$,积分时间为 $T_{\mathrm{i}}=0.0263$;

(3) 第三个 NCS 控制回路采用 Smith+PI 控制,比例增益为 K_p=0.3328,积分时间为 T_i=0.0263.

在以下仿真结果图中,y_1 为 IMC,y_2 为 PI 控制,y_3 为 Smith+PI 控制.

1. 网络数据丢包概率为 0.0,干扰节点占用网络带宽为 0.0%

仿真结果如图 4.3 所示.

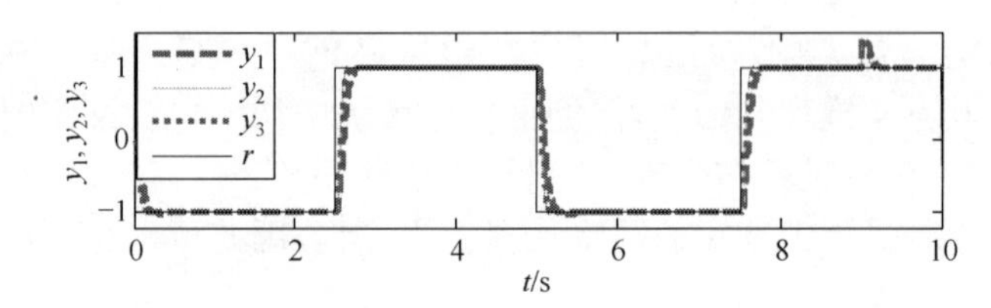

图 4.3 系统输出响应曲线

仿真结果表明:PI 控制、IMC 和 Smith+PI 控制的 NCS 都能满足系统的控制性能要求.

2. 网络数据丢包概率为 0.3,干扰节点占用网络带宽为 47.5%

仿真结果如图 4.4～图 4.6 所示.

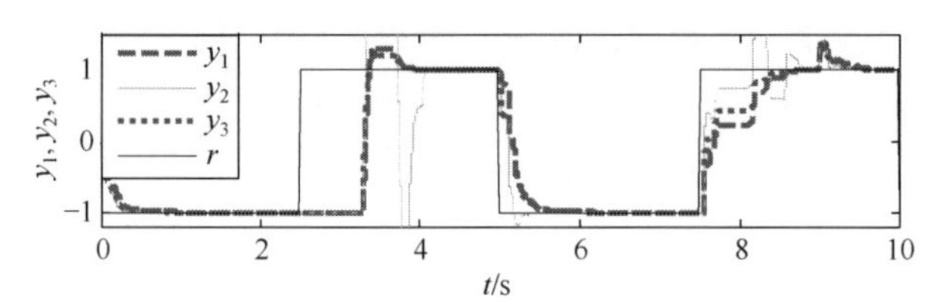

图 4.4 系统输出响应曲线

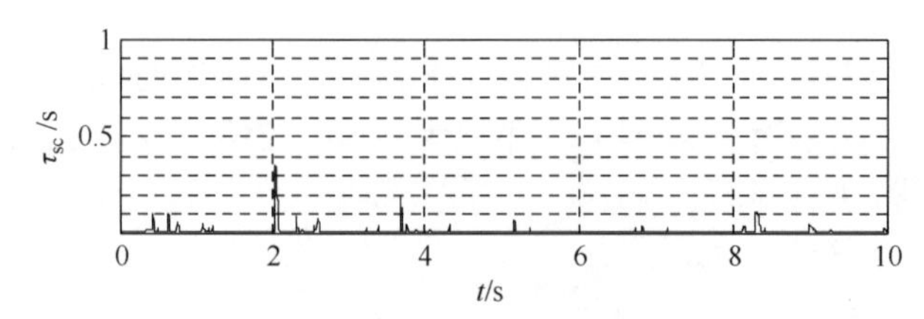

图 4.5 从传感器到控制器的网络时延 τ_{sc}

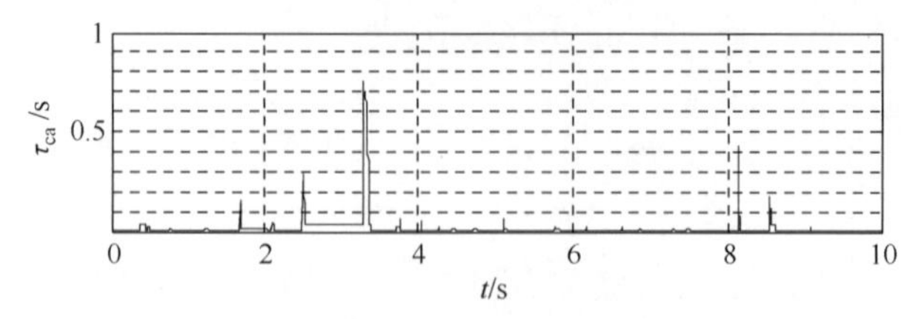

图 4.6 从控制器到执行器的网络时延 τ_{ca}

由图 4.4～图 4.6 可以得出如下结论：

(1) 网络时延 τ_{sc}和 τ_{ca}都是不确定、随机时变的.

(2) 在采样周期为 0.010s 的情况下，τ_{sc} 和 τ_{ca} 的最大值分别是 0.350s 和 0.750s，分别超过 35 个和 75 个采样周期. 在 3.800s 附近，PI 控制的 NCS 出现超调量过大的情况，难以满足系统的控制性能质量；而 IMC 和 Smith＋PI 控制的 NCS 能及时跟踪方波，超调量较小，满足系统的控制性能要求，且 Smith＋PI 控制的动态性能稍好于 IMC 的 NCS.

(3) 在 9.000s 时刻，加入幅值为 0.4 的阶跃干扰信号后，三种控制算法都能迅速恢复并跟踪给定值，具有较强的抗干扰能力.

综上所述：与常规 PI 控制的 NCS 相比，采用 Smith＋PI 和 IMC 的 NCS 均具有良好的动态性能和抗干扰能力，并能适应网络存在一定量的数据丢包.

3. 网络数据丢包概率为 0.3，干扰节点占用网络带宽为 47.5%，被控对象参数变化

将式(4-9)所示的真实被控对象的纯滞后环节由 0.020s 增至 0.040s，Smith 预估补偿 NCS 的预估模型和 IMC 的 NCS 的内部模型保持不变，此时被控对象参数变为

$$G(s)=\frac{80}{0.8s+120}e^{-0.040s} \tag{4-10}$$

仿真结果如图 4.7～图 4.9 所示.

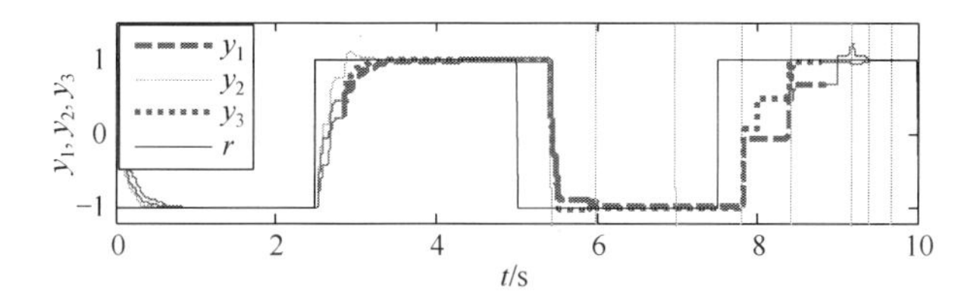

图 4.7　被控对象参数发生变化时的系统输出响应曲线

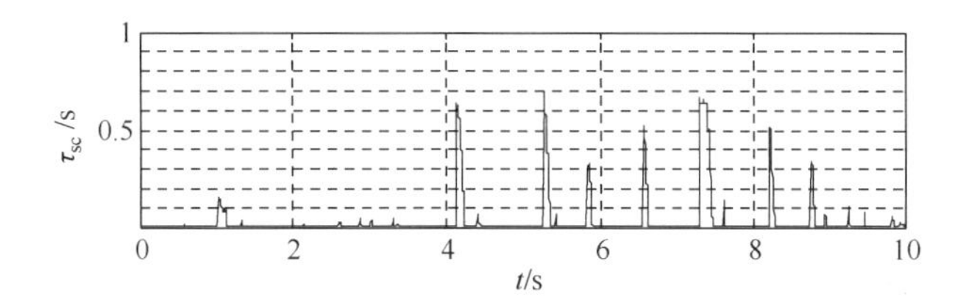

图 4.8　从传感器到控制器的网络时延 τ_{sc}

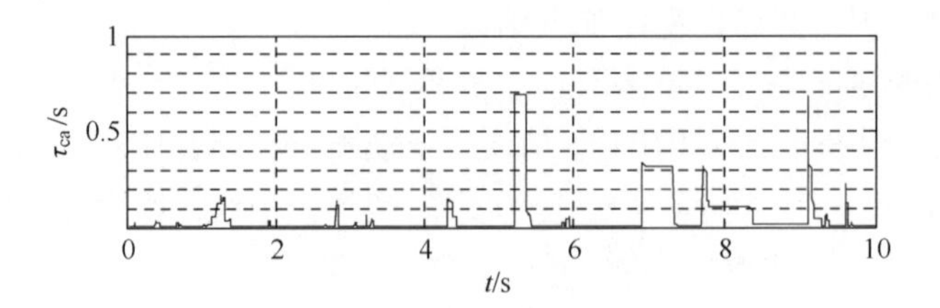

图 4.9　从控制器到执行器的网络时延 τ_{ca}

当被控对象参数发生变化时：

(1) 从图 4.8 和图 4.9 中可以看出，τ_{sc} 和 τ_{ca} 的最大值分别是 0.700s 和 0.690s，已超过 70 个和 69 个采样周期(采样周期为 0.010s).

(2) 从图 4.7 中可以看出，采用 PI 控制的 NCS 出现了超调量过大的情况，系统甚至出现发散不可控的现象，难以满足系统的控制性能质量；而采用 IMC 和 Smith＋PI 控制的 NCS 能快速跟踪方波，超调量较小，能满足系统的控制性能要求，且 Smith＋PI 控制的 NCS 动态性能稍好于 IMC 的 NCS.

(3) 在 9.000s 时刻加入幅值为 0.4 的阶跃干扰信号，Smith＋PI 控制和 IMC 的 NCS 都能快速跟踪给定值，且 Smith＋PI 控制的抗干扰性能好于 IMC 的 NCS.

4. 网络数据丢包概率为 0.3，干扰节点占用网络带宽为 47.5％，被控对象模型发生变化

式(4-9)所示的真实被控对象模型变化为

$$G(s)=\frac{30s+1}{3s^2+40s+1}e^{-0.040s} \tag{4-11}$$

仿真结果如图 4.10～图 4.12 所示.

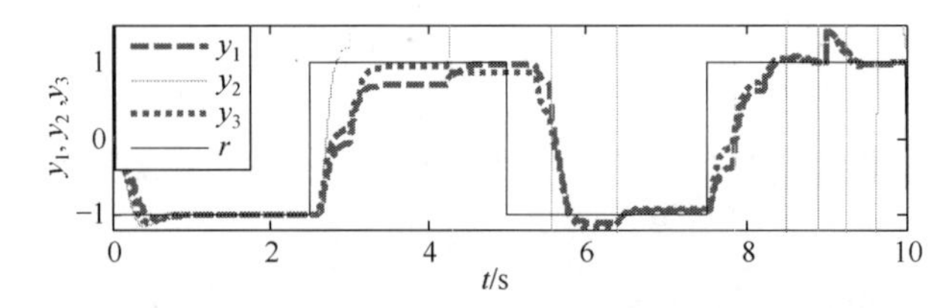

图 4.10　被控对象模型发生变化时的系统输出响应曲线

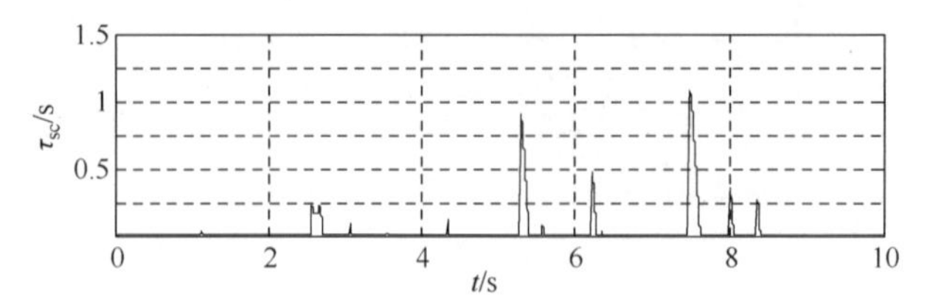

图 4.11　从传感器到控制器的网络时延 τ_{sc}

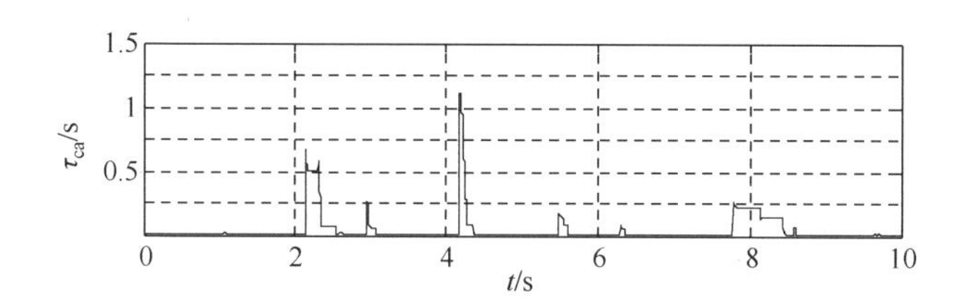

图 4.12　从控制器到执行器的网络时延 τ_{ca}

当被控对象模型发生变化时:

(1) 从图 4.11 和图 4.12 中可以看出:网络时延 τ_{sc} 和 τ_{ca} 的最大值分别为 1.090s和 1.110s,已超过 109 个和 111 个采样周期.

(2) 从图 4.10 中可以看出,采用 PI 控制的 NCS 出现发散不可控的现象,难以满足系统的控制性能质量;而采用 IMC 和 Smith+PI 控制的 NCS 能快速跟踪方波,超调量较小,能满足系统的控制性能要求,且 Smith+PI 控制的动态性能稍好于 IMC 的 NCS.

(3) 在 9.000s 时刻加入幅值为 0.4 的阶跃干扰信号,Smith+PI 控制和 IMC 的 NCS 都能快速跟踪给定值.

综上所述,新型 Smith+PI 控制和 IMC 的 NCS 的鲁棒性和抗干扰能力都较强,都能满足系统的控制性能质量要求.

4.6　本章小结

本章首先简要介绍了新型 Smith 预估补偿 NCS 的基本原理,然后从系统结构上对比研究新型 Smith 预估补偿和 IMC 的 NCS,并比较它们的联系与区别. 两种控制方法都是基于“软件”改变 NCS 结构的方法,算法简单,易于工程实现. 最后通过仿真研究,验证了两种方法的有效性.

参考文献

[1] 杜锋,钱清泉,杜文才. 基于新型 Smith 预估器的网络控制系统[J]. 西南交通大学学报, 2010,45(1):65-69,81.

[2] 杜锋,杜文才. 基于新型 Smith 预估补偿的网络控制系统[M]. 北京:科学出版社,2012.

第5章 基于新型死区调度的NCS

5.1 引　　言

随着NCS研究的不断深入,调度与控制协同设计的思想逐渐引起研究者的关注与重视. NCS的总体性能不仅与控制策略有关,还与网络带宽资源的合理使用和调度算法密切相关. 尽管NCS的理论方法与应用已经取得了较大的发展,但可用网络带宽资源受限的问题在NCS中广泛存在,且并未得到很好的解决. 从通信技术的角度来看,在典型NCS应用中,网络带宽往往是相当有限的;从应用需求的角度来看,如今的NCS往往工作于动态环境下,网络负载呈现出更多的时变特性. 网络带宽受限和负载可变的直接后果是导致可用资源的不确定性,在时态特性上则表现为不可预测的通信时延、时延抖动和数据丢包,并最终影响控制质量(quality of control,QoC)和网络服务质量(quality of service,QoS),甚至导致系统不稳定.

网络调度(scheduling)是指网络中的节点,在共享网络资源中发送数据,在发生碰撞时,规定数据包以怎样的优先级(顺序)和何时发送数据包的问题. 其目的是对网络资源的需求进行尽可能合理的分配,使整个NCS能够达到期望的性能质量要求.

网络调度主要包括网络层调度和应用层调度,目前研究的网络调度大多集中在应用层. 应用层调度是上层应用程序根据需求主动分配数据发送顺序,发生在传感器、控制器和执行器节点之间的传输数据过程中.

NCS的系统资源包括节点CPU资源和网络资源:其节点的CPU调度是指为满足控制系统的实时性要求,同一个CPU被多个任务共享时,考虑设置CPU执行各个任务的先后次序问题;其网络调度是指为满足NCS实时性要求,同一个网络被多个NCS的控制回路共享时,考虑如何传输数据包的问题.

NCS的调度问题可以划分为可抢占式CPU资源调度与不可抢占式网络资源调度,两者的相同点是指都受到共享有限资源的限制,主要不同点在于是否可抢占的问题.

5.2 网络调度研究现状

目前,网络调度已经成为NCS研究的热点问题,其主要研究内容是如何在网络带宽资源受限时,设计合理的网络调度方案以满足系统的实时性要求.

下面就调度研究现状进行介绍与分析.

5.2.1　借鉴CPU的调度

文献[1]针对实时系统,首先提出可抢占式的单调速率(rate monotonic,RM)调度算法,通过各个任务的采样周期来确定其优先级:周期越大(小),则优先级越低(高),且各项任务的优先级在调度过程中不变.文献[2]针对文献[1]提出了非抢占服务方式的RM调度算法,将其应用到NCS中,同时给出了网络可调度的充分条件.文献[3]针对文献[2]中提出的数学模型,利用遗传算法实现NCS的优化调度,提高了NCS的性能质量.文献[4]在对车身NCS的特点进行分析后,将RM调度算法应用于车身NCS中,并进行可调度性分析.此外,文献[1]还提出时限最早任务优先(earliest deadline first,EDF)调度算法,其算法通过任务距离时限要求长度来确定优先级:距离时限越大(小),优先级越低(高),其算法对同步周期任务组是最佳的动态调度算法.鉴于EDF是抢占式调度算法,任务间的切换需要大量的开销问题,文献[5]提出了误差最大优先-尝试一次就丢弃的MEF-TOD(most error first-try once discard)调度算法,在线获取网络诱导传输误差和动态分配网络带宽资源,在保证信息的可靠性和实时性方面均具有一定的优势.文献[6]对RM调度算法和EDF调度算法在NCS中应用的可行性进行了讨论,并对这两类调度算法在NCS中的调度优化问题进行了仿真研究.文献[7]在经典EDF的基础上引入模糊调度算法,提出静态扩展EDF模糊调度算法,解决了经典调度算法不能确定模糊时间优先级的问题.文献[8]结合图论思想和EDF调度算法的优点,对系统的带宽分配进行优化,有效地降低了动态网络环境中的时延和数据流量.

借鉴CPU的网络调度方法的研究成果,为后续发展起来的其他调度方法提供了必要的理论研究基础.

5.2.2　基于优先级的调度

文献[9]提出一种基于优先级的动态调度算法,根据信息生存时间和等待时间决定信息的优先级:生存时间越长(短)且等待时间越短(长),则优先级就越高(低).文献[10]提出一种根据多项式特征参数确定优先级的混合网络调度算法,考虑任务截止期和到达的时间来决定优先级列表.文献[11]提出一种基于优先级表的混合网络调度算法,通过对多项重要特征参数进行综合考虑,从而使NCS具有良好的控制性能.文献[12]提出一种综合指标的混合调度算法,首先估计网络利用率,如果网络利用率大于设定值,考虑综合调度指标中最大加权误差和剩余时间进行MEF-TOD动态调度,如果网络利用率小于设定值,考虑剩余时间进行静态优先级调度.文献[13]提出一种混合调度算法,首先通过控制量的变化对优先级进行调整:控制量变化越大,优先级就越高,再根据时延越小优先级越高的原则进行优先级的二次调度. 文献[14]提出一种基于模糊逻辑改变优先级的调度算法,根据信息的截止期、网络性能指标以及控制偏差通过模糊逻辑动态进行优先级调度. 文献[15]和文献[16]在带宽受限的情况下,设计基于模糊逻辑的调度算法,考虑系统控制误差以及误差的变化率,利用模糊逻辑关系控制规则,对节点的优先级进行调整. 文献[17]通过采用动态权重调整策略给各控制回路设置不同的权重系数,在综合系统输出误差、误差变化率以及各回路权重系统的基础上,提出一种基于模糊反馈调度的优先级调度策略. 文献[18]基于 CAN 总线,提出一种消息动态优先级调度策略. 文献[19]针对基于 CAN 总线的 NCS,以提升系统的 QoS 和 QoC 为目标,提出一种包含静态调度和动态调度的混合优先级消息调度策略. 文献[20]基于网络带宽资源受限的 CAN 总线 NCS,提出一种带宽最优管理方法,通过降低传输数据结构的优先级限制带宽资源的消耗,优化整个系统的控制性能和传输性能. 文献[21]提出一种二维优先级和带宽调度相结合机制,实现对优先级和网络带宽资源的协同调度.

然而,基于优先级的调度方法主要是针对具有优先级的网络(如 CAN 总线网络),它不能反映各个回路公平竞争网络的情况(如以太网就不在它的研究范围之内).

5.2.3 基于采样周期的调度

采样周期是决定控制品质的一个重要因素[22,23]. 文献[24]以采样周期为切入点综述了带宽受限情况下解决 NCS 数据传输及控制系统设计的方法,并对基于变采样周期的 NCS 控制与调度协同设计方法进行了必要的分析. 文献[25]根据系统控制误差和各控制回路采样周期建立目标函数,利用免疫遗传算法实现 NCS 的调度优化. 文献[26]提出一种分层调度算法,根据各控制回路的网络时延和数据丢包情况,对采样周期和优先级进行分层调度. 文献[27]设计了一种动态调度器,根据系统控制误差对采样周期进行反馈调度,利用模糊逻辑对优先级进行调度. 文献[28]基于 Kuhn-Tucker 条件,以优化系统误差绝对值积分(integral of absolute error,IAE)为目标,对采样周期进行调度. 文献[29]提出一种利用网络利用率和系统丢包率的动态调整采样周期方法,提高系统的控制性能. 文献[30]根据系统在线控制质量情况,对网络带宽实施动态分配,调整采样周期以优化系统的控制性能. 文献[31]利用网络利用率、截止期错过率以及 IAE 对信息进行反馈调度,利用 BP 神经网络预测网络利用率以及数据包的执行时间,在线动态改变系统的采样周期以满足信息流的变化需求. 文献[32]通过隐 Markov 模型对 NCS 进行建模,并对未来的网络丢包率和通过率进行预测,利用反馈调度原理在线改变采样率,实现控制与调度的协同设计. 文献[33]综合考虑 NCS 的系统误差、误差变化率和网络利用率等因素，提出一种包含网络利用率预测和采样周期调节的基于模糊反馈的变采样周期的调度算法. 文献[34]综合考虑网络传输误差以及传输时延，以误差泛函积分指标 IAE 来衡量控制回路的 QoC，提出一种递推式变采样周期在线动态调度算法. 文献[35]设计一种使用灰色预测方法以获取网络可利用资源的调度器，调整 NCS 中各控制回路的采样周期，优化配置各控制回路网络资源，改善动态网络环境. 文献[36]根据 NCS 中闭环控制回路的各自特点和运行状态，通过对采样周期进行两次调整以实现对网络的调度. 文献[23]针对 NCS 中采样周期对控制性能和网络运行性能的影响，提出一种基于反馈控制原理和预测机理的智能动态调度策略.

文献[37]将一类存在通信受限的多输入多输出 NCS 建模成非均匀采样的增广状态空间模型，能有效克服离散周期性时变系统的周期约束，可以根据信号量的特征进行采样周期频率调度，有效降低网络负载对系统性能的影响. 文献[38]基于变采样周期方法，将具有网络时延和丢包的 NCS 建模为马尔可夫跳变系统，给出了在状态转移概率完全或部分已知条件下系统随机稳定且具有 H_∞ 范数界的充分条件. 文献[39]考虑到网络诱导时延可能大于一个采样周期，假定采样周期取值在有限集内切换，构建具有单状态观测器和多状态观测器的 NCS 的 Markov 跳变模型，在此基础上获得闭环 NCS 随机稳定的充分条件和最优 H_∞ 范数上界. 文献[40]提出在时延 NCS 中利用有界的采样周期，通过离散区间系统的建模及二次型性能的选取，给出了 NCS 的保性能控制. 文献[41]通过分析采样周期和网络时延对控制系统性能的影响，在网络资源可调度的情况下，给出了优化 QoP 的采样周期求取方法；然而，在复杂多变的网络环境下，仅考虑时延对 NCS 的影响是不够的. 文献[42]将 NCS 建模为一类带有参数不确定的离散时滞系统，构造一个改进的李雅普诺夫-卡拉索夫斯基函数，基于线性矩阵不等式方法及 Jensen 不等式方法，给出系统严格耗散的充分条件，得到了控制器的设计方法. 文献[43]分别用非线性规划和 Kuhn-Tucker 理论分析了多回路采样周期优化问题，研究针对单个控制回路时变采样周期的确定问题. 文献[44]提出基于输出反馈的多速率采样的 H_2/H_∞ 混合控制策略. 目前，对于单回路和多回路两类采样问题大多是单独研究的，而涉及多率采样 NCS 综合问题研究的文献并不多见[45].

文献[46]提出一种用于 NCS 的动态权重变采样周期调度算法，在网络带宽资源受限的情况下，利用控制回路的动态权重、网络利用率预测值并结合控制回路数据包传输时间，动态调整控制回路的采样周期，使 NCS 的性能得到优化.

5.2.4　基于网络带宽的调度

在大量数据传输和交换背景下的 NCS，有限带宽始终是制约信息传输和控制系统设计的瓶颈问题,动态带宽调度成为 NCS 的必然选择. 国内外学者从不同角度进行了相关研究并取得了一系列的成果[47]. 文献[48]以采样周期为切入点,从控制与调度协同设计的角度剖析了 NCS 信息传输及控制器设计的相关问题,并对基于变采样周期的 NCS 协同设计进行了探讨. 文献[49]设计一种优化系统控制性能的动态调度器,根据模糊逻辑和神经网络动态调度带宽,提高了系统的控制性能质量和网络服务质量. 文献[50]在 CAN 总线网络环境下,根据被控对象的状态和可以利用的网络资源动态地改变各控制回路的带宽,提高了系统的控制性能质量. 文献[51]根据系统误差和误差变化率,利用 BP 神经网络和模糊逻辑原理动态调整各个控制回路的网络带宽,优化了系统的控制性能,实现了更加灵活的适应于不确定性的网络环境. 文献[52]以实现最大化的控制性能和最小化的带宽消耗为目标,在一个两层的网络学习控制系统架构中,提出一种混合量子克隆进化算法以调节各控制回路的带宽. 文献[53]提出一种具有确定时限的带宽调度方法,基于任务需求分析,并通过时间窗口的划分及任务初始传输时刻和优先级的设定将有限的网络带宽资源分配给各传输任务. 文献[54]提出一种通过各控制回路的测量比例误差对带宽进行动态分配的调度方法,比静态的带宽调度方法更简单且更适合在线监控. 文献[55]基于机制设计理论和博弈论,在无线 NCS 中提出一种新的动态带宽分配方法,使在同一网络中的无线 NCS 的网络需求与其实际需求一致. 文献[56]将网络定价协议体系和动态带宽调度方法引入 NCS,通过建立非合作博弈模型,将 NCS 中的网络带宽资源分配问题转化为求解非合作博弈竞争模型下的 Nash 均衡点的问题,并采用粒子群优化算法求得纳什均衡解,给出 NCS 的时间片调度方法. 为了适应网络带宽的实时变化,文献[17]提出一种基于带宽调度的网络拥塞控制策略,建立了基于网络的拥塞状态和带宽的线性时不变(LTI)模型,利用线性二次型调节(LQR)方法,通过动态带宽调整来实现网络拥塞控制.

从通信角度来讲,文献[57]基于多输入的 NCS,通过对输入信道建模为加性范数有界不确定性理想传输、加性范数有界反馈理想传输和加性高斯白噪声的非理想传输系统,设计 H_∞ 最优控制器,以最少的网络资源利用来换取系统的稳定性.

文献[19]在分析网络时延和抖动对 NCS 性能影响的基础上,采用控制系统性能直接相关的 MVB 实时周期数据,修正了其介质分配方式,提出基于抖动的协同设计优化调度策略,在保证控制系统稳定性的前提下,兼顾传输抖动对闭环控制动态性能影响的同时,使子系统的网络资源占用率最低,解决传统算法为减小抖动过度占用网络资源导致调度失败的问题.

基于采样周期的调度和基于网络带宽的调度,都是综合考虑系统的 QoC 与 QoS,试图寻找两者之间的平衡点. 两种方法通常与模糊算法、神经网络等智能算法相结合,动态地调整采样率或网络带宽,相对于其他几种调度方法则较为复杂,而且基于采样周期的调度方法还需要考虑变采样率给系统带来的不稳定因素以及最大允许时延对采样周期的影响等问题.

5.2.5　基于死区的调度

文献[58]首先提出死区调度方法,考虑到前后发送到网络上的数据很接近时,就不发送后一次的数据而保持前一次的数据,从而减轻了网络负荷,死区大小的选择取决于系统的性能质量要求,依据 IAE 的加权性能函数,通过仿真得到死区阈值 δ 的最优值. 文献[59]提出一种基于系统偏差的死区调度策略,针对死区调度的无线 NCS 的稳定性进行研究,用非线性函数表示死区调度规则,实现系统的渐近稳定,可以减少网络冲突的发生. 文献[60]针对网络遥操作系统,提出一种基于死区调度的方法以减小数据的传输速率,在采样信号变化超过给定阈值时才发送数据包,在接收端,尚未能发送的数据通过保持最新的采样值后被重构,从而确保网络遥操作系统的稳定性.

文献[61]提出将死区控制与节点优先级(采用 CAN 总线)分配相结合,将死区阈值非线性地分为 8 个级别,利用错过率动态选择死区阈值,在网络负载较轻时充分利用带宽资源,在网络负载较重时实现控制质量的逐级降低,以提高系统应对工作负载变化的能力.

针对死区调度算法设置在传感器节点容易导致死区采样信息的丢失使 NCS 性能变差的问题,文献[62]提出一种改进型死区反馈调度算法,在控制器中加入预测环节,采用二次指数平滑算法预测机制,预测死区采样信号,并计算出相应的控制信号对其目标进行控制,在一定程度上提高系统的控制品质. 文献[63]和[64]利用误差和误差变化双重约束缓解死区引发的极限环问题,通过动态修改 PID 控制器参数以适应死区引发的不规则采样. 文献[65]提出一种流动式死区反馈调度方法,利用评价控制性能指标 IAE 作为被控变量来调整节点优先级(采用 CAN 总线),改善控制品质. 文献[66]提出基于 PID 死区反馈调度方法,各节点优先级(采用 CAN 总线)和死区节点是根据每个节点的当前控制品质动态分配和选择,死区节点的死区范围大小采用 PID 进行调节,使时限错过率稳定在优化的范围内,以提高系统的控制品质. 文献[67]提出一种基于动态调整采样周期和死区反馈调度的方法,利用节省的带宽来为优先级(采用 CAN 总线)低的任务服务,从而提高了系统的控制性能质量. 文献[68]提出一种将动态死区控制和优先级(采用 CAN 总线)结合的反馈调度方法,用以解决信息时变时 NCS 的控制与调度问题,通过在线获取的网络状态,预测下一个周期的网络带宽利用率,以动态调节死区的大小,对带宽进行优化分配来提高网络的利用率. 文献[69]利用系统的控制性能质量和网络利用率建立数学模型,并应用此模型动态调整死区变化的范围,从而提高控制性能质量.

文献[70]针对多回路 NCS,通过构建代价函数以及网络利用率函数来优化死区调度,从而改善控制性能. 文献[71]提出一种自适应控制发送数据的死区调度方法,建立网络数据传输模型以提高基于 Internet 的 NCS 和遥操作系统的控制质量,减少网络冲突. 这种数据传输模型可以预测 TCP 的利用率,同时提出一种双向控制方法,以优化数据包流量和 NCS 传输协议的效率,并研究了网络利用率和死区之间的关系. 文献[72]分析了基于 Internet 的控制性能和 NCS 以及遥操作系统之间的关系,提出一种涉及网络状态和 NCS 状态,被称为中间件的 Internet 网络自适应死区调度方法,这种网络自适应死区调度方法涉及一个带有死区滤波器的 TCP 信息流控制算法,并可用于调节 NCS 的数据流量,采用试验研究方法分析了网络利用率和死区之间的关系. 文献[73]提出一种基于 Internet 的 NCS 数据包死区控制方法,对比原来的 NCS 数据包控制方法,明显提高了网络资源的利用率,保证了系统的控制性能,减少了数据包的流量.

文献[74]针对一种新的双采样率网络化串级控制系统提出了综合调度策略,系统内环使用变采样周期算法,并使用三次指数平滑计算预测值,以降低采样率需求,系统外环使用死区反馈算法,并加入补偿环节,补偿丢失的控制值. 文献[75]研究了一类 MIMO 网络控制系统的建模与设计问题,在具有多个传感器节点且存在网络诱导时延的前提下,为了减少网络冲突,保证重要信息的传输需要,传感器节点的数据采用基于死区的调度策略,但是文献[75]仅仅考虑的是传感器与控制器之间存在网络的情况,并未考虑在控制器与执行器之间也存在网络的情况,死区调度的参数值也只是事先人为设定的,并未给出其选择的依据,也未详细分析使用该调度方法的优劣. 文献[76]在传感器节点与控制器节点中同时设置传输死区并分别采用不同的调度策略对网络进行调度,并建立了考虑死区调度、时延和丢包的 NCS 数学模型,给出了系统指数稳定的控制器的设计方法.

尽管国内外学者对死区调度方法做了大量的研究工作,取得了较好的成绩,但由于对死区调度方法研究的学者较少,仍存在以下问题尚未得到很好的解决:

(1) 文献[58]仅说明发送前后数据的数值如果是很接近时,就不发送后一次的数据而保持前一次的数据,但并未对数据值接近到何种程度作为判断依据来调整死区的大小给出明确与清晰的定义与说明.

(2) 文献[59]和文献[61]采用非线性函数来表示死区调度规则,非线性函数究竟应该如何建立,才能确保不同的 NCS 都能实现渐近稳定,尚不得而知.

(3) 文献[61]、文献[62]、文献[65]～文献[68]提出的动态死区反馈调度方法,一方面,需要设置专用的反馈网络调度器,不仅耗费节点资源,而且网络调度器节点与其他节点之间通信时还会占用网络带宽资源;另一方面,由网络负载波动等原因导致的传输时延或数据丢包可能会直接影响调度算法实施的有效性和实时性. 并且,其采用的死区调度是基于 CAN 总线网络,各个控制回路并不是公平地共享同一网络,需要讨论各个控制回路的优先级问题(如 Ethernet 就不在其研究范围之内).此外,文献[67]和文献[68]都是在网络上没有随机干扰存在的情况下进行仿真研究,忽视了网络的不确定性因素,同时两者在仿真中都未给出死区调度中具体数据包传输流量的大小、网络时延等网络参数,难以说明死区调度前后网络状况的改善程度.

(4) 文献[68]～文献[70]都是通过网络利用率和控制质量,用数学方法建立函数来优化死区调度,在确定死区阈值时需要估计网络利用率,由于网络负载的变化可能是随机的,目前想要准确估计网络利用率是非常困难的.

(5) 由于 Internet 的不确性与复杂性,要想建立网络数据传输模型以准确预测 TCP 的利用率[71],要实现 TCP 信息流的精确控制也是有困难的[72].

(6) 大多数死区调度方法以及死区反馈调度方法几乎都是基于 IAE 加权性能函数建立与 NCS 的 QoC 之间的一个定性关系,死区阈值 δ 的选择通常是通过多次仿真才能确定,一旦网络上有节点的增减,网络流量发生较大变化,就需重新确定 δ 的值.

5.3　控制器节点的新型死区调度

多回路网络控制系统(ML-NCS)是指各闭环控制回路共享同一个网络带宽资源,由于带宽有限而导致网络冲突,从而影响各闭环控制回路的控制性能质量甚至使 NCS 失去稳定性.因此,有必要研究合适的网络调度方法,提高各闭环控制回路的控制性能质量.

5.3.1　ML-NCS 死区调度存在的问题

共享同一网络资源的 ML-NCS 的典型结构如图 5.1 所示.

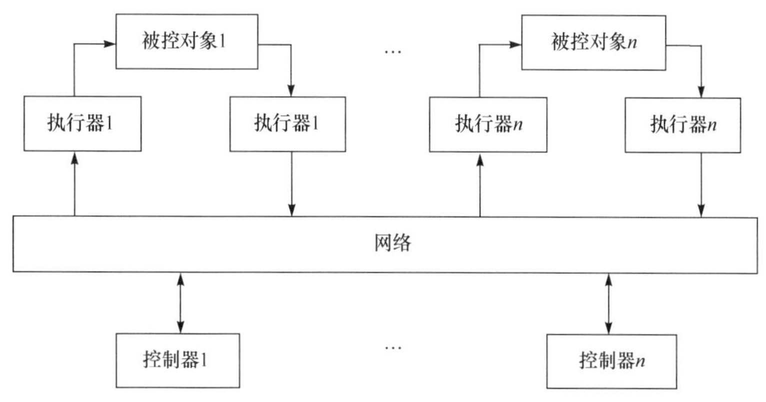

图 5.1　ML-NCS 的典型结构

在只有单个回路的 NCS 中，传感器对被控对象进行采样，再将采样所得信息封装在数据包中，通过网络传输给控制器；控制器对接收到的数据进行处理并将计算所得的控制信息封装在数据包中，通过网络传输给执行器；执行器接收到数据并对被控对象实施控制作用.

在多个控制回路共享同一个网络资源的 ML-NCS 中，各控制回路的传感器和控制器共用同一个网络带宽资源向目标节点发送数据包. 由于网络带宽资源有限，而网络中的节点必须通过竞争获取网络带宽用以向目标节点发送数据. 激烈的网络带宽资源的竞争必然导致 ML-NCS 中各控制回路的控制性能下降，甚至使 NCS 失去稳定性. 因此，当网络带宽资源有限时，选择合适的网络调度方法是十分必要的.

NCS 中信息的调度，按算法的动态特性可以分为三类：静态调度、动态调度和动静态混合调度. 死区(deadband)调度属于动态调度，是在满足控制系统性能要求的同时，通过对网络中的节点设置传输死区，控制访问网络的数据量，主动丢弃一定数量的数据包，以减轻网络负载的大小，是保证控制系统性能稳定的一种有效方法.

其基本思路如下：

(1) 当 $|X-X_{\mathrm{sent}}|\geqslant\delta$ 时，发送 X，并将 X 的值赋给 X_{sent}；

(2) 当 $|X-X_{\mathrm{sent}}|<\delta$ 时，不发送 X.

其中，X 为节点准备发送到网络的数据；X_{sent} 为节点上一次发送到网络的数据；δ 为死区阈值.

为了保证死区控制的稳定性，必须满足以下条件：

假设系统状态期望值为 x_b，系统真实状态为 x，则有

$$x=x_b\pm\delta x_b \tag{5-1}$$

闭环系统可表示为

$$\frac{\mathrm{d}x}{\mathrm{d}t}=f(t,x)+g(t,x) \tag{5-2}$$

保证系统稳定的死区 $g(t,x)$ 必须满足边界条件：

$$\|g(t,x)\|\leqslant\gamma\|x\|,\quad \forall t\geqslant 0;\forall x\geqslant D \tag{5-3}$$

式中，γ 为非负常量.

衡量添加死区调度算法后系统性能通常有两个指标：IAE 和网络节省率 N_{s}.

在连续控制系统中，IAE 定义为

$$\mathrm{IAE}=\int_{t_0}^{t_{\mathrm{f}}}|y_{\mathrm{des}}(t)-y_{\mathrm{act}}(t)|\,\mathrm{d}t \tag{5-4}$$

式中，$y_{\mathrm{des}}(t)$ 为系统期望输出；$y_{\mathrm{act}}(t)$ 为系统实际输出.

由于 NCS 是一个连续与离散混杂的控制系统，采样信号是离散的. 因此，可将式(5-4)改写成

$$\mathrm{IAE}=\sum_{k=1}^{n}h_i[y_{\mathrm{des}}(t_k)-y_{\mathrm{act}}(t_k)] \tag{5-5}$$

式中，h_i 为系统采样步长；t_k 为采样时刻.

系统的QoC与累积误差绝对值IAE有如下关系：

$$\mathrm{QoC}=\frac{1}{\mathrm{IAE}}=\left\{\sum_{k=1}^{n}h_i[y_{\mathrm{des}}(t_k)-y_{\mathrm{act}}(t_k)]\right\}^{-1} \tag{5-6}$$

IAE的值越小，即累积误差绝对值越小，QoC就越大，说明控制回路的控制性能质量就越好.

为了评价NCS中控制系统总的性能质量，定义系统的累积耗费函数为

$$J=\sum_{i=1}^{n}\mathrm{IAE}_i=\mathrm{IAE}_1+\mathrm{IAE}_2+\cdots+\mathrm{IAE}_n \tag{5-7}$$

式中，IAE_i 为各回路累积的误差绝对值.

网络节省率 N_{s} 的定义为

$$N_{\mathrm{s}}=\frac{P_{\mathrm{total}}-P_{\mathrm{act}}}{P_{\mathrm{total}}} \tag{5-8}$$

式中，P_{total}为无死区时应发送的数据包数量；P_{act} 为有死区时实际发送的数据包数量.

随着死区 δ 的增加，节点发送到网络中的数据量就会减少，累积误差绝对值IAE将会增加，系统的QoC就会下降. 网络控制系统的性能优化要求平衡数据传输量的减少，通过增加死区 δ 但需确保不超过IAE的设计极限来选择 δ 的最优值. 系统性能的好坏不仅与死区大小有关，而且与死区设置的位置有关.

国内外学者对死区调度方法做了大量的研究工作，并取得了一定的成绩，但是仍存在以下问题尚未很好的解决：

(1) 死区调度方法虽然定义了数据传输的简单判定规则，但尚未对死区阈值 δ 的选择做出具体与明确的定义，尤其是未从确保系统以满足共享该网络的ML-NCS输出的稳态性能(定量)指标为目标来确定 δ 的选择问题.

运用死区调度算法，死区阈值的选择一般是通过多次仿真来确定的. 但是，通过仿真来确定死区的大小，通常很难找到死区 δ 的最优值，并且在确定死区 δ 的最优值后，系统的结构原则上是不能更改的. 一旦网络上有节点的增减，网络流量发生较大的变化，就需离线重新寻找死区 δ 的最优值，因而造成无法适应当今NCS中带宽限制和工作负荷节点变化的状况.

(2) 死区调度算法设置在传感器节点中实现，采样将传感器节点中数据的采集和发送两个过程分开进行，只有采集到的数据不落在死区范围之内，才被允许发送至控制器节点. 虽然能减少整个网络中传输的数据包个数，大大降低一些不必要的数据传输，降低网络的繁忙程度，减轻网络的负荷. 但是，由于控制器节点收到的

被控对象状态信息并不是完整的信息：一方面，容易导致死区采样信息的丢失，造成各个 NCS 控制品质的降低；另一方面，采样率的改变会在系统中引起抖动，控制参数通常需要重新调整，并将耗费额外的计算时间.

(3) 死区调度算法设置在传感器节点中实现，无论采用何种预测或估计的方法，都不可能知道采样 t_k 时刻的准确期望值 $y_{\mathrm{des}}(t_k)$（因为 $y_{\mathrm{des}}(t_k)$真实值的产生是在控制器节点，而非传感器节点中）. 此时，由式(5-5)和式(5-6)所得的 IAE 的值是难以真实地反映采样 t_k 时刻系统的 QoC.

(4) 随着 δ 的增加，节点发送到网络中的数据就会减少，IAE 将会增加，系统的 QoC 就会变差. 然而，IAE 究竟增加到何种程度，系统的 QoC 就会变差，并且 QoC 变差到什么程度，尚不得而知，这都只能说明其变化的趋势，IAE 只是一个累积性的定性指标.

(5) 采用死区反馈调度动态调整 δ 的大小可以改善 NCS 的控制性能质量. 但是，由于反馈网络调度器作为一个独立的网络节点，需要与各个 NCS 控制回路中的控制器节点和传感器节点进行实时通信：一方面，占用节点资源，同时会占用网络带宽资源；另一方面，由于网络负载波动等原因导致的随机、时变或不确定网络时延直接影响调度算法实施的实时性与有效性，同时，系统还受到数据丢包和网络调度器故障等因素的影响. 反馈调度方法调整 δ 的大小时，仍依据 IAE 定性指标.

(6) 由于网络的复杂性，目前要做到实时、在线和动态地准确测量、估计或预测网络负载的大小，建立网络利用率准确的预测数学模型是有困难的，这导致使用网络利用率函数来动态优化死区调度的算法，很难达到期望值.

因此，寻找求取 δ 最优值的简单算法，建立表征控制系统输出稳态性能质量(定量)指标与 δ 之间的直接关系，建立死区数据智能传输与判定规则，已成为 ML-NCS 的研究中，死区调度方法需要研究与解决的一个关键性技术问题.

5.3.2 控制器节点实施方法

基于控制与网络调度协同设计的技术，以确保各个 NCS 既稳定同时又满足其稳态控制性能质量为目标. 针对 ML-NCS 体系结构特点与研究中的难点问题，将控制理论中的智能控制原理与方法和控制系统稳定性分析方法与思路加以全面提升，融会贯通，创新性地应用于 ML-NCS 的网络调度研究中，提出针对共享同一网络资源的 ML-NCS 的死区调度新方法，实现从采用“定性”累积指标 IAE 到“定量”稳态指标的研究方法与研究思路的改变. 采用智能判定规则，动态与自适应地调整网络负载的大小以确保各个 NCS 控制回路的控制性能质量，提高网络带宽的利用率，强化控制与调度的协同设计，拟采用与现有国内外死区调度方法不同的研究思路与研究方法. 同时，也为了实现如下目标：

(1) 免除对网络运行状况(网络负载大小、带宽利用率等参数)的预测、估计或辨识.

(2) 与网络协议的选择无关,既适用于确定性网络,也适用于非确定性网络;既适用于具有优先级的网络(如 CAN 总线),也适用于非优先级的网络(如 Ethernet);既适用于有线网络,也适用于无线网络;或有线(无线)异构(混杂)的 ML-NCS 死区动态调度.

(3) 与控制器节点中控制策略的选择无关,既适用于采用常规 PID 控制的 ML-NCS,也适用于采用智能(或先进)控制的 ML-NCS 的死区动态调度.

(4) 无须增加网络调度器(占用网络节点资源和带宽资源),在控制器节点中即可实施.

以满足 ML-NCS 中各个 NCS 控制回路输出的稳态质量为最终实现目标,建立死区阈值 δ 与其稳态质量指标之间直接的定量数据关系,并智能判定数据包的发送规则:

(1) 选择各个 NCS 控制回路的输出(被控变量)进入其稳态值的 $\pm5\%$(或 $\pm2\%$)波动范围为目标,直接建立死区阈值 δ 为 0.05(或 0.02).

(2) 以系统偏差值 $e(k)$(定义:$e(k)=y_{des}(k)-y_{act}(k)$)的变化,以及偏差的变化率 $ec(k)$值(定义:$ec(k)=e(k)-e(k-1)$)作为判定各个 NCS 控制回路中,控制器节点是否需要通过网络向执行器节点传送数据包的判定依据.

(3) 当各个 NCS 控制回路的实际输出值 $y_{act}(k)$已进入其稳态值时,即当 $|e(k)|<\delta$ 且 $|ec(k)|<\gamma$ 时(γ 是偏差变化率 $ec(k)$的阈值),控制器节点无须再向执行器节点发送新的数据包,此时可节省网络带宽资源,提高网络带宽的有效利用率,同时系统既稳定又满足稳态性能质量指标要求.

(4) 当各个 NCS 控制回路的实际输出值 $y_{act}(k)$处于过渡过程状态中[包括 $y_{act}(k)$在暂态过程中穿越稳态值的 $\pm5\%$(或 $\pm2\%$)波动范围]时,即当 $|e(k)|\geqslant\delta$ 或 $|ec(k)|\geqslant\gamma$ 时,控制器节点需要向执行器节点发送新的数据包以强化控制作用,确保系统尽可能快地结束过渡过程.

(5) 用“软件”实现死区动态调度算法,既节省网络带宽资源,又节省节点资源,还节省硬件设备投入,因此具有实际工程应用与推广价值.

5.4 本章小结

本章简要介绍了多回路 NCS 的结构、死区调度原理,分析了目前死区调度研究的不足以及其他调度方法的缺点,在此基础上提出了一种在控制器节点实施的新型死区动态调度方法,阐述了其技术方案与特点.

参考文献

[1] LIU C L,LAYLAND J. Scheduling algorithms for multi programming in a hard real-time environment[J]. The journal of the association for computing machinery,1973,20(1):46-61.

[2] BRANICKY M S,PHILLIPS S M,ZHANG W. Scheduling and feedback co-design for networked control systems[C]. Proceedings of IEEE Conference on Decision and Control,Las Vegas,2002:1211-1217.

[3] 何坚强,张焕春. 基于遗传算法的网络控制系统调度优化研究[J]. 工业仪表与自动化装置,2004,36(4):37-39.

[4] 刘长英,乔宇,王天皓. 基于 RM 的车身网络控制系统设计[J]. 河北工业大学学报,2013,42(5):66-70.

[5] WALSH G C,YE H. Scheduling of networked control systems[J]. IEEE control systems magazine,2001,21(1):57-65.

[6] 赵维佺,李迪,万加富,等. 网络化运动控制系统的经典调度算法应用[J]. 计算工程与应用,2010,46(29):63-68.

[7] 史婷娜,陈正伟,方红伟. NCS 任务属性不确定的模糊 EDF 调度[J]. 天津大学学报,2011,44(8):690-694.

[8] 梅志慧,魏利胜,王家才. 基于图论的网络控制系统动态调度策略研究[J]. 安徽工程大学学报,2014,29(3):41-44.

[9] WU Q M,LIU J N. A dynamic distributed message scheduling method for CAN-based networked control systems[C]. International Conference on Measuring Technology and Mechatronics Automation,Changsha,2010:85-89.

[10] JIANG H X,XU F X. A hybrid NCS scheduling algorithm based on priority table[C]. Proceedings of the 29th Chinese Control Conference,Beijing,2010:4428-4432.

[11] 张海艳,陈其工,魏利胜,等. 网络控制系统二维优先级和带宽调度策略研究[J]. 四川理工学院学报: 自然科学版,2013,6(2):71-74.

[12] CUI X Z,HAN P. A mixed scheduling algorithm for thermal process network control systems[C]. Proceedings of the 27th Chinese Control Conference,Kunming,2008:207-210.

[13] CHEN D D,LI X. Scheduling algorithm in networked control systems based on importance[C]. ISECS International Colloquium on Computing,Communication,Control,and Management,Guangzhou,2008:505-508.

[14] WANG B R,SHI D G. Study on dynamic priority scheduling based on fuzzy logic for networked control systems[C]. Proceedings of the IEEE International Conference on Automation and Logistics,Jinan,2007:1182-1186.

[15] 李祖欣. 网络控制系统的智能调度及其优化[D]. 杭州:浙江工业大学,2008.

[16] 李伟东. 网络控制系统的反馈调度与协同设计研究[D]. 南京:南京理工大学,2009.

[17] 孙洪涛,吴敬,李娅,等. 一种基于带宽调度的网络拥塞控制策略[J]. 山东科学,2014,27(4):51-56.

[18] QIU L,GU G,CHEN W. Stabilization of networked multi-input systems with channel resource allocation[J]. IEEE transactions on automatic control,2013,58(3):554-568.

[19] 严翔. 列车网络化控制系统中控制与调度协同的研究[D]. 北京:北京交通大学,2015.

[20] 田中大,高宪文,史美华,等. 资源受限网络控制系统的模糊反馈调度[J]. 电机与控制学报,2013,17(1):94-101.

[21] WANG J,SHAO P,LIAN J. Design and scheduling of networked control systems based on CAN bus[C]. 2014 IEEE International Conference on Mechatronics and Automation,Tianjin,2014:1877-1882.

[22] WANG Z W,SUN H T. Control and scheduling co-design of networked control system: overview and directions[C]. International Conference on Machine Learning and Cybernetics,Xi'an,2012:816-824.

[23] ZHANG L X,GAO H,KAYNAK O. Network-induced constraints in networked control systems-a survey[J]. IEEE transactions on industrial informatics,2013,9(1):403-416.

[24] 康凯. 基于变采样周期的网络控制系统协同设计综述[J]. 工业仪表与自动化装置,2015,(4):16-19.

[25] ZHANG X F,WANG Z J. An immune-genetic algorithm-based scheduling optimization in a networked control system[C]. Global Congress on Intelligent Systems, Xiamen, 2009: 32-35.

[26] CHEN W Y,MA Y G. Hybrid scheduling analysis of networked control systems[C]. Information Engineering and Computer Science International Conference,Wuhan,2009:1-5.

[27] WANG Z L. Intelligent scheduler design for networked control systems of guided weapon [C]. the 6th IEEE Conference on Industrial Electronics and Applications, Beijing, 2011: 2454-2459.

[28] CHEN P,DONG Y. Multiple sampling periods scheduling of networked control systems [C]. Proceedings of the 27th Chinese Control Conference,Kunming,2008:447-451.

[29] ZHANG X F,LI G H. Real-time elastic network scheduling of networked control systems [C]. The 1st International Conference on Information Science and Engineering, Nanjing, 2009:5017-5021.

[30] ZHAO W Q,LI D. The dynamic bandwidth allocation method for networked motion control systems[C]. The 4th International Conference on Wireless Communications, Networking and Mobile Computing,Dalian,2008:1-4.

[31] 沈艳,郭兵. 网络控制系统变采样周期智能动态调度策略[J]. 四川大学学报,2010,42(1):162-167.

[32] 徐英. 网络控制系统的优化调度研究[D]. 杭州:浙江工业大学,2008.

[33] 尹逊和,李斌,宋永端,等. 网络控制系统的变采样周期调度算法[J]. 北京交通大学学报,2010,34(5):135-141.

[34] 时维国,汤忆,邵诚. 一种递推式变采样周期网络控制系统调度算法[J]. 化工自动化及仪表,2011,38(11):1299-1302.

[35] 何永明,魏利胜.基于灰色预测的网络控制系统协同优化反馈调度策略研究[J].计算机测量与控制,2012,20(12),3232-3235.

[36] WANG Z W,SUN H T. Bandwidth scheduling of networked control system based on time varying sampling period [C]. The 32nd Chinese Control Conference, Xi' an, 2013: 6491-6495.

[37] 胡豪立,邵奇可.资源约束网络控制系统的非均匀采样控制[J].信息与控制,2013,42(3):320-326.

[38] 李媛,张鹏飞,张庆灵.丢包信息部分已知的变采样周期网络控制系统的 H_∞ 控制[J].东北大学学报:自然科学版,2014,35(3):305-308.

[39] 张翼,孙福学,张庆灵.基于多观测器的变采样周期网络控制系统的 H_∞ 控制[J].东北大学学报:自然科学版,2012,33(12):1681-1684.

[40] 陈惠英,李祖欣,王培良.变采样网络化控制系统的最优保性能控制[J].信息与控制,2011,40(5):646-651.

[41] 严翔,李洪波,王立德,等.基于EDA的网络化控制系统抖动优化调度算法[J].东南大学学报:自然科学版,2013,43(s1):38-43.

[42] 李媛,张庆灵,邱占芝,等.具有时变采样周期网络控制系统的严格耗散控制[J].控制理论与应用,2013,30(9): 1170-1177.

[43] HE F, PANG J, WANG Q, et al. Fuzzy dynamic scheduling of multi-loop NCS [J]. Telkomnika indonesian journal of electrical engineering,2013,11(5):2301-2308.

[44] 樊金荣.时变采样周期网络化控制系统混合 H_2/H_∞ 动态输出反馈控制[J].武汉科技大学学报:自然科学版,2012,35(3):235-240.

[45] WANG Z W,GUO G. Fundamental issues and prospective directions in networked multi-rate control systems[J]. Mathematical problems in engineering,2014,(1):1-10.

[46] 田中大,李树江,王艳红,等.网络控制系统的动态权重变采样周期调度算法[J].哈尔滨工业大学学报,2016,48(4):114-120.

[47] YÜKSEL S. Design of information channels for optimization and stabilization in networked control[J]. Information and control in networks,2014,450:177-211.

[48] CHEN W,QIU L. Stabilization of networked control systems with multi-rate sampling[J]. Automatica,2013,49(6):1528-1537.

[49] LI Z. Brief paper intelligent scheduling and optimization for resource-constrained networks [J]. Control theory application,2010,4(12):2982-2992.

[50] ANTA A,TABUADA P. On the benefits of relaxing the periodicity assumption for networked control systems over CAN [C]. The 34th IEEE Real-time Systems Symposium, Washington D. C. ,2009:3-12.

[51] PAN W H. Scheduling strategy based on BP neural network and fuzzy feedback in networked control system[C]. International Conference on Machine Learning and Cybernetics, Kunming,2008:806-810.

[52] XU L J. A hybrid quantum clone evolutionary algorithm-based scheduling optimization in a

networked learning control system[C]. Control and Decision Conference, Mianyang, 2010: 3632-3637.

[53] YANG L M. Bandwidth scheduling strategy with deterministic time-constraint for networked control systems[C]. The 6th IEEE Conference on Industrial Electronics and Applications, Beijing, 2011: 2011-2016.

[54] WANG Z W, SUN H T. A bandwidth allocation strategy based on the proportion of measurement error in networked control system[C]. The 3rd International Conference on Digital Manufacturing & Automation, Guilin, 2012: 9-12.

[55] KAMONSANTIROJ S, PIPANMAEKAPORN L. Decentralized auction-based bandwidth allocation in wireless networked control systems [C]. IIAI The 3rd International Conference on Advanced Applied Informatics, Kitakyushu, 2014: 419-424.

[56] 严翔，李洪波，王立德，等. 基于粒子群优化算法和博弈论的网络学习控制系统带宽调度[J]. 北京科技大学学报，2014，36(7)：979-985.

[57] QIU L, GU G, CHEN W. Stabilization of networked multi-input systems with channel resource allocation[J]. IEEE transactions on automatic control, 2013, 58(3): 554-568.

[58] OTANEG P, MOYNE J, TILBURY D. Using deadbands to reduce in networked control systems [C]. Proceedings of The American Control Conference, Anchorage, 2002: 3015-3020.

[59] GAO Z N, ZHANG X B, XIE R H, et al. Stability analysis of wireless networked control system based on deadband scheduling[J]. Journal of nanjing university of science and technology, 2011, 35(s1): 17-21.

[60] HIRCHE S, HINTERSEER P, STEINBACH E, et al. Toward deadband control in networked teleoperation systems[C]. Proceedings of the 16th IFAC World Congress, Prague, 2005, 38(1): 70-75.

[61] 汤贤铭，钱凯，俞金寿. 网络控制系统动态死区反馈调度[J]. 华东理工大学学报（自然科学版），2007，33(5)：716-721.

[62] 王家栋，俞金寿. 网络控制系统中的改进型死区反馈调度方法[J]. 华东理工大学学报（自然科学版），2008，34(4)：579-583.

[63] VASYUTYNSKYY V, KABITZSCH K. Deadband sampling in PID control[C]. The 5th IEEE International Conference on Industrial Informatics, Vienna, 2007: 45-50.

[64] VASYUTYNSKYY V, KABITZSCH K. Simple PID control algorithm adapted to deadband sampling[C]. IEEE Conference on Emerging Technologies & Factory Automation, Patras, 2007: 932-940.

[65] 王家栋，汤贤铭，俞金寿. 一种网络资源受限情况下的NCS反馈调度方法[J]. 信息与控制，2008，37(3)：229-345.

[66] 张奇，俞金寿. 网络控制系统中基于PID的死区反馈调度方法[J]. 化工自动化及仪表，2008，35(6)：14-17.

[67] 白龙. 网络控制系统的实时调度与仿真[D]. 沈阳：东北大学，2008.

[68] 邓璐娟,张科德. 网络控制系统动态死区反馈调度的研究[J]. 微计算机信息,2009,25(6):138,139,154.

[69] LI F. A date dropouts feedback scheduling policy of networked control systems[C]. The 3rd IEEE Conference on Industrial Electronics and Applications,Singapore,2008:1291-1295.

[70] ZHANG Q,TANG X M. A novel feedback scheduling approach for resource-constrained network control system[C]. The 4th International Conference on Networked Computing and Advanced Information Management,Gyeongju,2008:73-78.

[71] MEDINA M D,CACHO A Z,BLAS A B,et al. Network adaptive deadband in internet NCS and teleoperation[C]. The 35th Annual Conference of the IEEE Industrial Electronics Society,Porto,2009:3007-3012.

[72] MIGUEL D C,DELGADO E,BARREIRO A. Internet adaptive deadband for NCS and teleoperation[C]. The 18th Mediterranean Conference on Control and Automation,Marrakech,2010:505-510.

[73] ZHAO Y B,LIU G P,REES D. Packet-based deadband control for Internet-based networked control systems [J]. IEEE transactions on control systems technology,2010,18(5):1057-1067.

[74] 张啸宇,刘电霆. 双采样率网络化串级控制系统的综合调度策略研究[J]. 组合机床与自动化加工技术,2016,(1):81-86.

[75] 樊卫华,谢蓉华,陈晓杜. 基于死区调度的 MIMO 网络控制系统的建模与设计[C]. The 25th Chinese Control and Decision Conference,Guiyang,2013:3979-3984.

[76] 张晓波,高政南,陈庆伟. 基于混合死区调度策略的网络控制系统控制器设计[J]. 南京理工大学学报:自然科学版,2013,37(2):292-298.

第6章 控制器节点死区调度仿真

6.1 引 言

针对第5章所述内容，在控制器节点实施新型死区调度，进行仿真研究.

6.2 仿真设计

采用MATLAB/Simulink/Truetime1.5仿真软件，选择共享同一网络带宽资源的3个NCS控制回路，被控对象传递函数分别为：$G_1(s)=100/(s+45)$；$G_2(s)=100/(s+60)$和$G_3(s)=100/(s+75)$. 选择有线网络CSMA/CD，网络带宽设置为55kbit/s，网络数据丢包概率为0.0. 每个控制回路由3个节点（传感器节点采用时间驱动工作方式，控制器节点和执行器节点采用事件驱动工作方式）以及被控对象和网络组成. 网络中使用一个干扰节点，采用时间驱动工作方式，用于模拟3个控制回路以外的其他控制回路或网络节点占用网络带宽资源的情况. 仿真中，干扰节点占用网络带宽设置为43%. 各控制回路中控制器节点均采用常规PI控制，控制回路1～控制回路3的比例和积分系数分别为：$K_{p1}=0.0015$，$K_{i1}=0.0460$；$K_{p2}=0.0016$，$K_{i2}=0.0770$；$K_{p3}=0.0017$，$K_{i3}=0.0910$. 控制回路1～控制回路3的传感器节点采样周期分别为0.011s、0.012s和0.013s. 参考输入信号r采用方波信号，其变化范围在[−1，+1]，仿真时间为10.000s. 使用本书提出的e和ec相结合的动态死区调度方法，选择δ为0.05（输出进入其稳态值的±5%范围内），γ设置为0.025.

6.3 仿真研究

本节将从各控制回路的输出响应，控制器节点到执行器节点之间的网络时延，各节点的网络调度状况，传感器节点以及控制器节点数据包发送数量等方面进行研究.

6.3.1 未采用调度策略

(1) 三个控制回路的输出响应分别如图6.1～图6.3所示.

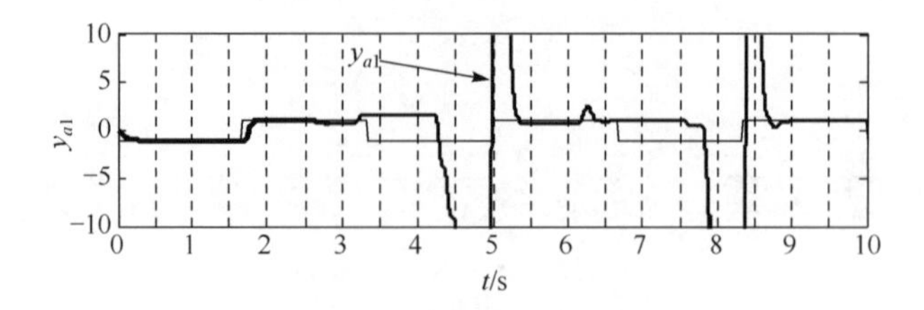

图 6.1　控制回路 1 的输出 y_{a1}

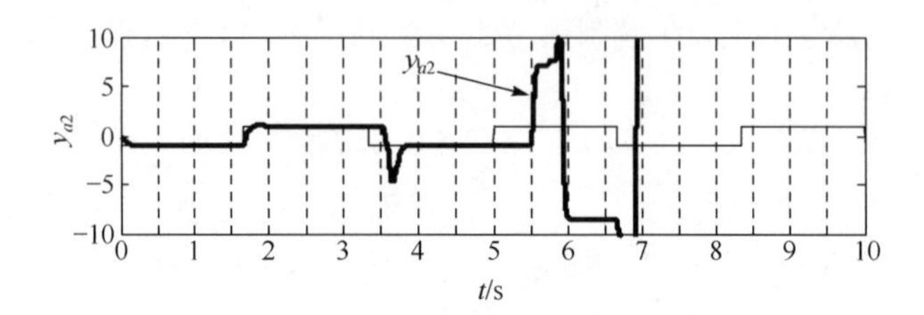

图 6.2　控制回路 2 的输出 y_{a2}

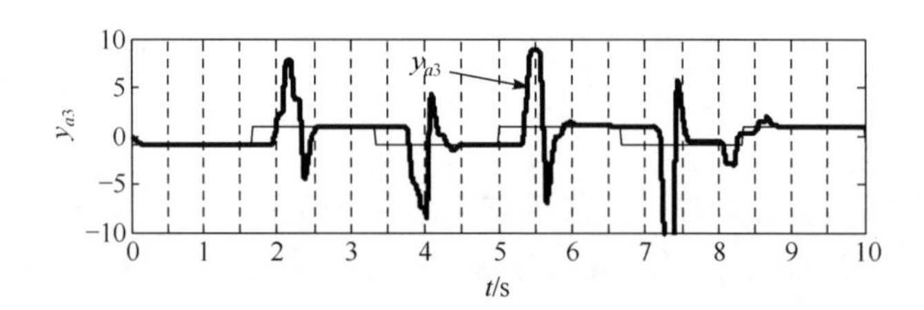

图 6.3　控制回路 3 的输出 y_{a3}

从图 6.1 中可以看出：控制回路 1 的输出 y_{a1} 在 4.500～5.300s、7.900～8.700s 内，振荡较大，控制品质极差，不能满足控制性能质量要求.

从图 6.2 中可以看出：控制回路 2 的输出 y_{a2}，在 5.500s 以后开始振荡直至发散.

从图 6.3 中可以看出：控制回路 3 的输出 y_{a3}，在 2.000～2.500s、3.750～4.400s、5.300～5.850s、7.200～7.600s 时间段内，均有大幅度的振荡和超调，控制质量很差.

综上所述：在没有任何调度策略的情况下，控制回路 1～控制回路 3 的输出 y_{a1}～y_{a3} 在不同时间段均出现很大超调量，甚至失控，控制品质极差. 因此，三个控制回路的输出均不能满足控制性能质量的要求.

(2) 三个控制回路中，从控制器节点到执行器节点的网络时延分别如图 6.4～图 6.6 所示.

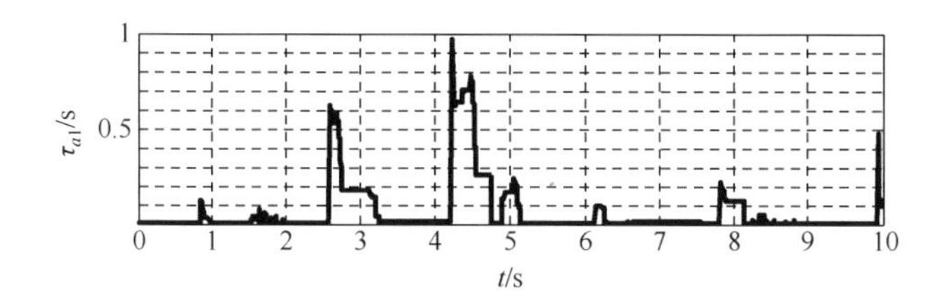

图 6.4　控制回路 1 中从控制器节点到执行器节点的网络时延 τ_{a1}

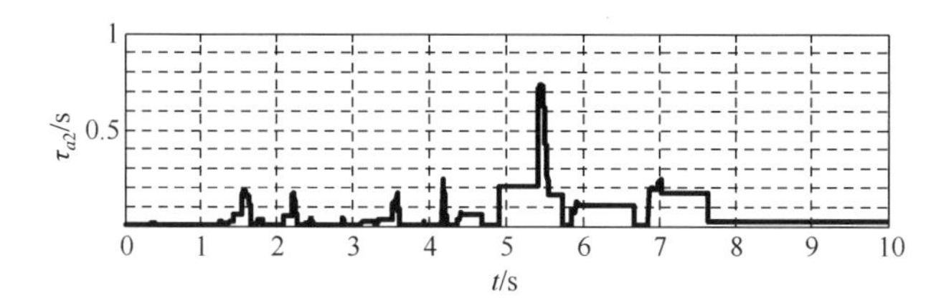

图 6.5　控制回路 2 中从控制器节点至执行器节点的时延 τ_{a2}

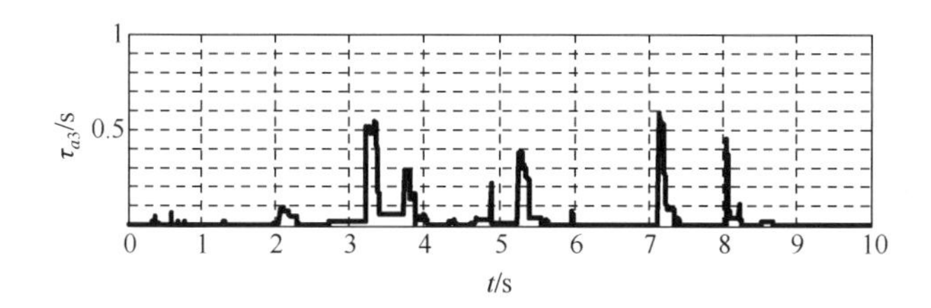

图 6.6　控制回路 3 中从控制器节点至执行器节点的时延 τ_{a3}

从图 6.4 中可以看出：在控制回路 1 中，从控制器节点到执行器节点的网络时延 τ_{a1} 的最大值为 0.998s，已超过了 90 个采样周期(控制回路 1 传感器的采样周期为 0.011s).

从图 6.5 中可以看出：在控制回路 2 中，从控制器节点至执行器节点的时延 τ_{a2} 的最大值为 0.730s，已超过 60 个采样周期(控制回路 2 中传感器的采样周期为 0.012s).

从图 6.6 中可以看出：在控制回路 3 中，从控制器节点至执行器节点的时延 τ_{a3} 的最大值为 0.600s ，已超过 46 个采样周期(控制回路 3 中传感器的采样周期为 0.013s).

综上所述：在控制回路 1～控制回路 3 中，从控制器节点到执行器节点的网络时延都超过了传感器节点采样周期数的数 10 倍，说明网络冲突严重，进而恶化了系统的控制性能质量.

(3) 各节点的网络调度状况如图 6.7 所示.

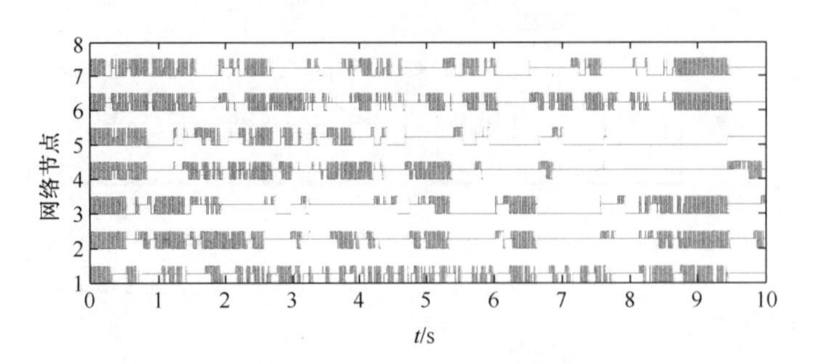

图 6.7 各节点网络调度

在图 6.7 中,节点 1 为干扰节点,节点 2、节点 4、节点 6 分别为控制回路 1～控制回路 3 的传感器节点;节点 3、节点 5、节点 7 分别为控制回路 1～控制回路 3 的控制器节点. 低电平为不发送数据包状态,高电平为发送数据包状态,中间为等待发送数据包状态.

从图 6.7 中可以看出,系统中各节点在不同的时间段中处于等待发送的状况所用时间较长,竞争网络资源频繁,冲突严重. 例如,节点 5(控制回路 2 的控制器节点)在 7.670～9.450s 内,长期处于不发送状态(未能接收到控制回路 2 的传感器节点通过网络传送过来的测量信号 y_2),在 9.450s 以后又处于等待状态(导致网络时延过长),这都是干扰节点以及 3 个 NCS 中,各个控制回路节点竞争网络带宽,带宽严重不足,以致发生网络冲突,节点出现空采样、不发送数据包、长时间等待发送数据包等问题,导致网络带宽的有效利用率明显降低所致.

6.3.2 根据 e 的死区调度

根据 e 的死区调度直接以系统输出响应进入其稳态值的±5%范围内为目标,仅考虑偏差 e 来决定数据包发送的条件,而不考虑偏差变化率 ec. 仅 e 的死区调度对提高系统的控制质量和网络的利用率是有效的,但在给定值出现阶跃变化时输出会产生较大的超调量,使系统稳定性降低. 下面通过仿真来说明.

(1) 三个控制回路的输出响应分别如图 6.8～图 6.10 所示.

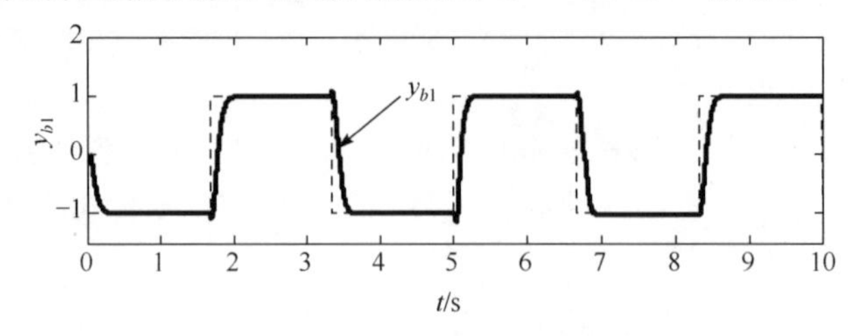

图 6.8 控制回路 1 的输出 y_{b1}

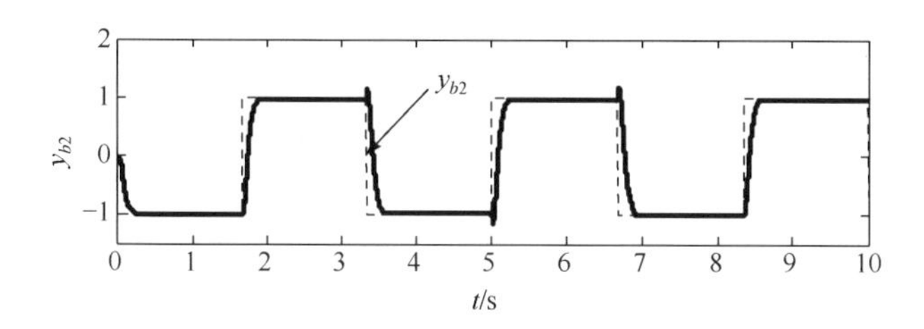

图 6.9　控制回路 2 的输出 y_{b2}

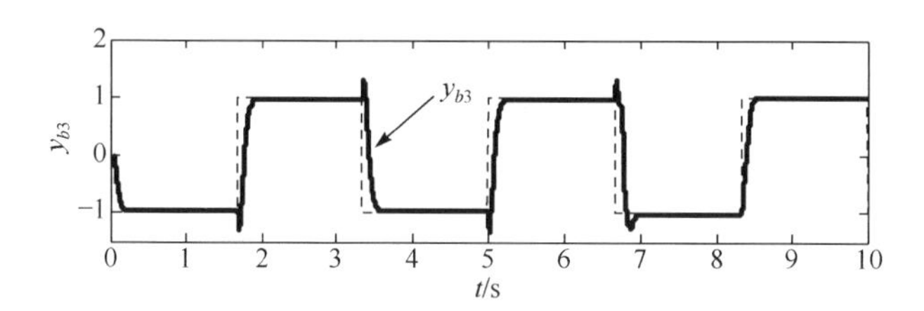

图 6.10　控制回路 3 的输出 y_{b3}

从图 6.8～图 6.10 中可以看出(对比图 6.1～图 6.3):根据 e 的死区调度,控制回路 1～控制回路 3 的输出控制效果有了明显的改善,三个控制回路都能满足系统的控制性能质量指标要求,但在给定值出现阶跃变化时,输出响应往往出现一定量的超调量,对系统的稳定性有一定的影响.

(2) 三个控制回路中,从控制器节点到执行器节点的网络时延如图 6.11～图 6.13 所示.

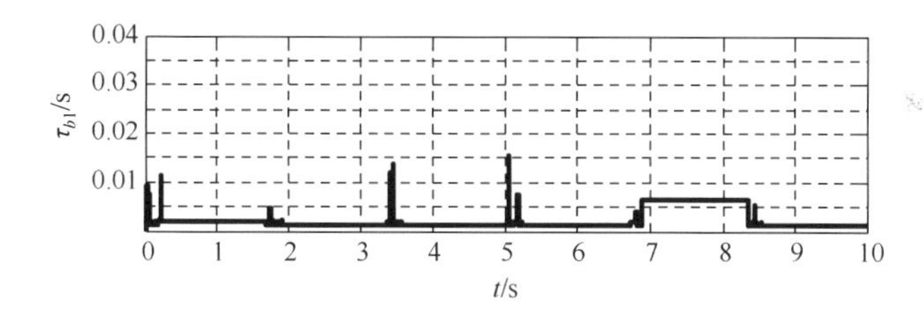

图 6.11　控制回路 1 中从控制器节点至执行器节点的网络时延 τ_{b1}

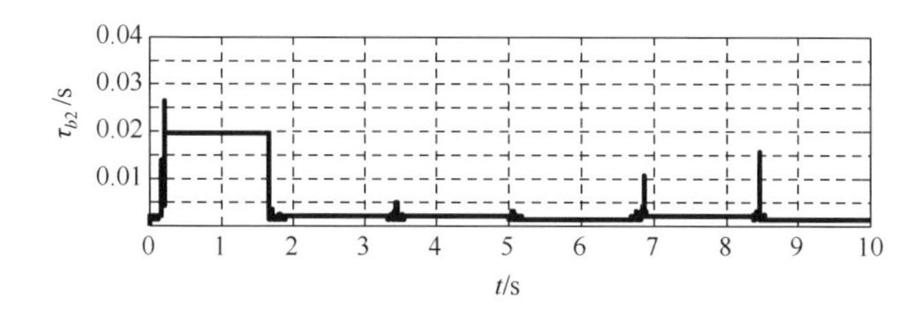

图 6.12　控制回路 2 中从控制器节点至执行器节点的网络时延 τ_{b2}

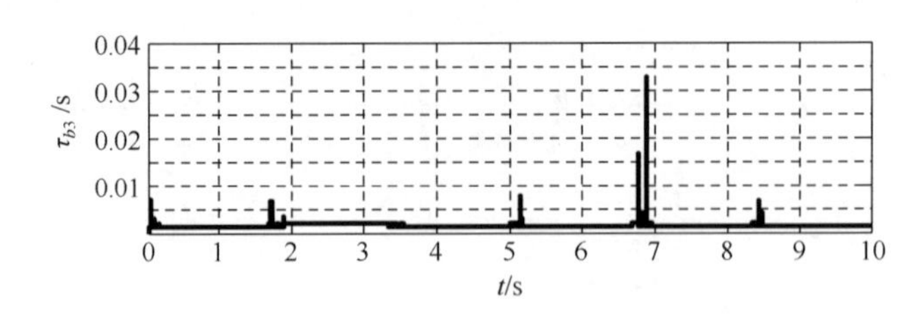

图 6.13　控制回路 3 中从控制器节点至执行器节点的网络时延 τ_{b3}

从图 6.11～图 6.13 可以看出(对比图 6.4～图 6.6)：根据 e 的死区调度，控制回路 1 从控制器节点到执行器节点的最大网络时延为 0.015s(未调度时为 0.998s)，控制回路 2 从控制器节点到执行器节点的最大网络时延为 0.027s(未调度时为 0.730s)，控制回路 3 从控制器节点到执行器节点的最大网络时延为 0.033s(未调度时为 0.600s)，各控制回路的网络时延明显减小，控制性能质量得到明显改善.

(3) 各节点的网络调度状况如图 6.14 所示.

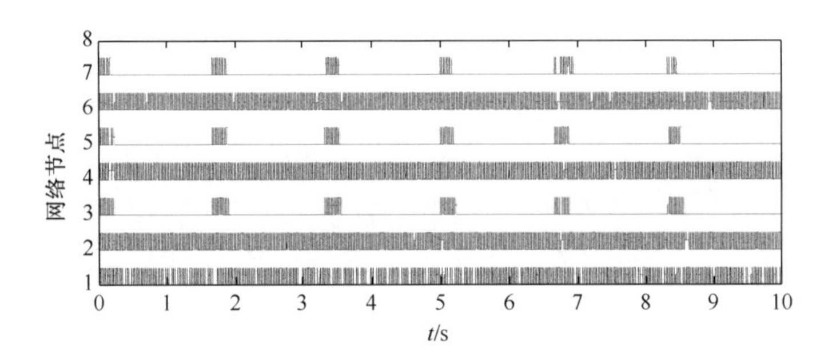

图 6.14　各节点网络调度状况

从图 6.14 中可以看出(对比图 6.7)：根据 e 的死区调度，节点 2、节点 4 和节点 6(控制回路 1～控制回路 3 的传感器节点)能及时通过网络传输采样的数据；而节点 3、节点 5 和节点 7(控制回路 1～控制回路 3 的控制器节点)被触发后，在其节点中根据偏差 e 大小判定是否需要发送数据包到执行器节点. 总体上，各节点发送数据包的等待状态和不发送状态的次数明显降低，提高了网络带宽资源的利用率.

6.3.3　根据 e 与 ec 的死区调度

为了解决 6.2.2 小节中仅根据 e 的死区调度在给定值阶跃变化时，各控制回路的输出响应往往出现一定的超调量这一问题，提出了一种结合 e 与 ec 的死区调度方法，仿真研究如下：

(1) 三个控制回路的输出响应分别如图 6.15～图 6.17 所示.

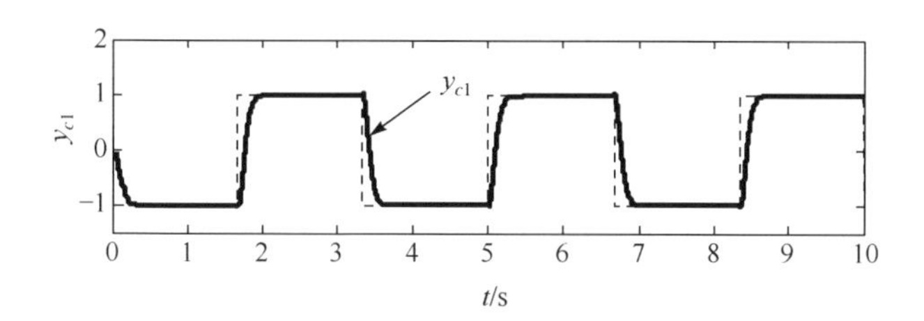

图 6.15　控制回路 1 的输出 y_{c1}

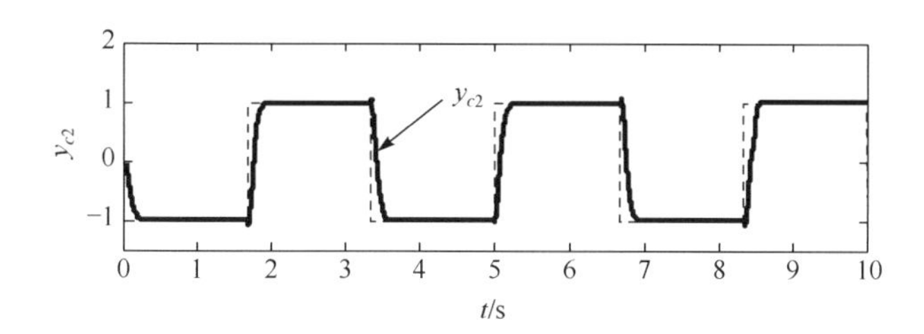

图 6.16　控制回路 2 的输出 y_{c2}

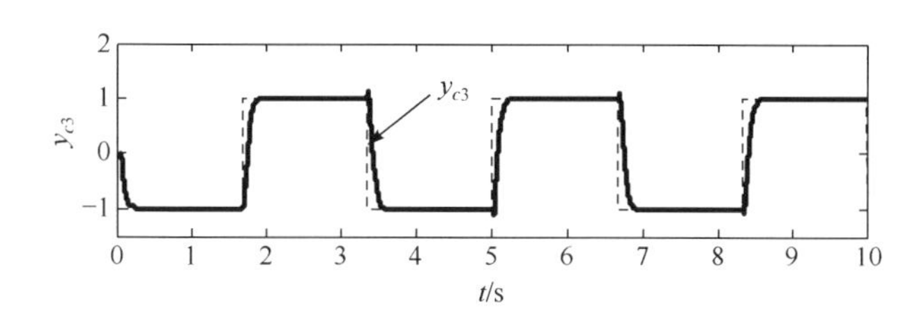

图 6.17　控制回路 3 的输出 y_{c3}

从图 6.15～图 6.17 可以看出:根据 e 和 ec 的死区调度,控制回路 1～控制回路 3 的总体控制响应效果好于根据 e 的死区调度(对比图 6.8～图 6.10),三个控制回路的输出完全满足系统的控制性能质量指标要求,而在给定值出现阶跃变化时,各控制回路的输出超调量明显减小,曲线趋于平滑,进一步提高了系统的控制品质.

(2) 三个控制回路中,从控制器节点到执行器节点的网络时延如图 6.18～图 6.20 所示.

从图 6.18～图 6.20 (对比图 6.4～图 6.6,以及图 6.11～图 6.13)中可以看出:根据 e 与 ec 的死区调度,控制回路 1 从控制器节点到执行器节点的最大网络时延为 0.008s(未调度时为 0.998s,仅 e 调度时为 0.015s);控制回路 2 从控制器节点至执行器节点的最大网络时延为 0.022s(未调度时为 0.730s,仅 e 调度时为 0.027s);控制回路 3 从控制器节点至执行器节点的最大网络时延为 0.037s(未调

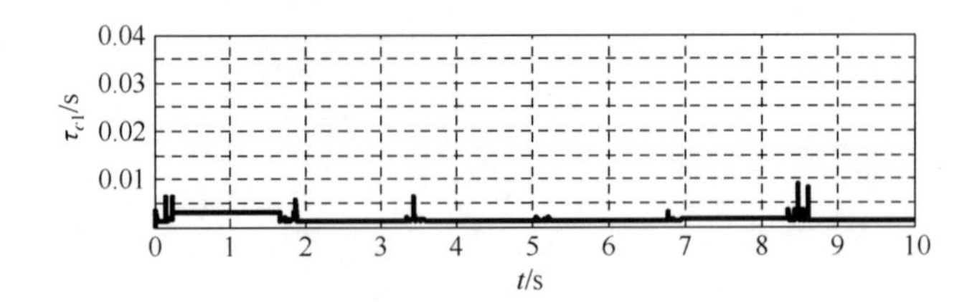

图 6.18　控制回路 1 中从控制器节点到执行器节点的网络时延 τ_{c1}

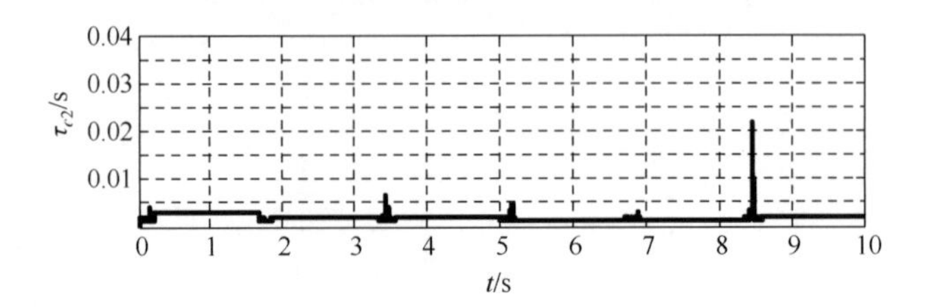

图 6.19　控制回路 2 中从控制器节点到执行器节点的网络时延 τ_{c2}

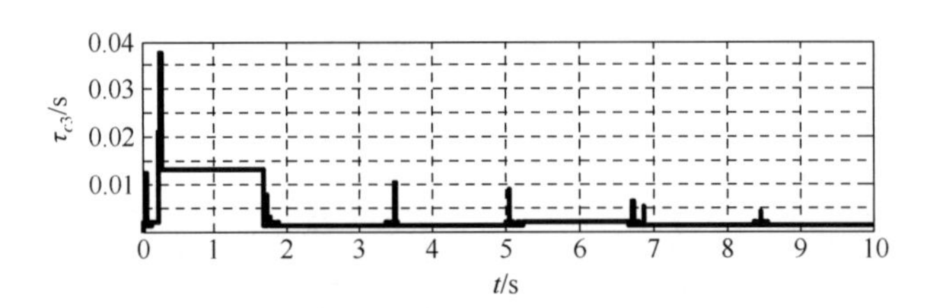

图 6.20　控制回路 3 中从控制器节点到执行器节点的网络时延 τ_{c3}

度时为 0.600s,仅 e 调度时为 0.033s).

尽管 e 和 ec 的死区调度与仅依据 e 的死区调度相比,需要发送稍多的数据包,理论上应该造成更长的网络时延,但实际仿真数据表明:e 和 ec 的死区调度与仅 e 的死区调度相比,控制回路 1 和控制回路 2 从控制器节点到执行器节点的最大网络时延还分别减小了 0.007s 和 0.005s,只有回路 3 增大了 0.004s,e 与 ec 的死区调度并不会造成严重的网络冲突.

(3) 各节点网络调度状况如图 6.21 所示.

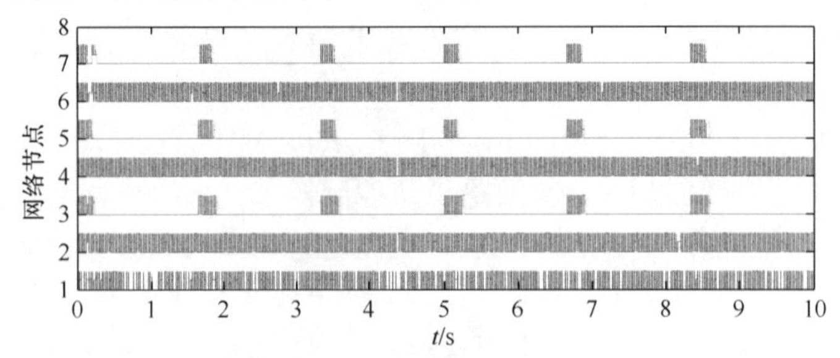

图 6.21　各节点网络调度状况

从图 6.21 中可以看出:与根据 e 的死区调度(图 6.14)相比,e 与 ec 的死区调度在整体的网络调度上差异不大. 与未采用死区调度(图 6.7)相比,各节点发送数据包的等待状态和不发送状态的次数也明显降低.

节点 2、节点 4 和节点 6(控制回路 1～控制回路 3 的传感器节点)能及时通过网络传输采样数据;而节点 3、节点 5 和节点 7(控制回路 1～控制回路 3 的控制器节点)被触发后,在其节点中根据偏差 e 及偏差变化率 ec 的大小判定规则(系统实际输出进入其稳态值的±5%范围内,即系统进入稳态)来确定节点是否需要发送数据包到执行器节点.

节点 3、节点 5 和节点 7 在给方波信号发生阶跃变化或系统输出处于过渡过程状态时,及时发送数据包,以使系统的输出能迅速和及时地跟踪给定信号的变化.

当系统实际输出进入其稳态值的±5%范围内,即系统进入稳态后,节点 3、节点 5 和节点 7 处于不发送的状态,需要说明的是,这种不发送的状态并不是网络冲突导致的,而是控制器死区调度的结果.

综上所述,根据 e 与 ec 调度与根据 e 调度各控制回路在给定值阶跃变化时相比,超调量明显减少,系统更加稳定,控制品质有所提高.

6.3.4 网络数据包流量统计

由于仿真中设置的丢包概率为 0.0,因此,传感器节点发送的数据包和控制器节点接收的数据包数量是完全相等的. 同时,从控制器节点发送的数据包和执行器节点接收的数据包数量也是完全相等的.

在控制器节点中,三种方法(未采用任何调度方法、根据 e 的死区调度方法,以及根据 e 与 ec 的死区调度方法)从控制器节点向执行器节点发送的数据包数量统计如表 6.1 所示.

表 6.1 各节点的发包数量统计表

发包数与网络节省率	控制回路 1	控制回路 2	控制回路 3
$n_{ca}(0)$	909	834	769
$n_{ca}(e)$	85	106	140
$N_{ca}(e)$	90.6%	87.3%	81.8%
$n_{ca}(e+ec)$	149	122	103
$N_{ca}(e+ec)$	83.6%	85.4%	86.6%

由表 6.1 可得出如下结论:

(1) 在未采用任何调度方法时,$n_{ca}(0)$表示从控制器节点向执行器节点发送的数据包的数量.

(2) 采用 e 的死区调度方法时，$n_{ca}(e)$表示从控制器节点向执行器节点实际发送的数据包数量；$N_{ca}(e)$表示相对于未采用任何调度方法时的网络节省率.

(3) 采用 e 与 ec 的死区调度方法时，$n_{ca}(e+ec)$表示从控制器节点向执行器节点实际发送的数据包数量；$N_{ca}(e+ec)$表示相对于未采用任何调度方法时的网络节省率.

网络节省率 N_{ca} 为

$$N_{ca}=(P_{total}-P_{act})/P_{total}\times 100\% \tag{6-1}$$

式中，P_{total}为未采用任何调度方法时应发送的数据包数量；P_{act}为采用死区调度方法时节点实际发送的数据包数量.

根据 e 的死区调度方法和根据 e 和 ec 的死区调度方法与未采用任何调度方法相比，从控制器节点实际发送到执行器节点的数据包数量大幅度减少. 尽管根据 e 和 ec 的死区调度方法相比根据 e 的死区调度方法发送了稍多的数据包，但并没有引起网络冲突，相反，总体上减小了网络时延，进一步提高了系统的控制性能质量.

6.4 本章小结

本章使用 MATLAB/Simulink/Truetime1. 5 软件，分别对未采用任何调度方法，根据 e 的死区调度方法，以及根据 e 与 ec 的死区调度方法三种方法进行了仿真对比研究，验证了新型死区动态调度方法能提高网络带宽资源的利用率，改善 NCS 的控制性能质量，并降低系统输出在给定值阶跃变化时的超调量，增强了系统的稳定性. 新型死区调度方法简单易行，具有实际工程应用与推广价值.

第 7 章 传感器和控制器节点死区调度

7.1 引　　言

本章提出两种死区调度方法，用于在传感器节点和控制器节点中同时设置传输死区，调节反馈网络通道和前向网络通道数据流量大小，以减小网络冲突，降低网络时延对系统稳定性的影响.

7.2 问题提出

在控制器节点和执行器节点采用事件驱动工作方式的情况下，当传感器节点未发送数据包时，控制器节点和执行器节点是不会被触发的.

若传感器节点因当前采样值和前一次通过网络传输信号的差值长时间小于死区阈值而未发送数据包，执行器节点将难以实施对被控对象的控制作用. 此时，被控对象的输出值和传感器节点的采样值保持不变，系统有可能失去控制.

针对上述问题，本章提出两种在传感器节点和控制器节点中设置传输死区的调度方法，其系统调度结构如图 7.1 所示。

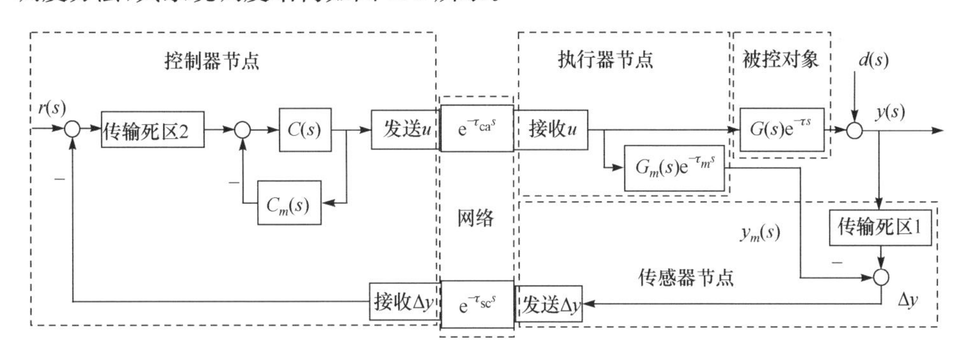

图 7.1　基于控制器节点和执行器节点的死区调度 NCS

(1) 在传感器节点中设置传输死区 1，假设传感器节点采用时间驱动工作方式，系统的输出 $y(s)$ 与被控对象预估模型 $G_m(s)\mathrm{e}^{-\tau_m s}$ 的输出 $y_m(s)$ 的差值为 Δy，τ_{sc} 为信号从传感器节点向控制器节点传输的反馈通路网络时延.

(2) 在控制器节点中设置传输死区 2，假设控制器节点采用事件驱动工作方式，r 是控制器节点的给定信号，e 是控制器节点中系统的偏差信号，τ_{ca} 为信号从控制器节点向执行器节点传输的前向通路网络时延.

(3) 执行器节点采用事件驱动工作方式,接收从控制器节点通过网络传输过来的控制信号 $u(s)$.

7.3　调度方法 1

7.3.1　传感器节点设置死区

在传感器节点中设置传输死区,考虑到采样值通常随着控制过程不断变化,将死区阈值设定为 $|\mu\cdot x_i|$,其中 μ 为死区阈值的权值.若前一次传输信号值 x_{sent} 与当前采样信号值 x_i 差值的绝对值小于死区阈值,传感器节点将不发送数据包.

由 7.2 节的分析可知:在传感器节点中,若仅根据当前采样值和前一次传输信号的差值大小判断是否发送数据包,系统有可能失去控制.为了防止系统失控,采用相邻两个采样信号的差值对网络进行调度.当传感器节点中连续两个采样信号的差值接近 0 时,将可能存在以下两种情况:

(1) 传感器节点采样所得的值保持不变,系统有失去控制的可能.

(2) 系统长时间停留在极值处,系统控制性能下降.

上述两种情况都将对系统产生不利的影响.

针对上述情况,本小节提出调度方法 1.

在传感器节点中,若采样信号的值满足

$$|x_{\mathrm{sent}}-x_i|\geqslant|\mu\cdot x_i| \tag{7-1}$$

或者满足

$$|x_i-x_{i-1}|<\alpha \tag{7-2}$$

则传感器节点需要向控制器节点发送数据包.式中,x_i 为当前信号的采样值;x_{i-1} 为上一次信号的采样值;x_{sent} 为前一次传输信号值;α 为一个趋于 0 的正数,其取值与传感器精度有关.

7.3.2　控制器节点设置死区

在控制过程中,结合人的控制经验,并利用计算机模拟人的思维方式和行为的控制方法称为仿人智能控制.针对难以建立精确数学模型的控制过程,仿人智能控制能够最大限度地对控制系统在控制过程中所具有的各项参数和特征信息进行直觉推理与判断,并实施有效的控制.

仿人智能控制本质上是一种多模态控制,根据误差信号 e 和误差变化率 ec 所划分的不同模态(如当 $e\cdot ec>0$ 时,说明系统的误差绝对值正在向增大的方向变化)进行在线辨识,并确定相应的控制策略.控制模态的划分和控制策略的确定,可根据相应的控制对象以及具体的控制要求进行调整.

在控制器节点中，采用死区调度结合仿人智能控制的方法实现对系统的传输控制. 当系统输出偏离给定值较大时，控制器节点将向执行器节点发送数据包，促使系统输出尽可能快地跟踪系统的给定值；当系统的输出值接近系统的给定值时，控制器节点将根据 e 与 ec 所划分的模态实施相应的控制策略；当系统的输出值达到其稳态值或在一定的稳态允许范围内变化时，控制器节点将停止向执行器节点发送数据包以减轻网络的负载，降低网络时延对系统稳定性的影响. 通常情况下，系统输出值达到并保持在目标值的±5%（或±2%）之内，系统将处于稳态.

在控制器节点中，死区调度判定规则如下：

(1) 当 $|e(k)|<0.05$ 时，控制器节点不发送数据包. 即当系统的输出值在其稳态值的±5%范围内变化时，系统处于稳定状态，控制器节点将停止向执行器节点发送新的数据包.

(2) 当 $0.05\leqslant|e|<0.10$ 且 $e\cdot ec>0$ 时，控制器节点以概率 p 发送数据包. 即当偏差的绝对值正逐渐增大，但其增大的程度不大，未超出稳态值的±10%范围时，为了进一步减少数据包的发送数量，此时控制器节点以概率 p 向执行器节点发送数据包. p 值的选择应结合 NCS 的控制性能进行设定，通常情况下，可选择 p 为 0.7～0.9.

(3) 当 $|e|\geqslant 0.10$ 时，控制器节点发送数据包. 系统的输出值偏离稳态值的幅度较大，超出其稳态值的±10%，为了使系统尽快进入稳定状态，控制器节点将接收到的数据进行处理后全部发送给执行器节点.

7.4　调度方法 2

7.4.1　传感器节点设置死区

在传感器节点中设置传输死区，考虑到采样值通常是随着控制过程不断变化，因此将死区阈值设定为 $|\mu\cdot x_i|$，其中，μ 为死区阈值的权值. 若前一次传输信号值 x_{sent} 与当前采样信号值 x_i 差值的绝对值小于死区阈值，传感器节点将不发送数据包.

为了避免控制器节点和执行器节点长时间不能被驱动的情况发生，每间隔 n 个采样周期，传感器节点需要向控制器节点发送数据包.

针对上述两种情况，本小节提出调度方法 2.

在传感器节点中，当采样信号的值满足

$$|x_{\text{sent}}-x_i|\geqslant|\mu\cdot x_i| \tag{7-3}$$

或者满足式(7-4)所示的采样时间间隔

$$\Delta t_a=nT \tag{7-4}$$

时，传感器节点需要向控制器节点发送数据包. 式中，x_i 为当前信号的采样值；x_{sent}

为前一次传输信号值；Δt_a 为采样时间间隔；n 为大于 1 的正整数；T 为传感器节点的采样周期.

7.4.2　控制器节点设置死区

在控制器节点中，采用的死区调度方法与 7.3.2 小节所述调度方法 1 相同.

7.5　死区调度流程

采用死区调度方法，传感器节点和控制器节点的死区调度实施流程如图 7.2 所示. 图 7.2 中，S 表示传感器节点，C 表示控制器节点，A 表示执行器节点.

(1) 若不满足传感器 S 节点的发包条件，则不发送数据包；若满足传感器 S 节点的发包条件，则正常发送数据包.

(2) 当接收到来自传感器 S 节点的数据包时，被触发的控制器 C 节点对数据进行处理，并根据死区调度策略对网络进行调度；若不满足控制器 C 节点的发包条件，则不发送数据包；若满足控制器 C 节点的发包条件，则正常发送数据包.

(3) 当执行器 A 节点接收到来自控制器 C 节点的数据包后，对被控对象实施控制.

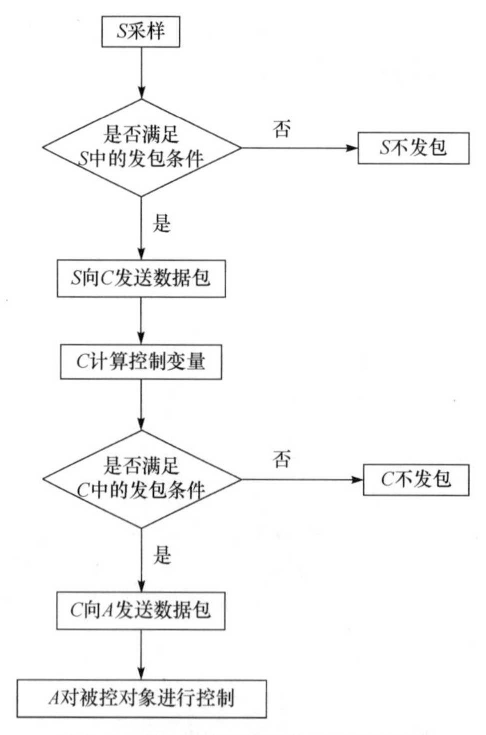

图 7.2　基于死区调度的 NCS 流程图

7.6 方法特点

与其他调度方法相比，本章的两种在传感器节点和控制器节点中实现的调度方法具有以下特点：

(1) 两种死区调度方法的实施与具体网络协议的选择无关，既可以用于有线网络，又可以用于无线网络，还可以用于有线和无线混杂的网络.

(2) 两种死区调度方法的实施与系统所采用的控制策略的选择无关，既可以用于采用常规控制策略的 NCS 中，也可以用于采用智能控制策略的 NCS 中.

(3) 两种死区调度方法是实时、在线和动态的调度方法，无须对网络的运行状态进行估计、预测和辨识.

与国内外其他调度方法相比，例如：

① 借鉴 CPU 的网络调度方法：RM 调度算法、EDF 调度和 MEF-TOD 调度算法等.

② 基于优先级的调度方法：主要是针对具有优先级的网络(CAN 总线)，它不能反映各个回路公平竞争网络资源的情况(以太网就没有在它的研究范围之内).

③ 基于采样周期的调度方法：通常与模糊、神经网络等智能算法相结合来动态调整采样率，其调度方法还需要考虑变采样率给系统带来的不稳定因素，以及最大允许时延对采样周期的影响等问题.

④ 基于带宽的调度方法：通常也是与模糊、神经网络等智能算法相结合来动态地调整网络带宽，算法相对复杂，且一般都需要在线动态估计和辨识网络的运行状况.

⑤ 基于反馈网络的调度方法：需要设置专用的网络反馈调度器，一方面，需要耗费节点资源，而且与其他节点之间通信时还会占用网络带宽资源；另一方面，还可能由于网络负载波动等原因导致的传输时延或数据丢包直接影响调度算法实施的有效性和实时性.

⑥ 基于 IAE 累积定性指标的死区调度方法：IAE 究竟增加到何种程度，系统的 QoC 就会变差，并且 QoC 变差到什么程度，尚不得而知，都只能说明其变化的趋势，并未对死区阈值的选择做出具体与明确的定义，尤其是未从确保系统以满足共享网络的 ML-NCS 输出的稳态性能(定量)指标为目标来确定死区阈值的选择进行研究.

本章所提出的两种死区调度方法，与上述六种方法相比，其算法更为简单，其物理意义更为明确，更易于其工程实施.

(4) 两种死区调度方法可在传感器节点与控制器节点中同时设置并实现其相应的功能，既可以减少前向网络通路的数据包传输流量，也可以减少反馈网络通路的数据包传输流量,因而可有效缓解网络冲突,提高各控制回路的控制性能质量.

7.7 本章小结

本章介绍了共享同一网络带宽资源的 ML-NCS 中死区调度的概念,针对现有死区调度方法存在的不足,提出两种在传感器节点和控制器节点同时实施的死区调度方法,并分析了两种死区调度方法的特点.

第 8 章　调度方法仿真对比研究

8.1 引　　言

本章针对第 7 章提出的两种死区调度方法，采用仿真软件 MATLAB/Simulink/Truetime1.5 进行仿真研究.

8.2 仿真设计

选择共享同一个网络带宽资源的三个 NCS，其被控对象分别为 $G_1(s)=100/(s+45)$、$G_2(s)=100/(s+60)$ 和 $G_3(s)=100/(s+75)$. 选择网络为 CSMA/CD，网络带宽设置为 55kbit/s，网络数据丢包概率为 0. 每个控制回路由三个节点（传感器节点采用时间驱动工作方式，控制器节点与执行器节点采用事件驱动工作方式），以及被控对象和网络组成. 整个网络中，使用一个干扰节点采用时间驱动工作方式，用于模拟三个控制回路以外的其他控制回路和节点占用网络带宽资源的情况. 仿真中，干扰节点占用网络带宽设置为 43%.

各控制回路中控制器节点采用常规 PI 控制，控制回路 1～回路 3 的比例和积分系数分别为：$K_{p1}=0.0015$，$K_{i1}=0.0460$；$K_{p2}=0.0016$，$K_{i2}=0.0770$；$K_{p3}=0.0017$，$K_{i3}=0.0910$. 控制回路 1～控制回路 3 的传感器节点的采样周期分别为 $T_1=0.010\text{s}$、$T_2=0.011\text{s}$ 和 $T_3=0.012\text{s}$. 参考输入信号 r 采用方波信号，其变化范围在[－1，＋1]，仿真时间为 10.000s.

方法 1 的参数设置如下：

(1) 在传感器节点中的参数设定为 $\mu=0.010$，$\alpha=10^{-6}$.

(2) 在控制器节点中的参数设定为 $\delta=0.05$（输出进入其稳态值的±5%范围），以概率 $p=0.7$ 发送数据包.

(3) 三个控制回路中的其他参数设置完全相同.

方法 2 的参数设置如下：

(1) 在传感器节点中的参数设定为 $\mu=0.010$，$n=5$，采样时间间隔 $\Delta t_a=5T_i$，其中，$i=1,2,3$.

(2) 在控制器节点中的参数设定为 $\delta=0.05$（输出进入其稳态值的±5%范围），以概率 $p=0.7$ 发送数据包.

(3) 三个控制回路中的其他参数设置完全相同.

8.3　仿真研究

本节从各控制回路的输出响应、网络时延、网络调度、网络数据包发送数量的节省率等方面进行仿真研究.

8.3.1　未采用调度策略

1）系统输出响应

三个控制回路的输出响应分别如图 8.1～图 8.3 所示.

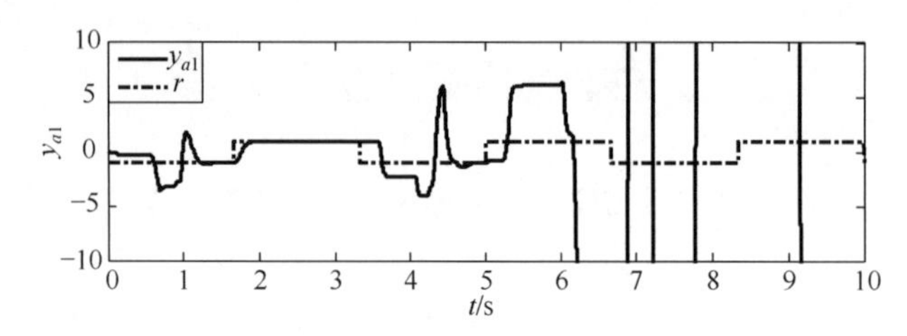

图 8.1　控制回路 1 的输出 y_{a1}

从图 8.1 中可以看出:控制回路 1 的输出 y_{a1}，在 0.600～1.300s、3.500～4.600s 存在较大的超调量，从 5.300s 开始出现振荡，回路失去控制.

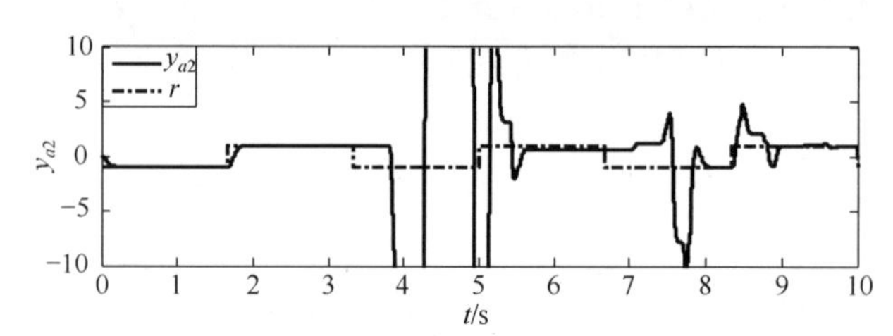

图 8.2　控制回路 2 的输出 y_{a2}

从图 8.2 中可以看出:控制回路 2 的输出 y_{a2}，从 3.780s 开始出现较大的超调量甚至振荡，回路失去控制.

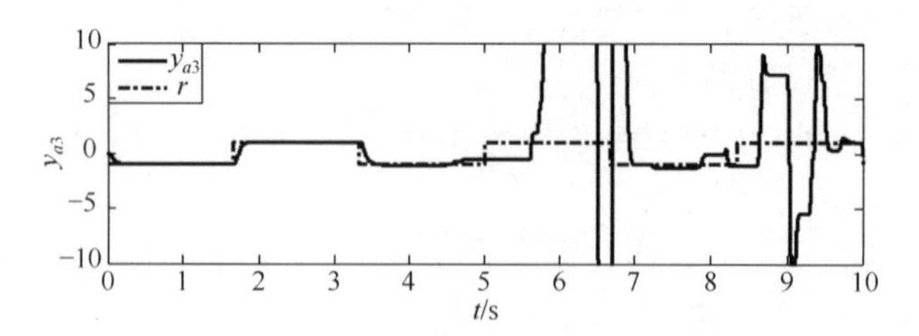

图 8.3　控制回路 3 的输出 y_{a3}

从图 8.3 中可以看出：控制回路 3 的输出 y_{a3}，从 5.650s 开始出现较大的超调量甚至振荡，回路失去控制.

综上所述：在没有任何调度策略的情况下，控制回路 1～控制回路 3 的输出 y_{a1}～y_{a3}的控制品质极差，均不能满足控制性能质量的要求. 因此，需要引入调度策略对其网络进行实时调度.

2）网络时延

三个控制回路中：从传感器节点到控制器节点的网络时延如图 8.4～图 8.6 所示；从控制器节点到执行器节点的网络时延如图 8.7～图 8.9 所示.

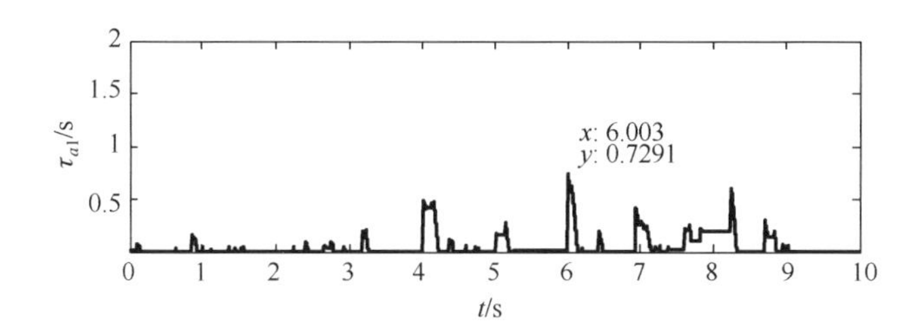

图 8.4　控制回路 1 中从传感器节点到控制器节点的网络时延 τ_{a1}

从图 8.4 中可以看出：在控制回路 1 中，从传感器节点到控制器节点的网络时延 τ_{a1}的最大值为 0.729s，已超过了 66 个采样周期(控制回路 1 中传感器节点的采样周期为 0.011s).

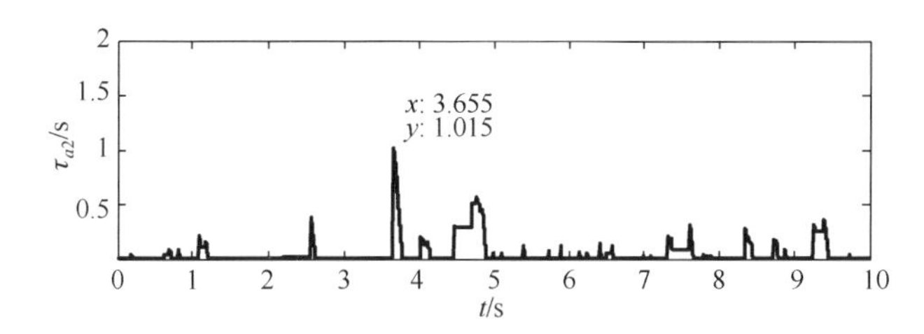

图 8.5　控制回路 2 中从传感器节点到控制器节点的时延 τ_{a2}

从图 8.5 中可以看出：在控制回路 2 中，从传感器节点到控制器节点的网络时延 τ_{a2}的最大值为 1.015s，已超过了 84 个采样周期(控制回路 2 中传感器节点的采样周期为 0.012s).

从图 8.6 中可以看出：在控制回路 3 中，从传感器节点到控制器节点的网络时延 τ_{a3}的最大值为 1.019s，已超过了 78 个采样周期(控制回路 3 中传感器节点的采样周期为 0.013s).

从图 8.7 中可以看出：在控制回路 1 中，从控制器节点到执行器节点的网络时延 τ_{a4}的最大值为 0.892s，已超过了 81 个采样周期(控制回路 1 中传感器节点的采样周期为 0.011s).

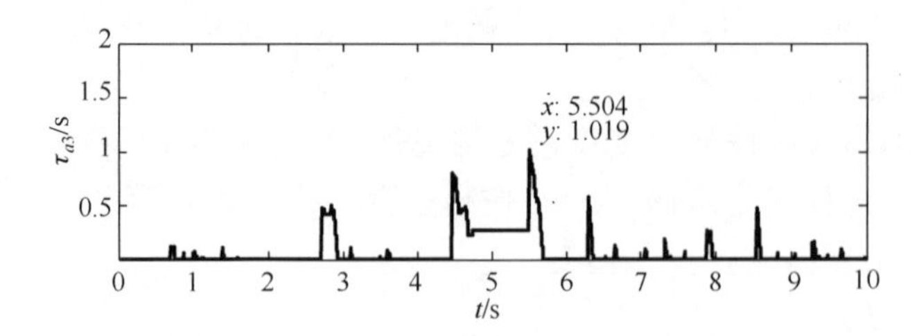

图 8.6　控制回路 3 中从传感器节点到控制器节点的时延 τ_{a3}

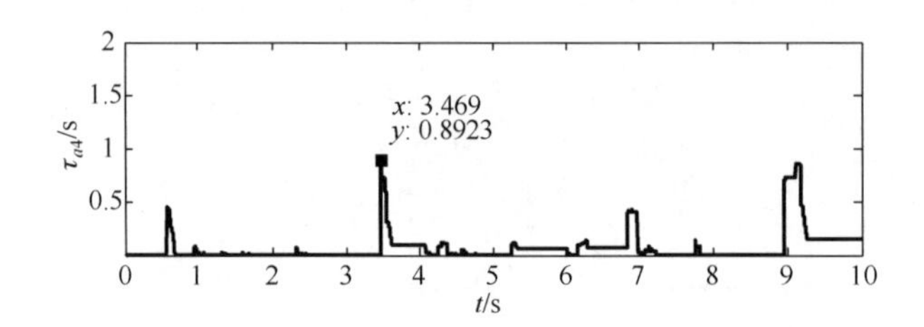

图 8.7　控制回路 1 中从控制器节点到执行器节点的时延 τ_{a4}

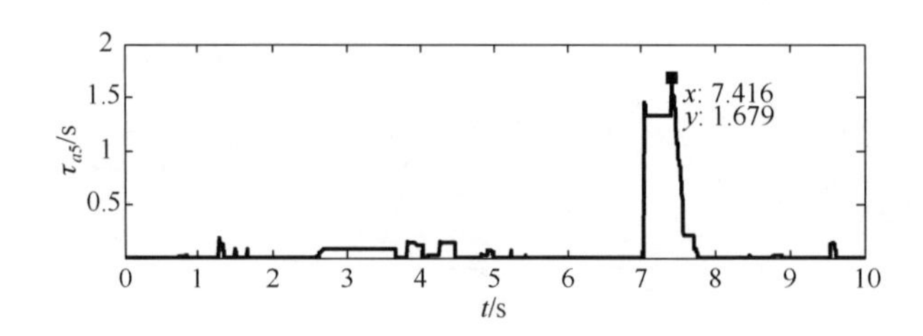

图 8.8　控制回路 2 中从控制器节点到执行器节点的时延 τ_{a5}

从图 8.8 中可以看出:在控制回路 2 中,从控制器节点到执行器节点的网络时延 τ_{a5}的最大值为 1.679s,已超过了 139 个采样周期(控制回路 2 中传感器节点的采样周期为 0.012s).

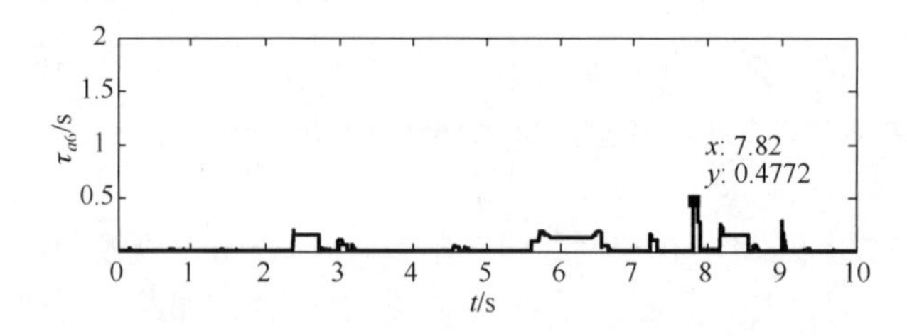

图 8.9　控制回路 3 中从控制器节点到执行器节点的时延 τ_{a6}

从图 8.9 中可以看出:在控制回路 3 中,从控制器节点到执行器节点的网络时延 τ_{a6}的最大值为 0.477s,已超过了 36 个采样周期(控制回路 3 中传感器节点的采样周期为 0.013s).

综上所述，在未采用任何调度策略的情况下，控制回路 1～控制回路 3 中，网络冲突严重，导致各控制回路时延极大，恶化了系统的控制性能质量.

3) 网络调度

各节点的网络调度状况如图 8.10 所示. 图中，节点 1 为干扰节点；节点 2、节点 3 分别为控制回路 1 的传感器节点和控制器节点；节点 4、节点 5 分别为控制回路 2 的传感器节点和控制器节点；节点 6、节点 7 分别为控制回路 3 的传感器节点和控制器节点.

每个节点有高、中、低三种状态，其中低电平为不发送数据包状态；高电平为发送数据包状态；中间为等待发送数据包状态.

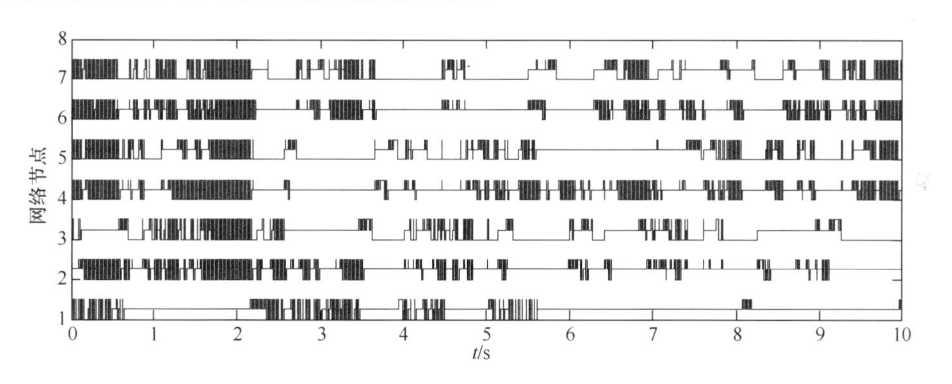

图 8.10　各节点网络调度状况

从图 8.10 中可以看出：在未采用死区调度的情况下，NCS 中各节点对网络带宽资源的竞争激烈，网络冲突严重，各节点长时间处于等待和不发包状态.

例如，节点 2(控制回路 1 的传感器节点)在 5.300～10.000s 内的大部分时间都处于等待状态；节点 3(控制回路 1 的控制器节点)在 5.300～1.000s 内的大部分时间都处于等待状态和不发包的状态. 从 5.300s 开始，节点 2 大部分时间处于等待状态，导致节点 3 因不能接收节点 2 采集的数据而无法被驱动(节点 3 为事件驱动)，所以节点 3 大部分时间处于不发包状态. 同时，从 5.300s 开始，控制回路 1 传输的有效数据有限，导致控制回路 1 从 5.300s 开始出现振荡.

同理可知，控制回路 2(节点 4、节点 5)和控制回路 3(节点 6、节点 7)由于网络带宽有限导致长时间处于等待和不发包状态，最终导致系统失去控制.

综上所述，网络带宽资源有限且不能得到合理的分配，导致各控制回路时延较大，系统失去控制.

8.3.2　采用调度方法 1

采用调度方法 1 的死区调度，在传感器节点与控制器节点中同时设置死区. 在传感器节点中，将当前采样值与前一次传输信号值差值的绝对值与所设定的死区阈值进行比较，根据比较结果判定传感器节点是否发送数据包，同时为了防止系统失控，采用传感器节点相邻两次信号采样值的差值对网络进行调度；在控制器节点中，结合仿人智能控制思想，根据系统偏差与偏差变化率对网络进行调度.

1）系统输出响应

三个控制回路的输出响应分别如图 8.11～图 8.13 所示.

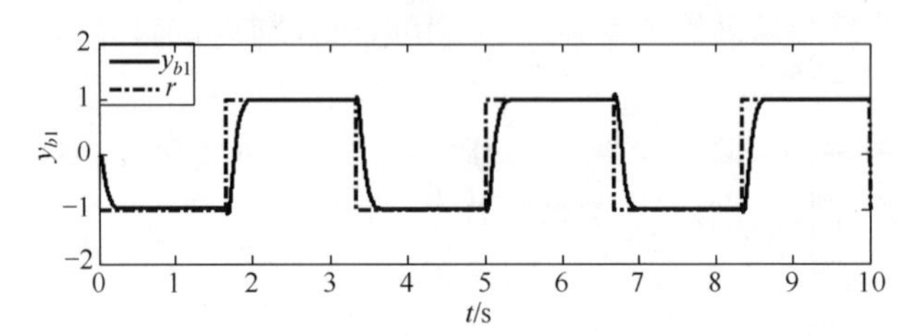

图 8.11　控制回路 1 的输出 y_{b1}

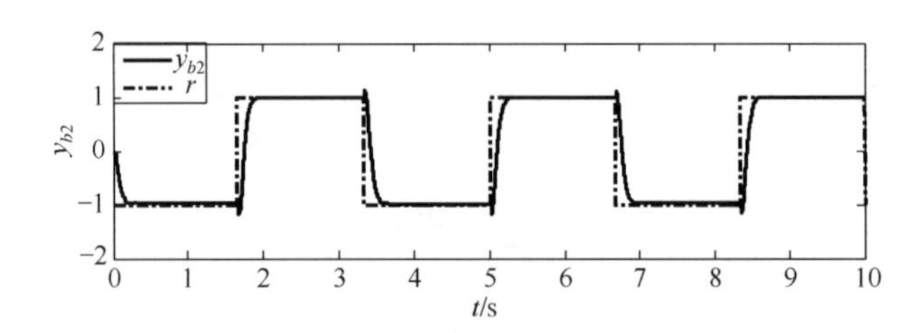

图 8.12　控制回路 2 的输出 y_{b2}

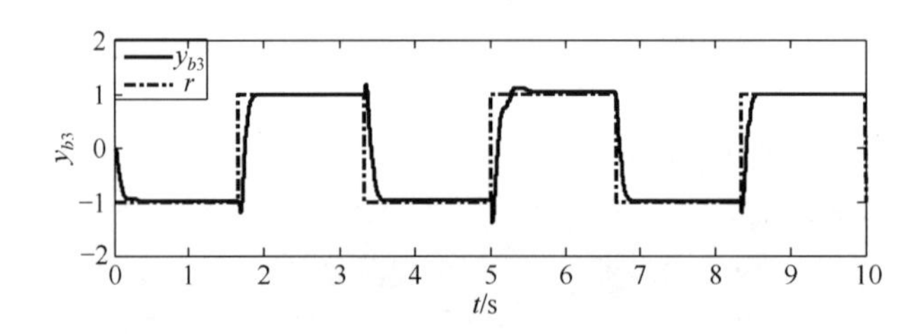

图 8.13　控制回路 3 的输出 y_{b3}

从图 8.11～图 8.13 可以看出：采用调度方法 1 进行调度后，三个控制回路的超调量大大减小，各控制回路均能较好地跟踪给定信号，其控制性能质量完全满足系统控制要求.

为了进一步了解各控制回路的控制性能，需要对各控制回路的超调量进行量化分析. 三个控制回路的输出响应局部曲线如图 8.14～图 8.16 所示.

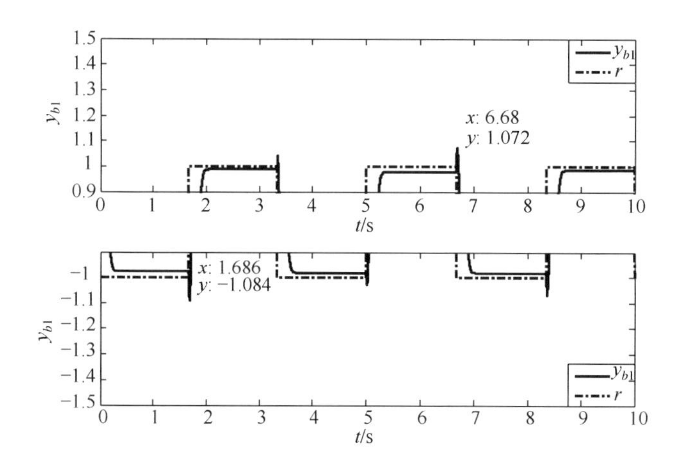

图 8.14　控制回路 1 的输出 y_{b1} 的局部图

从图 8.14 中可以看出:控制回路 1 的输出 y_{b1} 在给定信号出现阶跃变化时存在一定程度的超调量,其中最大超调量为 4.20%.

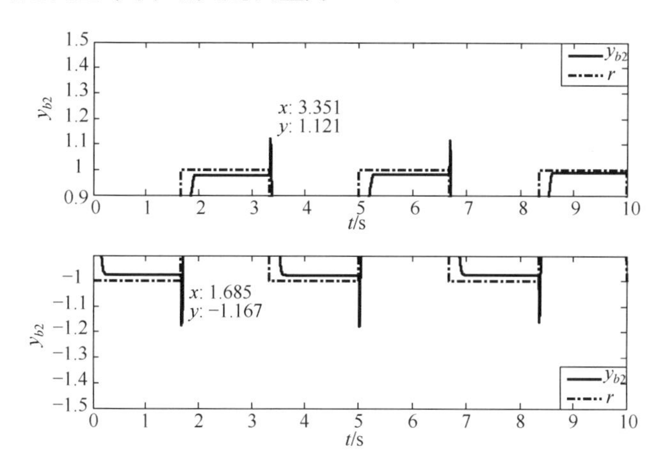

图 8.15　控制回路 2 的输出 y_{b2} 的局部图

从图 8.15 中可以看出:控制回路 2 的输出 y_{b2} 在给定信号出现阶跃变化时存在一定程度的超调量,其中最大超调量为 8.35%.

从图 8.16 中可以看出:控制回路 3 的输出 y_{b3} 在给定信号出现阶跃变化时存在一定程度的超调量,其中最大超调量为 19.35%.

综上所述:采用调度方法 1 进行调度后,三个控制回路的输出 y_{b1}～y_{b3} 虽然在给定信号出现阶跃变化时存在一定程度的超调量,但是在整个仿真过程中均能较好地跟踪参考输入信号,与未采用任何调度策略情况下的三个控制回路的输出 y_{a1}～y_{a3}(对应的输出响应图 8.1～图 8.3)相比,无论是控制性能还是控制质量和

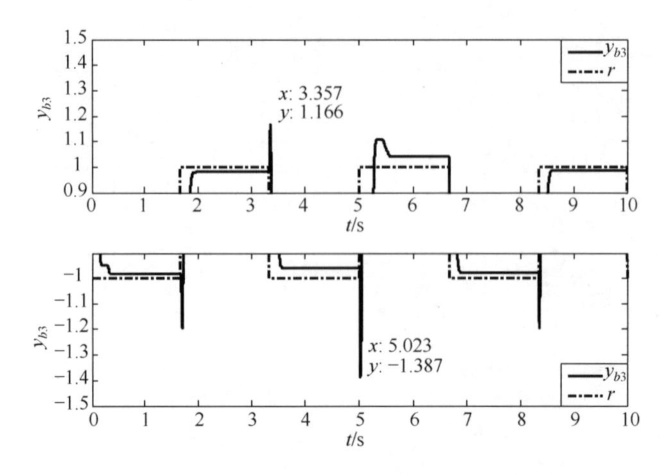

图 8.16　控制回路 3 的输出 y_{b3} 的局部图

系统的稳定性,其都得到明显的提升.

2) 网络时延

三个控制回路从传感器节点到控制器节点的网络时延如图 8.17～图 8.19 所示;从控制器节点到执行器节点的网络时延如图 8.20～图 8.22 所示.

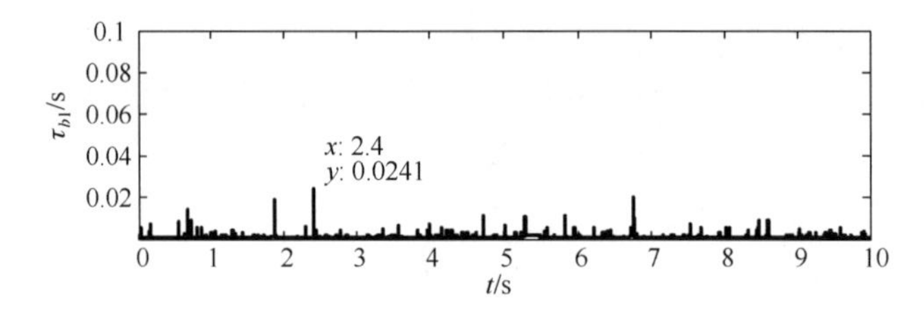

图 8.17　控制回路 1 中从传感器节点到控制器节点的网络时延 τ_{b1}

从图 8.17 中可以看出:在控制回路 1 中,从传感器节点到控制器节点的最大网络时延 τ_{b1} 为 0.024s,超过 2.19 个采样周期(控制回路 1 中传感器节点的采样周期为 0.011s),减小为未采用任何调度策略时最大网络时延 τ_{a1} 的 3.31%.

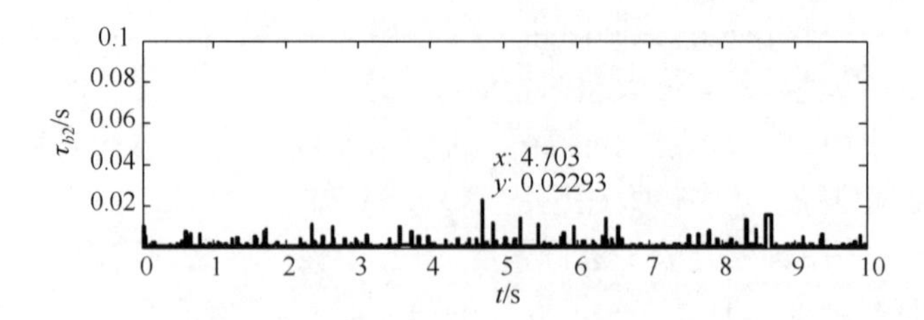

图 8.18　控制回路 2 中从传感器节点到控制器节点的网络时延 τ_{b2}

从图8.18中可以看出：在控制回路2中，从传感器节点到控制器节点的最大网络时延τ_{b2}为0.0229s，超过1.91个采样周期(控制回路2中传感器节点的采样周期为0.012s)，减小为未采用任何调度策略时最大网络时延τ_{a2}的2.26%.

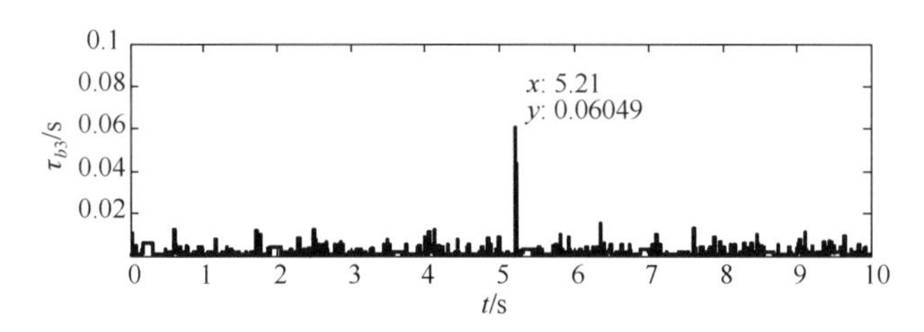

图8.19 控制回路3中从传感器节点到控制器节点的网络时延τ_{b3}

从图8.19中可以看出：在控制回路3中，从传感器节点到控制器节点的最大网络时延τ_{b3}为0.0605s，超过4.65个采样周期(控制回路3中传感器节点的采样周期为0.013s)，减小为未采用任何调度策略时最大网络时延τ_{a3}的5.94%.

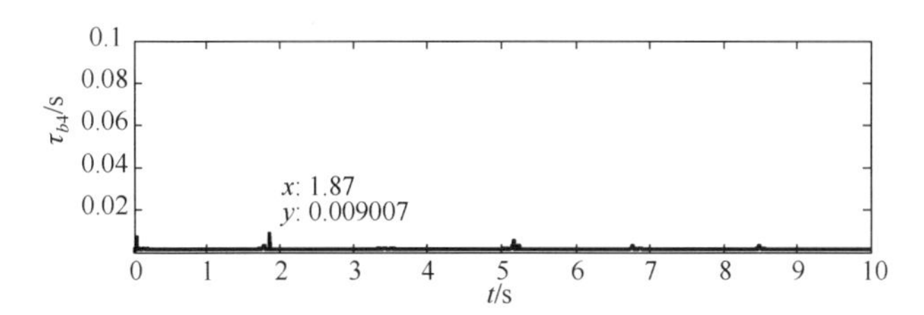

图8.20 控制回路1中从控制器节点到执行器节点的网络时延τ_{b4}

从图8.20中可以看出：在控制回路1中，从控制器节点到执行器节点的最大网络时延τ_{b4}为0.009s，为0.82个采样周期(控制回路1中传感器节点的采样周期为0.011s)，减小为未采用任何调度策略时最大网络时延τ_{a4}的1.01%.

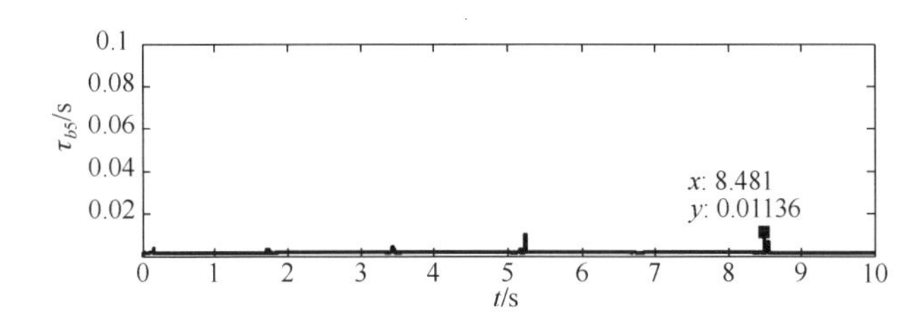

图8.21 控制回路2中从控制器节点到执行器节点的网络时延τ_{b5}

从图8.21中可以看出：在控制回路2中，从控制器节点到执行器节点的最大网络时延τ_{b5}为0.0114s，为0.95个采样周期(控制回路2中传感器节点的采样周期为0.012s)，减小为未采用任何调度策略时最大网络时延τ_{a5}的0.68%.

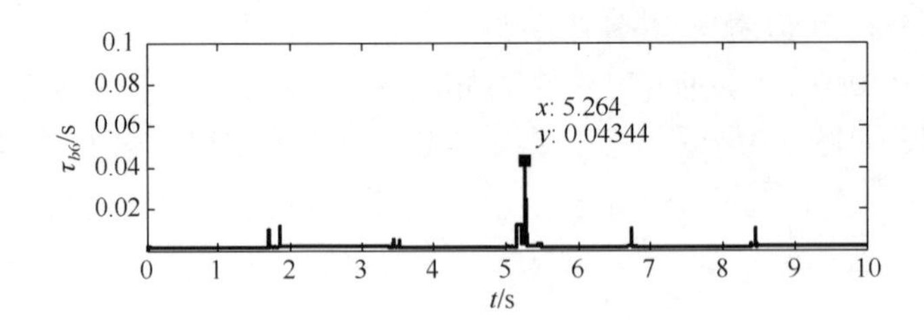

图 8.22　控制回路 3 中从控制器节点到执行器节点的网络时延 τ_{b6}

从图 8.22 中可以看出:在控制回路 3 中,从控制器节点到执行器节点的最大网络时延 τ_{b6} 为 0.0434s,超过 3.34 个采样周期(控制回路 3 中传感器节点的采样周期为 0.013s),减小为未采用任何调度策略时最大网络时延 τ_{a6} 的 9.10%.

综上所述,采用调度方法 1 进行调度后,三个控制回路的网络时延大大减小,减小幅度都超过数十个采样周期.

3) 网络调度

采用调度方法 1 进行调度,各节点的调度状态如图 8.23 所示.

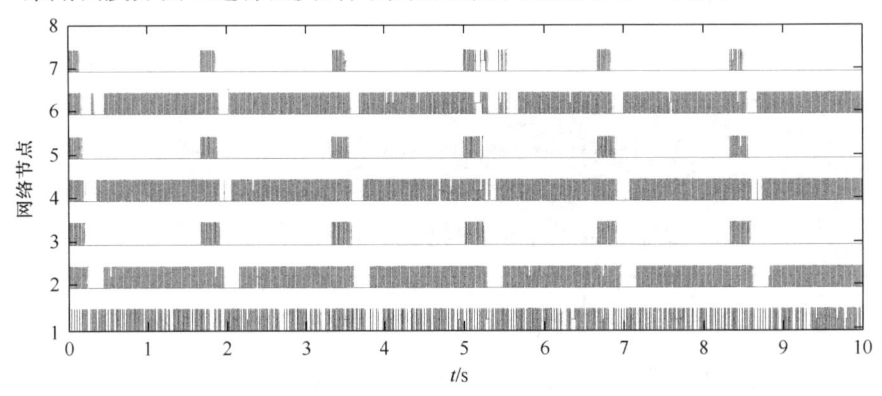

图 8.23　各节点网络调度状态

由如图 8.23 可知,采用调度方法 1 进行调度后,ML-NCS 中各节点处于等待状态的情况几乎没有.通过网络调度,网络中各节点发送的数据包数量减少,网络冲突得到缓解,各节点因竞争而处于等待状况的情况大大减少.虽然在仿真过程中,各节点存在不发包的情况,但这是执行调度策略的结果.

例如,节点 2(控制回路 1 的传感器节点)在 0.300～0.500s、2.000～2.200s 等时间段内,节点 3(控制回路 1 的控制器节点)在 0.300～1.700s、2.000～3.400s 等时间段内,因节点不满足发包条件而处于不发包的状态;相反,因为未在节点 1(干扰节点)中设置死区,故其在整个系统的仿真过程中大部分时间处于发包状态.

同理可知,控制回路 2(节点 4、节点 5)和控制回路 3(节点 6、节点 7)由于执行死区调度策略而使各节点存在不发包的状况.

综上所述,采用调度方法 1 进行调度后,网络冲突得以缓解,系统控制性能质量显著提升.

4) 网络数据包流量

由于仿真中设置的网络数据传输丢包概率为 0.0,所以在未采用任何调度策略时,传感器节点发送的数据包数量与控制器节点发送的数据包数量相等.

采用调度方法 1 进行调度前与调度后,网络中各节点发送的数据包数量如表 8.1 所示.

表 8.1　各节点的发包数量统计表(调度方法 1)

发包数与网络节省率	控制回路 1	控制回路 2	控制回路 3
$n_{sc}(0)$	909	834	769
$n_{sc}(1)$	773	764	715
$N_{sc}(1)$	15.0%	8.4%	7.0%
$n_{ca}(0)$	909	834	769
$n_{ca}(1)$	147	102	94
$N_{ca}(1)$	83.8%	87.8%	87.8%

由表 8.1 可以得出如下结论:

(1) 在未采用任何调度方法时,$n_{sc}(0)$表示从传感器节点向控制器节点发送的数据包数量;$n_{ca}(0)$表示从控制器节点向执行器节点发送的数据包数量.

(2) 采用调度方法 1 进行调度时,$n_{sc}(1)$表示从传感器节点向控制器节点实际发送的数据包数量;$n_{ca}(1)$表示从控制器节点向执行器节点实际发送的数据包数量;$N(1)$表示相对于未采用任何调度方法时调度方法 1 的网络节省率.

调度方法 1 的网络节省率 $N(1)$为

$$N(1)=100\%\times(P_{total}-P_{act}(1))/P_{total} \tag{8-1}$$

式中,P_{total}为未采用任何调度方法时,节点应发送数据包数量;$P_{act}(1)$为采用调度方法 1 死区调度时,节点实际发送的数据包数量.

综上所述:采用调度方法 1 对 NCS 进行调度后,NCS 中各控制回路的前向网络通路和反馈网络通路发送的数据包数量明显减少,有效地减轻了网络负载.

8.3.3　采用调度方法 2

采用调度方法 2 的死区调度,在传感器节点与控制器节点中同时设置传输死区. 在传感器节点中,将当前采样值与前一次传输信号值差值的绝对值与所设定的死区阈值进行比较,根据比较结果判断传感器节点是否发送数据包. 同时,为了防止系统失控,传感器节点需要定期向控制器节点发送数据包;在控制节点中,结合仿人智能控制思想,根据系统偏差与偏差变化率对网络进行调度.

1) 系统输出响应

三个控制回路的输出响应分别如图 8.24～图 8.26 所示.

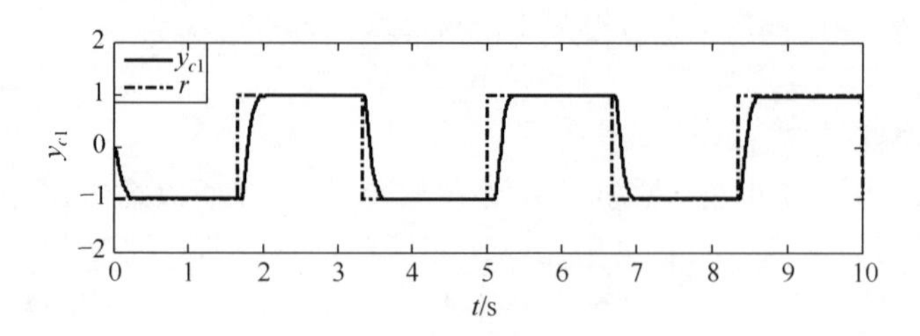

图 8.24　控制回路 1 的输出 y_{c1}

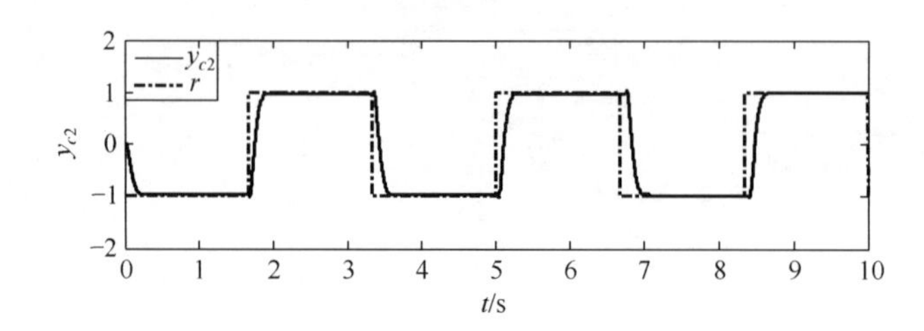

图 8.25　控制回路 2 的输出 y_{c2}

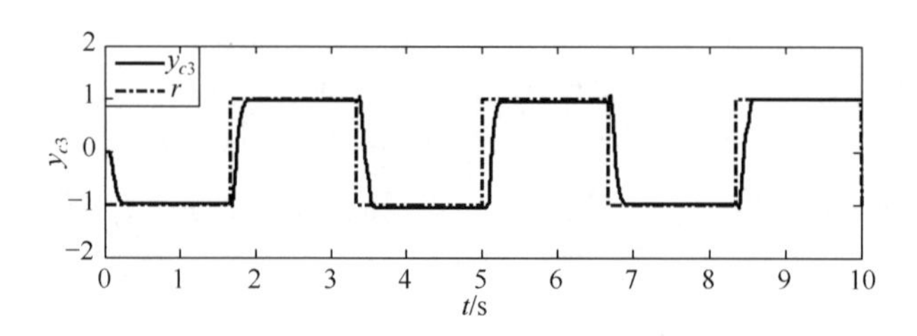

图 8.26　控制回路 3 的输出 y_{c3}

从图 8.24～图 8.26 中可以看出:采用调度方法 2 进行调度后,三个控制回路的输出响应曲线平滑,能够较好地跟踪给定信号,其控制性能质量完全满足系统的控制要求.

为了进一步了解各控制回路的控制性能,需要对各控制回路的超调量进行量化分析.

三个控制回路的输出响应局部曲线如图 8.27～图 8.29 所示.

从图 8.27 中可以看出:控制回路 1 的输出 y_{c1} 响应曲线平滑,能较好地跟踪参考输入信号.其中最大超调量仅为 0.60%.

从图 8.28 中可以看出:控制回路 2 的输出 y_{c2} 响应曲线平滑,能较好地跟踪参考输入信号,其中最大超调量仅为 1.65%.

从图 8.29 中可以看出:控制回路 3 的输出 y_{c3} 响应曲线平滑,能较好地跟踪参考输入信号,其中最大超调量仅为 3.10%.

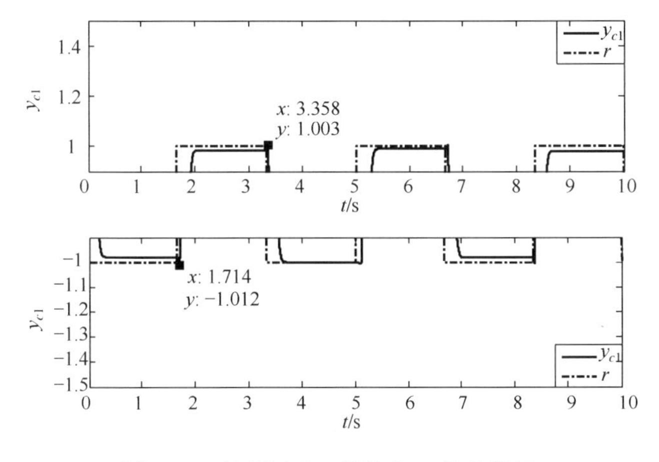

图 8.27 控制回路 1 的输出 y_{c1} 的局部图

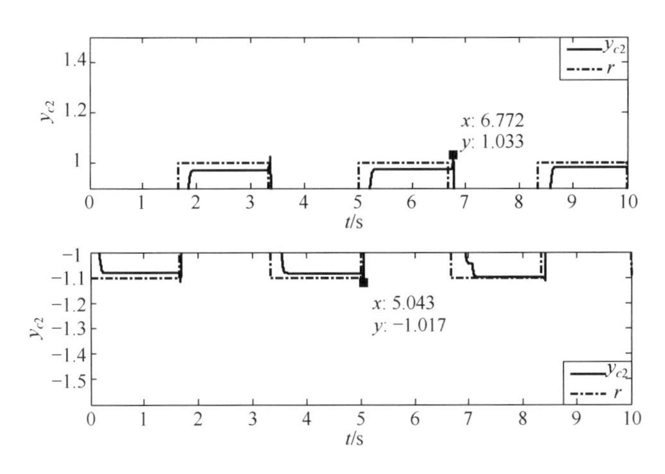

图 8.28 控制回路 2 的输出 y_{c2} 的局部图

综上所述：采用调度方法 2 进行调度后，三个控制回路的输出响应 $y_{c1} \sim y_{c3}$ 曲线平滑，均能较好地跟踪参考输入信号；与未采用任何调度策略情况下的三个控制回路输出 $y_{a1} \sim y_{a3}$（对应的输出响应曲线如图 8.1～图 8.3）相比，无论是控制性能还是控制质量和系统的稳定性，其都得到明显的提升.

2) 网络时延

三个控制回路从传感器节点到控制器节点的网络时延如图 8.30～图 8.32 所示；从控制器节点到执行器节点的网络时延如图 8.33～图 8.35 所示.

从图 8.30 中可以看出：在控制回路 1 中，从传感器节点到控制器节点的最大网络时延 τ_{c1} 为 0.0256s，超过 2.33 个采样周期（控制回路 1 中传感器节点的采样周期为 0.011s），减小为未采用任何调度策略时最大网络时延 τ_{a1} 的 3.51%.

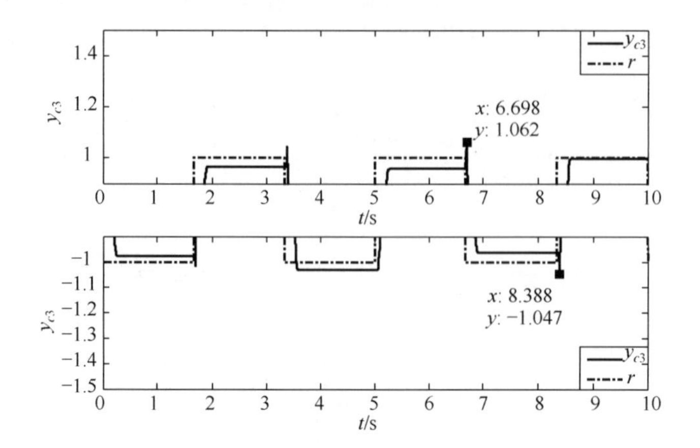

图 8.29　控制回路 3 的输出 y_{c3} 的局部图

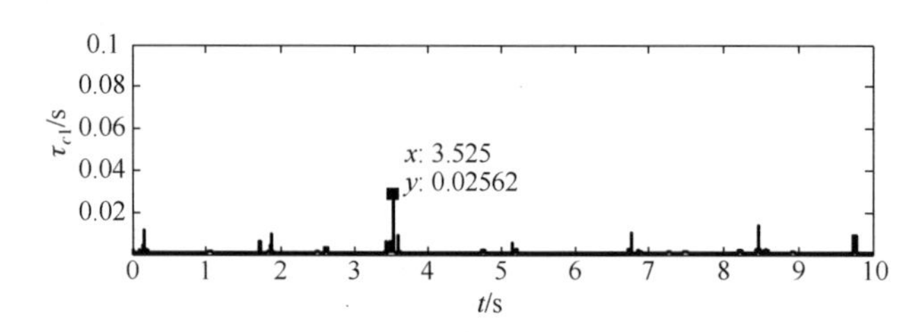

图 8.30　控制回路 1 中从传感器节点到控制器节点的网络时延 τ_{c1}

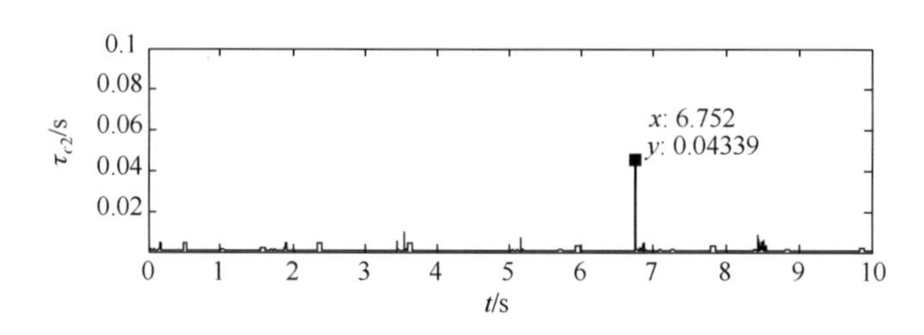

图 8.31　控制回路 2 中从传感器节点到控制器节点的网络时延 τ_{c2}

从图 8.31 中可以看出：在控制回路 2 中，从传感器节点到控制器节点的最大网络时延 τ_{c2} 为 0.0434s，超过 3.62 个采样周期(控制回路 2 中传感器节点的采样周期为 0.012s)，减小为未采用任何调度策略时最大网络时延 τ_{a2} 的 4.271%.

从图 8.32 中可以看出：在控制回路 3 中，从传感器节点到控制器节点的最大网络时延 τ_{c3} 为 0.0307s，超过 2.36 个采样周期(控制回路 3 中传感器节点的采样周期为 0.013s)，减小为未采用任何调度策略时最大网络时延 τ_{a3} 的 3.01%.

从图 8.33 中可以看出：在控制回路 1 中，从控制器节点到执行器节点的最大网络时延 τ_{c4} 为 0.0310s，超过 2.82 个采样周期(控制回路 1 中传感器节点的采样周期为 0.011s)，减小为未采用任何调度策略时最大网络时延 τ_{a4} 的 3.47%.

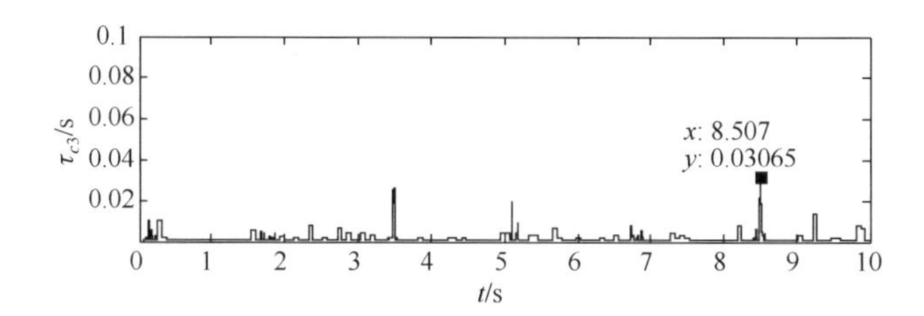

图 8.32　控制回路 3 中从传感器节点到控制器节点的网络时延 τ_{c3}

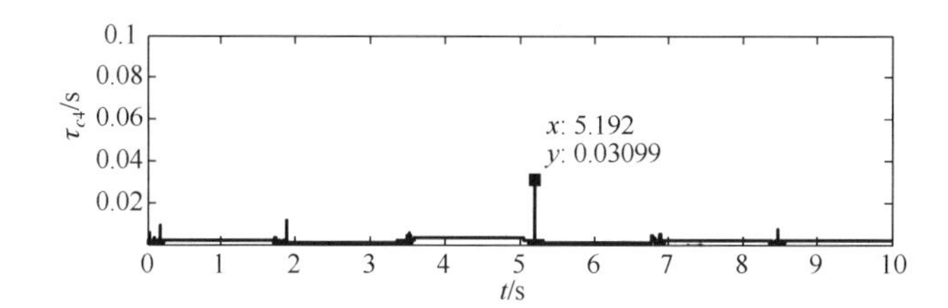

图 8.33　控制回路 1 中从控制器节点到执行器节点的网络时延 τ_{c4}

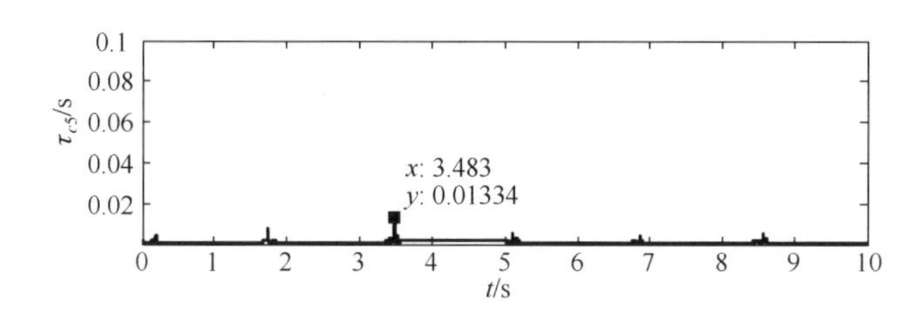

图 8.34　控制回路 2 中从控制器节点到执行器节点的网络时延 τ_{c5}

从图 8.34 中可以看出：在控制回路 2 中，从控制器节点到执行器节点的最大网络时延 τ_{c5} 为 0.0133s，超过 1.11 个采样周期（控制回路 2 中传感器节点的采样周期为 0.012s），减小为未采用任何调度策略时最大网络时延 τ_{a5} 的 0.79%.

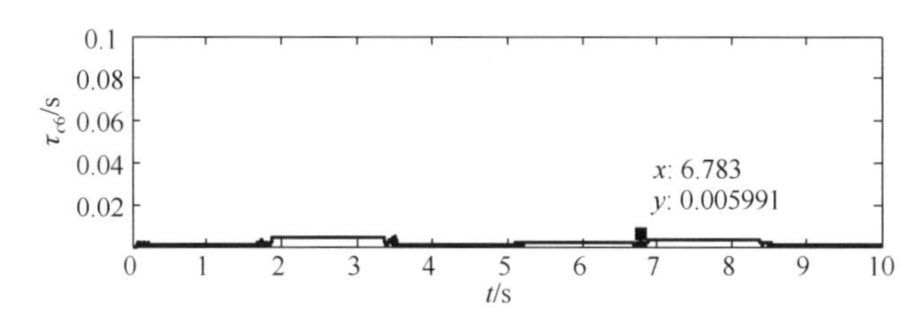

图 8.35　控制回路 3 中从控制器节点到执行器节点的网络时延 τ_{c6}

从图 8.35 中可以看出：在控制回路 3 中，从控制器节点到执行器节点的最大

网络时延 τ_{c6} 为 0.0060s，为 0.46 个采样周期(控制回路 3 中传感器节点的采样周期为 0.013s)，减小为未采用任何调度策略时最大网络时延 τ_{a6} 的 1.26%.

综上所述：采用调度方法 2 进行调度后，三个控制回路的网络时延大大减小，减小幅度都超过数十个采样周期.

3) 网络调度

采用调度方法 2 进行调度，各节点的网络调度状态如图 8.36 所示.

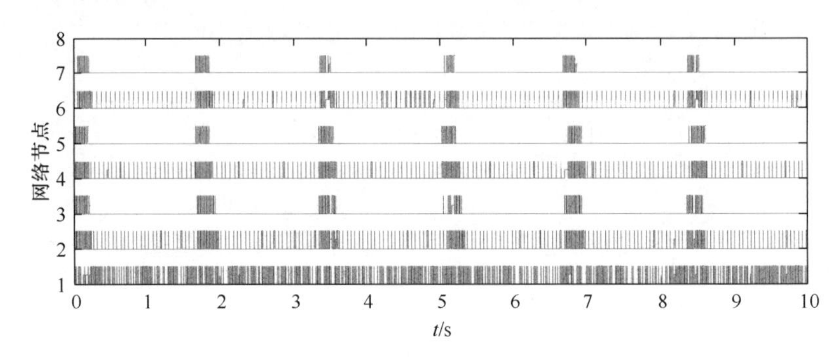

图 8.36　各节点的网络调度状态

由如图 8.36 可知，采用调度方法 2 进行调度后，ML-NCS 中各节点处于等待状态的情况几乎没有. 通过网络调度，网络中各节点发送的数据包数量减少，网络冲突得到缓解，各节点因竞争而处于等待状况的情况大大减少. 虽然在仿真过程中，各节点存在不发包的情况，但这是执行调度策略的结果.

例如，节点 2(控制回路 1 的传感器节点)在 0.300～1.700s、2.000～3.400s 等时间段内执行调度策略，每隔一段时间向控制器节点发送数据包；节点 3(控制回路 1 的控制器节点)在 0.300～1.700s、2.000～3.400s 等时间段内因不满足发包条件处于不发包的状态；相反，由于未在节点 1(干扰节点)中设置死区，其在整个系统的仿真过程中大部分时间处于发包状态.

同理可知，控制回路 2(节点 4、节点 5)和控制回路 3(节点 6、节点 7)由于执行死区调度策略而使各节点存在不发包的状况.

综上所述，采用调度方法 2 进行调度后，网络冲突得以缓解，系统控制性能显著提升.

4) 网络数据包流量

由于仿真中设置的网络数据传输丢包概率为 0.0，所以在未采用任何调度策略时，传感器节点发送的数据包数量与控制器节点发送的数据包数量相等.

采用调度方法 2 进行调度前与后，网络中各节点发送的数据包数量如表 8.2 所示.

表 8.2　各节点的发包数量统计表(调度方法 2)

发包数与网络节省率	控制回路 1	控制回路 2	控制回路 3
$n_{sc}(0)$	909	834	769
$n_{sc}(2)$	296	261	231
$N_{sc}(2)$	67.4%	68.7%	70.0%
$n_{ca}(0)$	909	834	769
$n_{ca}(2)$	130	105	84
$N_{ca}(2)$	85.7%	87.8%	89.0%

由表 8.2 可以得出如下结论:

(1) 在未采用任何调度方法时,$n_{sc}(0)$表示从传感器节点向控制器节点发送的数据包数量;$n_{ca}(0)$表示从控制器节点向执行器节点发送的数据包数量.

(2) 采用调度方法 2 进行调度时,$n_{sc}(2)$表示从传感器节点向控制器节点实际发送的数据包数量;$n_{ca}(2)$表示从控制器节点向执行器节点实际发送的数据包数量;$N(2)$表示相对于未采用任何调度方法时调度方法 2 的网络节省率.

调度方法 2 的网络节省率 $N(2)$为

$$N(2)=100\%\times(P_{total}-P_{act}(2))/P_{total} \tag{8-2}$$

式中,P_{total}为未采用任何调度方法时,节点应发送的数据包数量;$P_{act}(2)$为采用调度方法 2 死区调度时,节点实际发送的数据包数量.

综上所述,采用调度方法 2 对 NCS 进行调度后,NCS 中各控制回路的前向网络通路和反馈网络通路发送的数据包数量明显减少,有效地减轻了网络负载.

8.4　节省率比较

采用调度方法 1 与调度方法 2 进行调度,系统中各回路数据包的节省率如表 8.3 所示.

表 8.3　各回路数据包节省率

方法	网络节省率	控制回路 1	控制回路 2	控制回路 3
调度方法 1	$N(1)$	49.40%	48.08%	47.40%
调度方法 2	$N(2)$	76.57%	78.05%	79.52%

由表 8.3 可得如下结论:

采用调度方法 1 进行调度后,系统中控制回路 1、控制回路 2 和控制回路 3 的数据包发送量的节省率分别为 49.40%、48.08%和 47.40%.

采用调度方法 2 进行调度后,系统中控制回路 1、控制回路 2 和控制回路 3 的数据包发送量的节省率分别为 76.57%、78.05%和 79.52%.

综上所述,采用调度方法 2 进行调度后,各控制回路的数据包发送量的节省率明显优于调度方法 1,进一步提高了网络资源的利用率,降低了网络负载波动对系统控制性能的影响.

8.5 本章小结

本章首先对仿真参数的设置进行了说明,接着从系统输出响应、网络时延、网络调度、网络数据包流量等方面对两种死区调度方法的仿真结果进行了分析与对比研究,说明了本书所提的两种死区调度方法的有效性.

第 9 章　复杂网络环境下死区调度仿真

9.1 引　　言

本章将在网络存在数据丢包和 NCS 存在阶跃干扰的情况下,对两种调度方法进一步仿真研究.

9.2 网络数据丢包

当 ML-NCS 存在数据丢包时,某些数据包最终不能到达(如控制器、执行器)目标节点,将导致各节点接收到的有效信息减少,进而影响各个控制回路的控制性能与质量.

9.2.1 采用调度方法 1

参数设置:网络数据传输的丢包概率为 0.2,其他参数设置与 8.2 节相同.采用调度方法 1,对共享同一网络的三个 NCS 的控制回路进行调度,各控制回路输出响应曲线如图 9.1～图 9.3 所示.

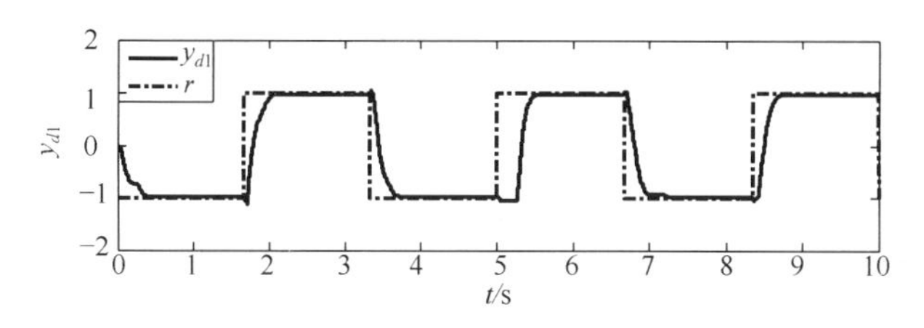

图 9.1　控制回路 1 的输出 y_{d1}

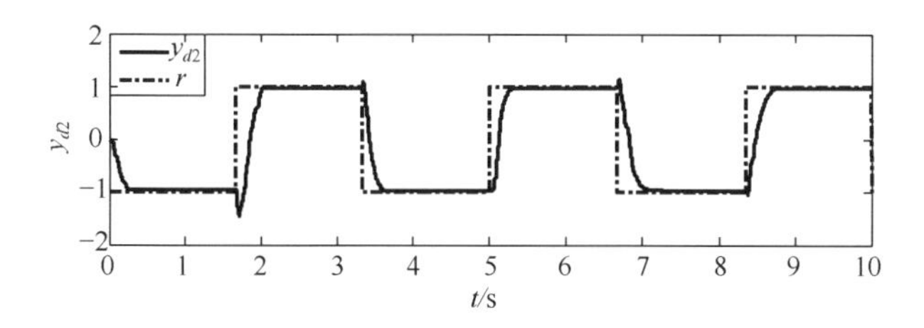

图 9.2　控制回路 2 的输出 y_{d2}

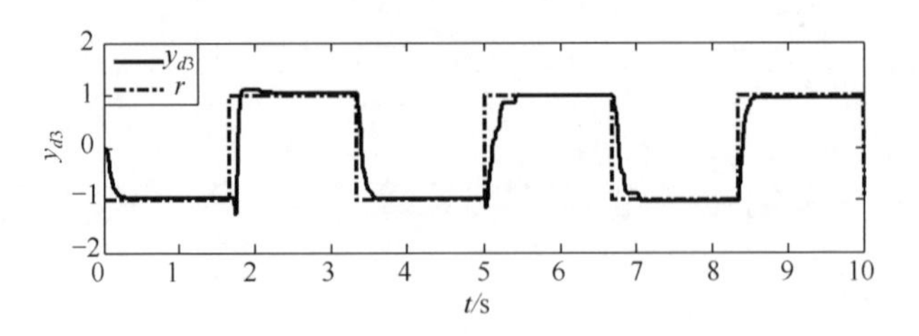

图 9.3　控制回路 3 的输出 y_{d3}

从图 9.1～图 9.3 中可以看出：虽然在参考信号出现阶跃变化时，各控制回路可能存在一定幅度的超调量，但其系统输出都能较好地跟踪其给定信号，三个控制回路均具有较好地控制性能质量；与未采用任何调度策略的三个控制回路(图 8.1～图 8.3)相比，控制性能质量得到了显著提升.

9.2.2　采用调度方法 2

参数设置：网络数据传输的丢包概率为 0.2，其他参数设置与 8.2 节中相同.

当采用调度方法 2，对共享同一网络的三个 NCS 的控制回路进行调度时，各控制回路的系统输出响应曲线如图 9.4～图 9.6 所示.

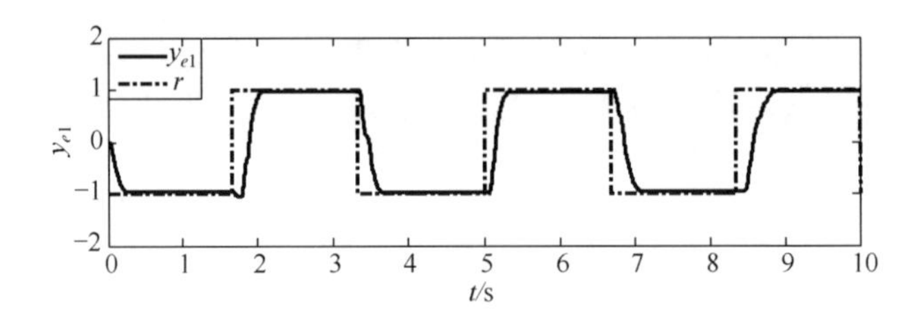

图 9.4　控制回路 1 的输出 y_{e1}

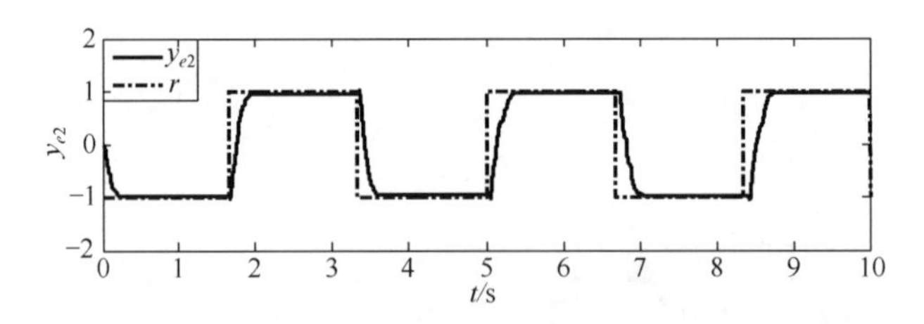

图 9.5　控制回路 2 的输出 y_{e2}

从图 9.4～图 9.6 中可以看出：三个控制回路均能较好地控制性能质量. 与未采用任何调度策略的三个控制回路(图 8.1～图 8.3)相比，控制性能质量得到了显著提升.

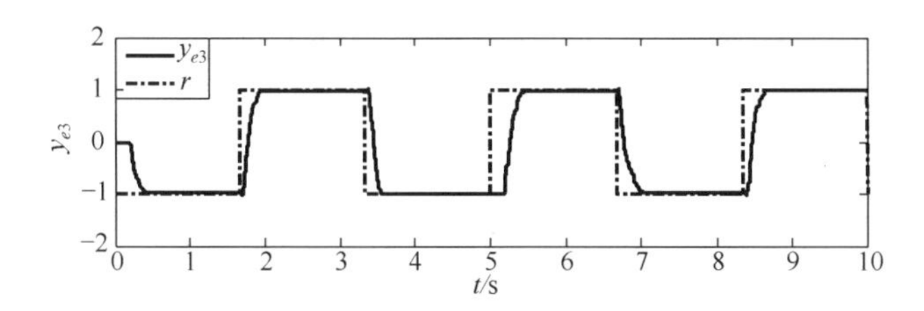

图 9.6　控制回路 3 的输出 y_{e3}

综上所述，当系统存在网络数据丢包时，采用调度方法 1 或调度方法 2 对网络进行调度，各 NCS 均能保持良好的控制效果，其控制性能与控制质量完全满足系统的控制要求.

9.3　阶跃干扰

在 NCS 中，干扰信号的存在将影响系统的稳定性，甚至导致系统崩溃. 本节将对存在干扰信号的网络环境情况下，两种调度方法的调度性能与控制效果进行研究. 仿真过程中，在 6.000s 时将幅值为 0.5 的阶跃干扰插入所有被控对象的输出端，其他参数设置与 8.2 节中相同.

9.3.1　采用调度方法 1

采用调度方法 1 进行死区调度时，各控制回路的系统输出响应曲线如图 9.7～图 9.9 所示.

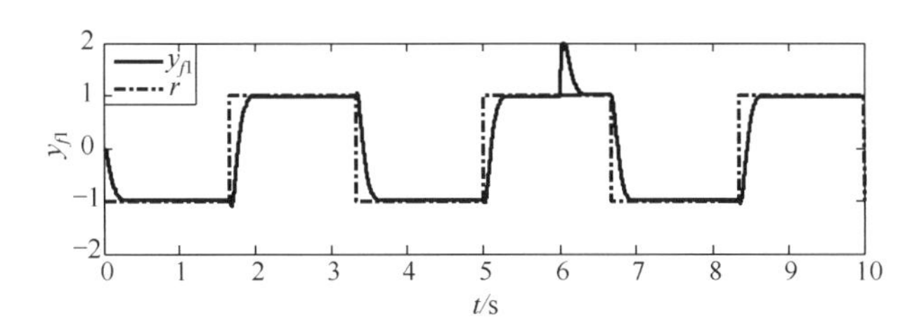

图 9.7　控制回路 1 的输出 y_{f1}

由图 9.7～图 9.9 可知：ML-NCS 中，各控制回路均具有良好的控制性能. 在 6.000s 时，由于干扰信号的加入，各控制回路均出现较大幅度的超调量. 在出现超调量后，各控制回路能够快速恢复并跟踪上参考信号，表明系统均具有较好的抗干扰性能.

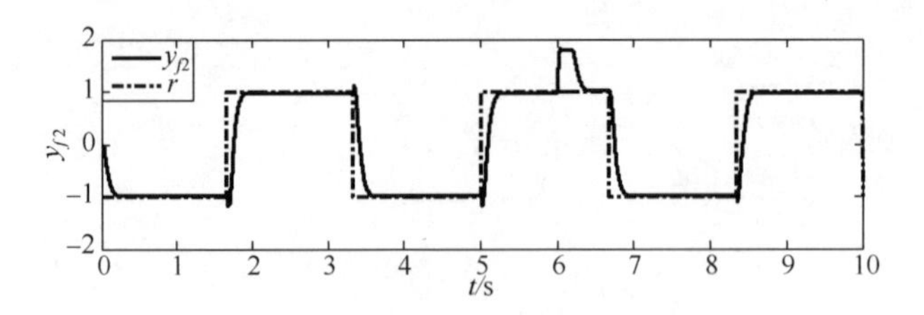

图 9.8　控制回路 2 的输出 y_{f2}

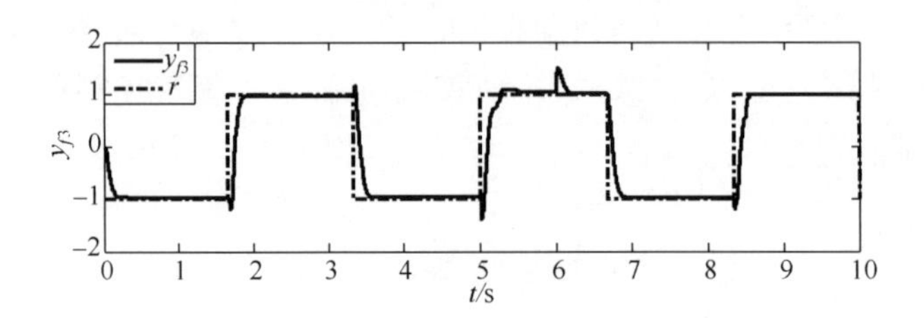

图 9.9　控制回路 3 的输出 y_{f3}

9.3.2　采用调度方法 2

采用调度方法 2 进行死区调度,各控制回路的系统输出响应曲线如图 9.10～图 9.12 所示.

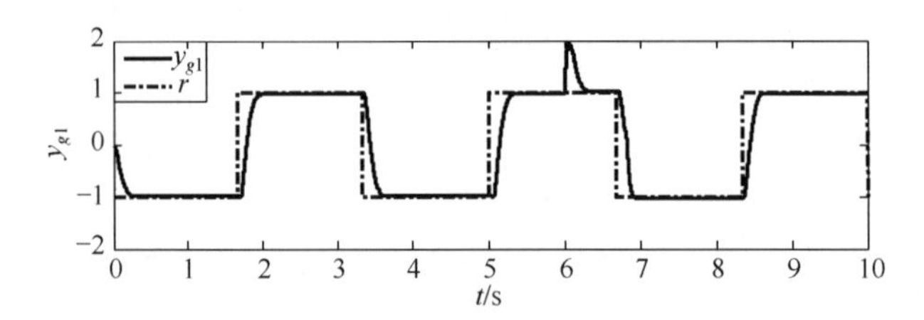

图 9.10　控制回路 1 的输出 y_{g1}

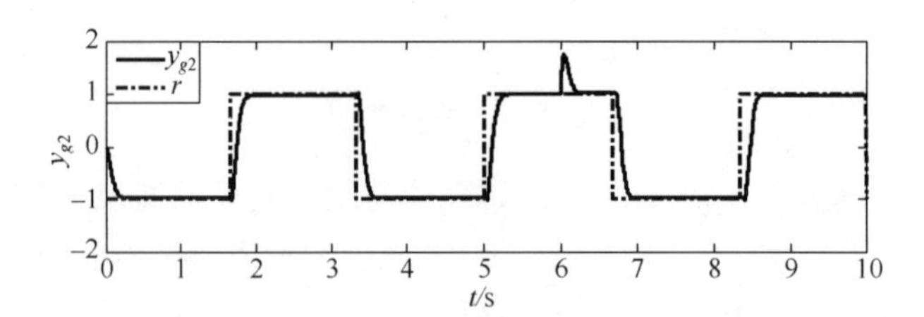

图 9.11　控制回路 2 的输出 y_{g2}

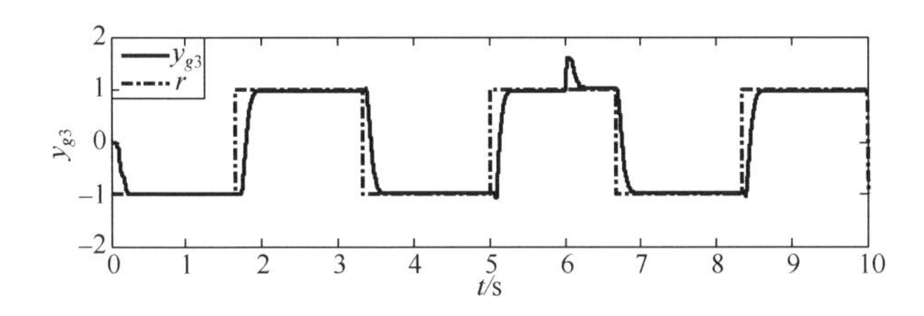

图 9.12　控制回路 3 的输出 y_{g3}

由图 9.10～图 9.12 可知：ML-NCS 中，各控制回路均具有良好的控制性能. 在 6.000s 时，由于干扰信号的插入，NCS 各控制回路均出现了较大幅度的超调量. 在出现超调量以后，各控制回路能够快速恢复并跟踪上参考信号，表明系统均具有较好的抗干扰性能.

综上所述，在存在干扰信号的 ML-NCS 中，采用两种死区调度方法都能使各 NCS 保持较好的控制品质，并具有良好的控制效果.

9.4　结果分析

通过第 8 章和本章的研究与分析可知，两种调度方法都能有效改善带宽资源受限的 NCS 的控制性能质量.

为了进一步了解两种调度方法的优缺点，将从以下几个方面进行分析：

(1) 系统实时性. 采用调度方法 1 和调度方法 2 进行调度时，各控制回路传感器节点和控制器节点都能按各自的调度方法及时发送或不发送数据包. 当参考输入信号变化时，各控制回路都能迅速完成对参考输入信号的跟踪；出现阶跃干扰信号时，各控制回路都能恢复并快速跟踪上给定信号.

(2) 各回路超调量. 采用调度方法 1 和调度方法 2 进行调度时，各控制回路的超调量均明显减小. 从仿真结果可知：采用调度方法 2 进行调度时，各回路最大超调量的减小程度均大于采用调度方法 1 的情况.

(3) 最大网络时延. 采用调度方法 1 和调度方法 2 进行调度时，各控制回路从传感器节点到控制器节点的最大网络时延和从控制器节点到执行器节点的最大网络时延都明显减小. 从仿真结果可知：采用两种方法调度后，所产生的最大网络时延相差不大.

(4) 减轻网络负载. 采用调度方法 1 和调度方法 2 进行调度后，各控制回路从传感器节点向控制器节点发送的实际数据包数量和从控制器节点到执行器节点发送的实际数据包数量均明显减少. 从仿真结果可知：采用调度方法 2 进行调度时，各控制回路的数据包节省率均高于采用调度方法 1 的情况.

综上所述，两种调度方法具有各自的优势与不足.

9.5 本章小结

本章分别在存在网络传输数据丢包和控制回路存在阶跃干扰的仿真环境下，对两种死区调度方法进行了研究. 仿真结果表明，基于两种死区调度方法，在不同的网络仿真环境下，控制系统均表现出较好的抗干扰性能和良好的控制性能.

第 10 章　TITO-NCS 时延补偿方法

10.1　引　　言

本章主要研究 MIMO-NCS 的时延补偿方法. 为了便于分析,以一种 TITO-NCS 结构为例,研究并提出两种时延补偿方法. 其研究内容涉及自动控制、网络通信与计算机等技术的交叉领域,尤其涉及带宽资源有限的 MIMO-NCS 技术领域.

10.2　MIMO-NCS 简介

随着生产过程控制日益大型化、广域化、复杂化以及网络化的发展,越来越多的网络技术应用于控制系统,NCS 是指基于网络的实时闭环反馈控制系统.

NCS 可实现复杂大系统及远程控制,节点资源共享,增加系统的柔性和可靠性,近年来已被广泛应用于复杂工业过程控制、电力系统、石油化工、轨道交通、航空航天、环境监测等多个领域.

在 NCS 中,当传感器、控制器和执行器通过网络交换数据时,网络可能存在多包传输、多路径传输、数据碰撞、网络拥塞甚至连接中断等现象,这使 NCS 面临诸多新的挑战. 尤其是不确定网络时延的存在,可降低 NCS 的控制性能质量,甚至使系统失去稳定性,严重时可能导致系统出现故障.

NCS 的典型结构如图 10.1 所示.

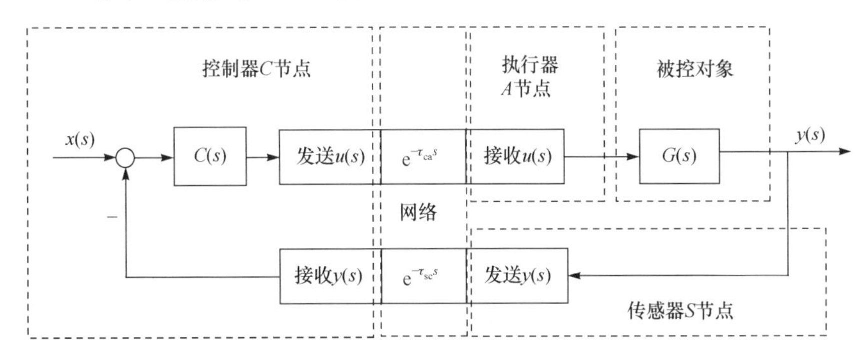

图 10.1　NCS 的典型结构

图 10.1 由传感器 S 节点、控制器 C 节点、执行器 A 节点、被控对象 $G(s)$、前向通路网络传输单元 $\mathrm{e}^{-\tau_{ca}s}$ 以及反馈通路网络传输单元 $\mathrm{e}^{-\tau_{sc}s}$ 组成. 图中,$x(s)$表示

系统输入信号，$y(s)$表示系统输出信号，$C(s)$表示控制器，$u(s)$表示控制信号，τ_{ca}表示将控制信号 $u(s)$从控制器 C 节点向执行器 A 节点传输所经历的前向网络通路传输时延，τ_{sc}表示将传感器 S 节点的检测信号 $y(s)$向控制器 C 节点传输所经历的反馈网络通路传输时延.

目前，国内外对于网络控制系统的研究，主要是针对单输入单输出网络控制系统(SISO-NCS)，分别在网络时延恒定、未知或随机，网络时延小于一个采样周期或大于一个采样周期，单包传输或多包传输，有无数据包丢失等情况下，对其进行数学建模或稳定性分析与控制. 但是，针对实际工业过程中，普遍存在的至少包含两个输入与输出所构成的 MIMO-NCS 的研究则相对较少，尤其是针对基于其系统结构的时延补偿方法的研究成果则相对更少.

与 SISO-NCS 相比，MIMO-NCS 具有以下特点：

(1) 输入信号与输出信号之间彼此影响并可能产生耦合作用. 在 MIMO-NCS 中，一个输入信号的变化可以使多个输出信号发生变化，而各个输出信号也不只受到一个输入信号的影响. 即使输入与输出信号之间经过精心选择配对，各控制回路之间也难免存在相互影响，因此要使输出信号独立地跟踪各自的输入信号是有困难的.

(2) 内部结构要比 SISO-NCS 复杂得多.

(3) 被控对象存在不确定性的因素较多. 在 MIMO-NCS 中，涉及的参数较多，各控制回路间的联系较多，被控对象参数变化对整体控制性能的影响会变得较为复杂.

(4) 控制部件失效的可能性较大. 在 MIMO-NCS 中，至少包含两个或两个以上的闭环控制回路，并且至少包含两个或两个以上的传感器和执行器. 每一个元件的失效都可能影响整个控制系统的性能质量，严重时会使系统不稳定，甚至造成重大事故.

MIMO-NCS 的上述特殊性，使基于 SISO-NCS 进行设计与控制的方法，已无法满足 MIMO-NCS 的控制性能与控制质量的要求，使其不能或不能直接应用于 MIMO-NCS 的设计与控制中，给 MIMO-NCS 的设计与分析带来了困难.

MIMO-NCS 的典型结构如图 10.2 所示.

图 10.2 由 r 个传感器 S 节点，控制器 C 节点，m 个执行器 A 节点，被控对象 G，m 个前向网络通路传输时延 $\tau_i^{ca}(i=1,2,\cdots,m)$单元，以及 r 个反馈网络通路传输时延 $\tau_j^{sc}(j=1,2,\cdots,r)$单元组成. 图中，$y_j(s)$表示系统的第 j 个输出信号，$u_i(s)$表示第 i 个控制信号，τ_i^{ca} 表示将控制信号 $u_i(s)$从控制器 C 节点向第 i 个执行器 A 节点传输所经历的前向网络通路传输时延，τ_j^{sc} 表示将第 j 个传感器 S 节点的检测信号 $y_j(s)$向控制器 C 节点传输所经历的反馈网络通路传输时延.

对于 MIMO-NCS，网络时延补偿与控制的难点主要如下：

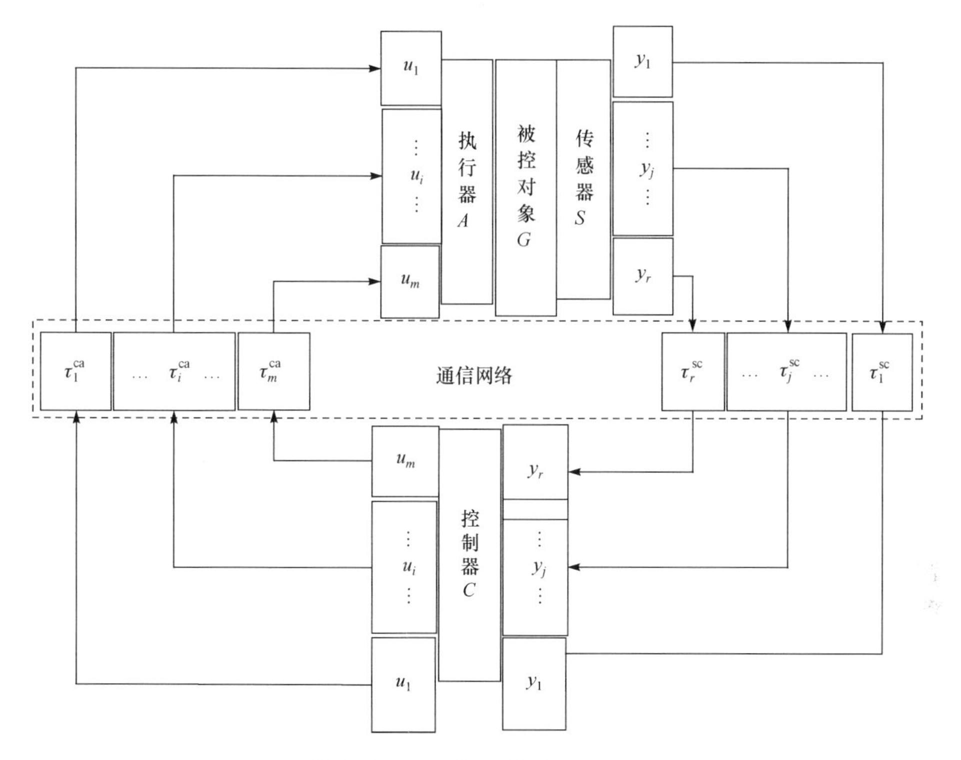

图 10.2　MIMO-NCS 的典型结构

(1) 由于网络时延与网络拓扑结构、通信协议、网络负载、网络带宽和数据包大小等因素有关，对于大于数个乃至数十个采样周期的不确定网络时延，要建立 MIMO-NCS 中各个控制回路的不确定网络时延准确的预测、估计或辨识的数学模型，目前是有困难的.

(2) 发生在 MIMO-NCS 中，前一个节点向后一个节点传输网络数据过程中的网络时延，在前一个节点中无论采用何种预测或估计方法，都不可能事先知道其后产生的网络时延的准确值. 时延导致系统性能下降甚至造成系统不稳定，同时给控制系统的分析与设计带来了困难.

(3) 要满足 MIMO-NCS 中，不同分布地点的所有节点时钟信号完全同步是不现实的.

(4) 由于 MIMO-NCS 中，输入与输出信号之间彼此影响，并可能产生耦合作用，系统内部的结构比 SISO-NCS 复杂，存在的不确定性因素较多，各控制回路的控制性能质量优劣与其稳定性问题将对整个系统的性能质量与稳定性产生影响和制约，其实施时延补偿与控制要比 SISO-NCS 困难得多.

10.3 TITO-NCS 结构存在的问题

针对 MIMO-NCS 中的一种 TITO-NCS 如图 10.3 所示.

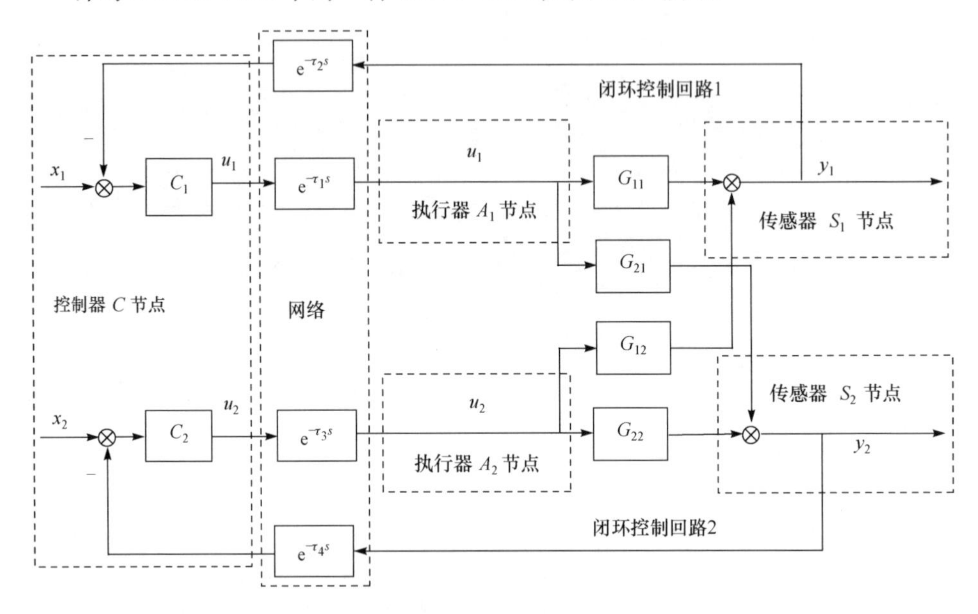

图 10.3 一种 TITO-NCS

图 10.3 由闭环控制回路 1 和闭环控制回路 2 构成.系统包含传感器 S_1 和 S_2 节点,控制器 C 节点,执行器 A_1 和 A_2 节点,被控对象传递函数 $G_{11}(s)$ 和 $G_{22}(s)$ 以及被控对象交叉通道传递函数 $G_{21}(s)$ 和 $G_{12}(s)$,前向网络通路传输单元 $e^{-\tau_1 s}$ 和 $e^{-\tau_3 s}$ 以及反馈网络通路传输单元 $e^{-\tau_2 s}$ 和 $e^{-\tau_4 s}$.图中,$x_1(s)$ 和 $x_2(s)$ 表示系统的输入信号,$y_1(s)$ 和 $y_2(s)$ 表示系统的输出信号,$C_1(s)$ 和 $C_2(s)$ 表示控制回路 1 和控制回路 2 的控制器,$u_1(s)$ 和 $u_2(s)$ 表示控制信号,τ_1 和 τ_3 表示将控制信号 $u_1(s)$ 和 $u_2(s)$ 从控制器 C 节点向执行器 A_1 和 A_2 节点传输所经历的前向网络通路传输时延,τ_2 和 τ_4 表示将传感器 S_1 和 S_2 节点的检测信号 $y_1(s)$ 和 $y_2(s)$ 向控制器 C 节点传输所经历的反馈网络通路传输时延.

下面对图 10.3 中的闭环控制回路 1 进行分析:

(1) 从输入信号 $x_1(s)$ 到输出信号 $y_1(s)$ 之间的闭环传递函数为

$$\frac{y_1(s)}{x_1(s)}=\frac{C_1(s)e^{-\tau_1 s}G_{11}(s)}{1+C_1(s)e^{-\tau_1 s}G_{11}(s)e^{-\tau_2 s}} \tag{10-1}$$

式中,$C_1(s)$ 是控制器;$G_{11}(s)$ 是被控对象;τ_1 表示将控制信号 $u_1(s)$ 从 $C_1(s)$ 控制器所在的 C 节点,经前向网络通路传输到执行器 A_1 节点所经历的不确定网络时延;

τ_2 表示将输出信号 $y_1(s)$ 从传感器 S_1 节点，经反馈网络通路传输到 $C_1(s)$ 控制器所在的 C 节点所经历的不确定网络时延.

(2) 来自闭环控制回路 2 执行器 A_2 节点输出的驱动信号 $u_2(s)$，通过被控对象交叉通道传递函数 $G_{12}(s)$ 影响闭环控制回路 1 的输出信号 $y_1(s)$，从输入信号 $u_2(s)$ 到输出信号 $y_1(s)$ 之间的闭环传递函数为

$$\frac{y_1(s)}{u_2(s)}=\frac{G_{12}(s)}{1+C_1(s)\mathrm{e}^{-\tau_1 s}G_{11}(s)\mathrm{e}^{-\tau_2 s}} \tag{10-2}$$

式(10-1)和式(10-2)的分母 $1+C_1(s)\mathrm{e}^{-\tau_1 s}G_{11}(s)\mathrm{e}^{-\tau_2 s}$ 中包含了不确定网络时延 τ_1 和 τ_2 的指数项 $\mathrm{e}^{-\tau_1 s}$ 和 $\mathrm{e}^{-\tau_2 s}$，时延的存在将恶化控制系统的性能质量，甚至导致系统失去稳定性.

接着对图 10.3 中的闭环控制回路 2 进行分析.

(1) 从输入信号 $x_2(s)$ 到输出信号 $y_2(s)$ 之间的闭环传递函数为

$$\frac{y_2(s)}{x_2(s)}=\frac{C_2(s)\mathrm{e}^{-\tau_3 s}G_{22}(s)}{1+C_2(s)\mathrm{e}^{-\tau_3 s}G_{22}(s)\mathrm{e}^{-\tau_4 s}} \tag{10-3}$$

式中，$C_2(s)$ 是控制器；$G_{22}(s)$ 是被控对象；τ_3 表示将控制信号 $u_2(s)$ 从 $C_2(s)$ 控制器所在的 C 节点，经前向网络通路传输到执行器 A_2 节点所经历的不确定网络时延；τ_4 表示将输出信号 $y_2(s)$ 从传感器 S_2 节点，经反馈网络通路传输到 $C_2(s)$ 控制器所在的 C 节点所经历的不确定网络时延.

(2) 来自闭环控制回路 1 执行器 A_1 节点输出的驱动信号 $u_1(s)$，通过被控对象交叉通道传递函数 $G_{21}(s)$ 影响闭环控制回路 2 的输出信号 $y_2(s)$，从输入信号 $u_1(s)$ 到输出信号 $y_2(s)$ 之间的闭环传递函数为

$$\frac{y_2(s)}{u_1(s)}=\frac{G_{21}(s)}{1+C_2(s)\mathrm{e}^{-\tau_3 s}G_{22}(s)\mathrm{e}^{-\tau_4 s}} \tag{10-4}$$

式(10-3)和式(10-4)的分母 $1+C_2(s)\mathrm{e}^{-\tau_3 s}G_{22}(s)\mathrm{e}^{-\tau_4 s}$ 中包含了不确定网络时延 τ_3 和 τ_4 的指数项 $\mathrm{e}^{-\tau_3 s}$ 和 $\mathrm{e}^{-\tau_4 s}$，时延的存在将恶化控制系统的性能质量，甚至导致系统失去稳定性.

针对图 10.3 所示的 TITO-NCS，其闭环控制回路 1 的传递函数等式(10-1)和式(10-2)的分母中均包含了不确定网络时延 τ_1 和 τ_2 的指数项 $\mathrm{e}^{-\tau_1 s}$ 和 $\mathrm{e}^{-\tau_2 s}$；闭环控制回路 2 的传递函数等式(10-3)和式(10-4)的分母中，均包含了不确定网络时延 τ_3 和 τ_4 的指数项 $\mathrm{e}^{-\tau_3 s}$ 和 $\mathrm{e}^{-\tau_4 s}$.

由于闭环控制回路 1 的输出信号 $y_1(s)$ 不仅受到其输入信号 $x_1(s)$ 的影响，还受到闭环控制回路 2 的输入信号 $x_2(s)$ 的影响；与此同时，闭环控制回路 2 的输出信号 $y_2(s)$ 不仅受到其输入信号 $x_2(s)$ 的影响，也受到闭环控制回路 1 的输入信号 $x_1(s)$ 的影响. 网络时延的存在会降低各自闭环控制回路的控制性能质量并影响各

自闭环控制回路的稳定性，同时将降低整个系统的控制性能质量并影响整个系统的稳定性，严重时将导致整个系统失去稳定性.

为此，本章提出两种免除对各闭环控制回路中，节点与节点之间不确定网络时延的测量、估计或辨识的时延补偿方法，进而降低网络时延 τ_1 和 τ_2 以及 τ_3 和 τ_4 对各自闭环控制回路及整个控制系统控制性能质量与系统稳定性的影响. 当预估模型等于其真实模型时，可实现各自闭环控制回路的特征方程中不包含网络时延的指数项，进而可降低网络时延对系统稳定性的影响，改善系统的动态性能质量，实现对 TITO-NCS 中不确定网络时延的分段、实时、在线和动态的预估补偿与控制.

10.4　方　法　1

现对图 10.3 中的闭环控制回路 1 和控制回路 2 改变如下.

第一步：为了实现满足预估补偿条件时，闭环控制回路 1 的闭环特征方程中不再包含网络时延的指数项，以实现对网络时延 τ_1 和 τ_2 的补偿与控制，在控制器 C 节点中围绕控制器 $C_1(s)$，采用以控制信号 $u_1(s)$和 $u_2(s)$作为输入信号，被控对象预估模型 $G_{11m}(s)$和 $G_{12m}(s)$作为被控过程，控制与过程数据通过网络传输时延预估模型 $e^{-\tau_{1m}s}$ 以及 $e^{-\tau_{2m}s}$，围绕控制器 $C_1(s)$构造一个负反馈预估控制回路和一个正反馈预估控制回路. 与此同时，为了实现满足预估补偿条件时，闭环控制回路 2 的闭环特征方程中不再包含网络时延的指数项，以实现对网络时延 τ_3 和 τ_4 的补偿与控制，在控制器 C 节点中围绕控制器 $C_2(s)$，采用以控制信号 $u_1(s)$和 $u_2(s)$作为输入信号，被控对象预估模型 $G_{22m}(s)$和 $G_{21m}(s)$作为被控过程，控制与过程数据通过网络时延传输预估模型 $e^{-\tau_{3m}s}$ 以及 $e^{-\tau_{4m}s}$，围绕控制器 $C_2(s)$构造一个负反馈预估控制回路和一个正反馈预估控制回路. 实施第一步之后，图 10.3 变成图 10.4 所示的结构.

第二步：针对实际 TITO-NCS 中，难以获取网络时延准确值的问题，在图 10.4 中要实现对控制回路 1 中网络时延的补偿与控制，除了要满足被控对象预估模型等于其真实模型的条件外，还必须满足不确定网络时延预估模型 $e^{-\tau_{1m}s}$ 以及 $e^{-\tau_{2m}s}$ 要等于其真实模型 $e^{-\tau_1 s}$以及 $e^{-\tau_2 s}$的条件. 为此，从传感器 S_1 节点到控制器 C 节点之间，以及从控制器 C 节点到执行器 A_1 节点之间，采用以真实的网络数据传输过程 $e^{-\tau_2 s}$以及 $e^{-\tau_1 s}$代替其间网络时延的预估补偿模型 $e^{-\tau_{2m}s}$ 以及 $e^{-\tau_{1m}s}$，无论被控对象的预估模型是否等于其真实模型，都可以从系统结构上实现不包含其间网络时延的预估补偿模型，从而免除对闭环控制回路 1 中，节点与节点之间不确定网络时延 τ_1 和 τ_2 的测量、估计或辨识.

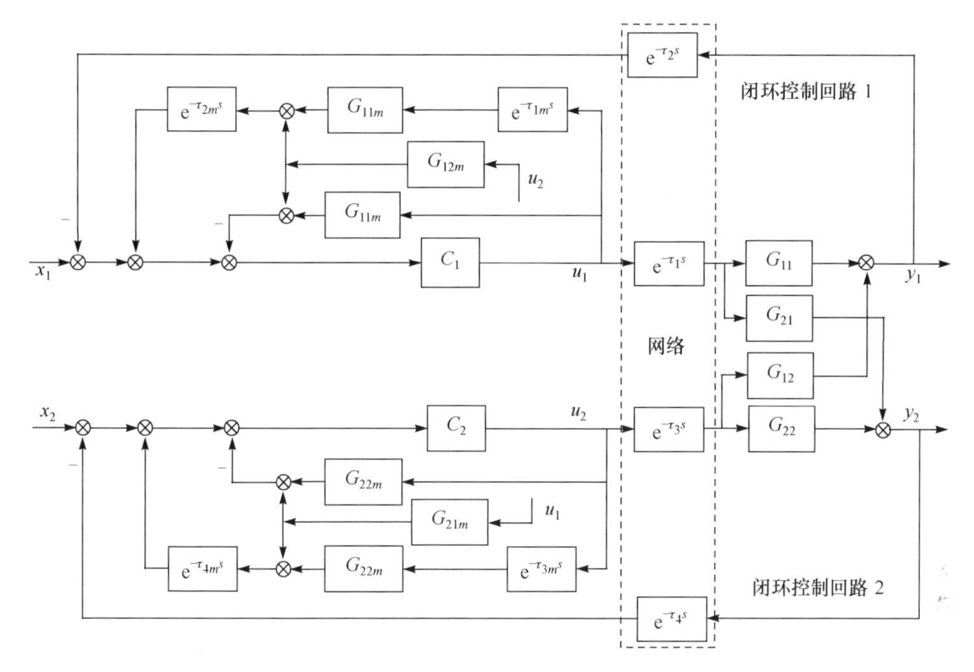

图 10.4　一种包含预估时延模型和预估被控对象模型的 TITO-NCS

与此同时，在图 10.4 中要实现对控制回路 2 中网络时延的补偿与控制，除了要满足被控对象预估模型等于其真实模型的条件外，还必须满足不确定网络时延预估模型 $e^{-\tau_{3m}s}$ 以及 $e^{-\tau_{4m}s}$ 要等于其真实模型 $e^{-\tau_3 s}$ 以及 $e^{-\tau_4 s}$ 的条件. 为此，从传感器 S_2 节点到控制器 C 节点之间，以及从控制器 C 节点到执行器 A_2 节点之间，采用以真实的网络数据传输过程 $e^{-\tau_4 s}$ 以及 $e^{-\tau_3 s}$ 代替其间网络时延的预估补偿模型 $e^{-\tau_{4m}s}$ 以及 $e^{-\tau_{3m}s}$，无论被控对象的预估模型是否等于其真实模型，都可以从系统结构上实现不包含其间网络时延的预估补偿模型，从而免除对闭环控制回路 2 中，节点与节点之间不确定网络时延 τ_3 和 τ_4 的测量、估计或辨识.

实施第二步之后，图 10.4 变成图 10.5 所示的结构.

现对图 10.5 中的闭环控制回路 1 分析如下：

(1) 从输入信号 $x_1(s)$ 到输出信号 $y_1(s)$ 之间的闭环传递函数为

$$\frac{y_1(s)}{x_1(s)}=\frac{C_1(s)e^{-\tau_1 s}G_{11}(s)}{1+C_1(s)G_{11m}(s)+C_1(s)e^{-\tau_1 s}(G_{11}(s)-G_{11m}(s))e^{-\tau_2 s}} \tag{10-5}$$

式中，$G_{11m}(s)$ 是被控对象 $G_{11}(s)$ 的预估模型.

(2) 来自闭环控制回路 2 控制器 C 节点中的控制信号 $u_2(s)$，在控制器 C 节点中通过被控对象交叉通道传递函数预估模型 $G_{12m}(s)$ 作用于闭环控制回路 1；来自闭环控制回路 2 的执行器 A_2 节点的输出信号 $u_2(s)$，同时通过被控对象交叉通道

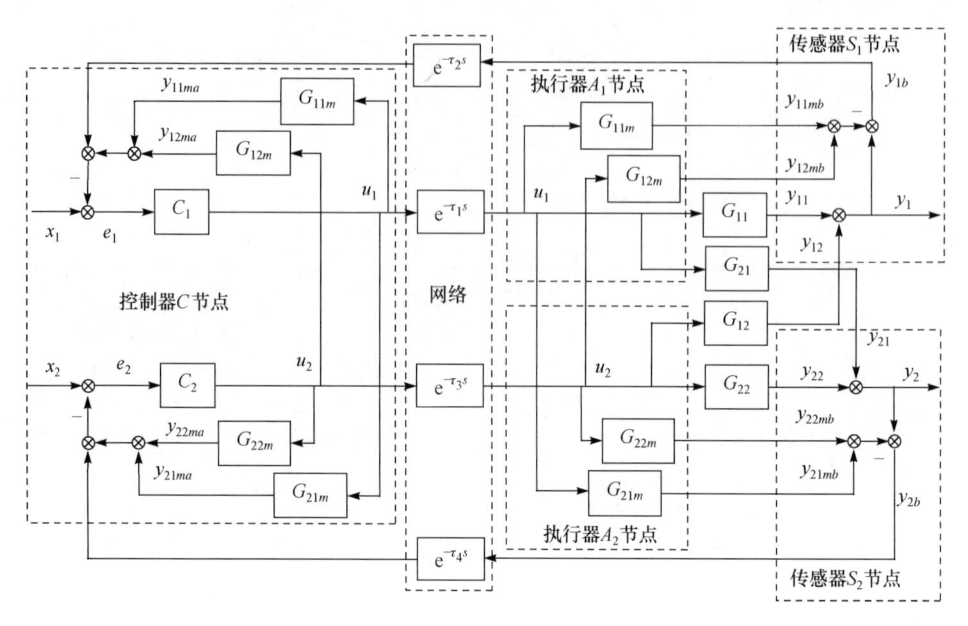

图 10.5　基于 TITO-NCS 的时延补偿方法 1

传递函数 $G_{12}(s)$和其预估模型 $G_{12m}(s)$作用于闭环控制回路 1. 从输入信号 $u_2(s)$到输出信号 $y_1(s)$之间的闭环传递函数为

$$\frac{y_1(s)}{u_2(s)}=\frac{G_{12}(s)(1+C_1(s)G_{11m}(s))+C_1(s)\mathrm{e}^{-\tau_1 s}(G_{11}(s)G_{12m}(s)-G_{11m}(s)G_{12}(s))\mathrm{e}^{-\tau_2 s}}{1+C_1(s)G_{11m}(s)+C_1(s)\mathrm{e}^{-\tau_1 s}(G_{11}(s)-G_{11m}(s))\mathrm{e}^{-\tau_2 s}}$$
$$-\frac{G_{12m}(s)C_1(s)\mathrm{e}^{-\tau_1 s}G_{11}(s)}{1+C_1(s)G_{11m}(s)+C_1(s)\mathrm{e}^{-\tau_1 s}(G_{11}(s)-G_{11m}(s))\mathrm{e}^{-\tau_2 s}} \tag{10-6}$$

采用方法 1，当被控对象预估模型等于其真实模型，即当 $G_{11m}(s)=G_{11}(s)$、$G_{12m}(s)=G_{12}(s)$时，控制回路 1 的闭环特征方程将由 $1+C_1(s)G_{11m}(s)+C_1(s)\mathrm{e}^{-\tau_1 s}(G_{11}(s)-G_{11m}(s))\mathrm{e}^{-\tau_2 s}=0$ 变成 $1+C_1(s)G_{11}(s)=0$，其闭环特征方程中不再包含影响系统稳定性的网络时延 τ_1 和 τ_2 的指数项 $\mathrm{e}^{-\tau_1 s}$和 $\mathrm{e}^{-\tau_2 s}$，从而可降低网络时延对系统稳定性的影响，改善系统的动态控制性能质量，实现对不确定网络时延的动态补偿与控制.

接着对图 10.5 中的闭环控制回路 2 进行分析：

(1) 从输入信号 $x_2(s)$到输出信号 $y_2(s)$之间的闭环传递函数为

$$\frac{y_2(s)}{x_2(s)}=\frac{C_2(s)\mathrm{e}^{-\tau_3 s}G_{22}(s)}{1+C_2(s)G_{22m}(s)+C_2(s)\mathrm{e}^{-\tau_3 s}(G_{22}(s)-G_{22m}(s))\mathrm{e}^{-\tau_4 s}} \tag{10-7}$$

式中，$G_{22m}(s)$是被控对象 $G_{22}(s)$的预估模型.

(2) 来自闭环控制回路 1 控制器 C 节点中的控制信号 $u_1(s)$，在控制器 C 节点中通过被控对象交叉通道传递函数的预估模型 $G_{21m}(s)$ 作用于闭环控制回路 2；来自闭环控制回路 1 的执行器 A_1 节点的输出信号 $u_1(s)$，同时通过被控对象交叉通道传递函数 $G_{21}(s)$ 和其预估模型 $G_{21m}(s)$ 作用于闭环控制回路 2. 从输入信号 $u_1(s)$ 到输出信号 $y_2(s)$ 之间的闭环传递函数为

$$\frac{y_2(s)}{u_1(s)}=\frac{G_{21}(s)(1+C_2(s)G_{22m}(s))+C_2(s)\mathrm{e}^{-\tau_3 s}(G_{22}(s)G_{21m}(s)-G_{22m}(s)G_{21}(s))\mathrm{e}^{-\tau_4 s}}{1+C_2(s)G_{22m}(s)+C_2(s)\mathrm{e}^{-\tau_3 s}(G_{22}(s)-G_{22m}(s))\mathrm{e}^{-\tau_4 s}}$$
$$-\frac{G_{21m}(s)C_2(s)\mathrm{e}^{-\tau_3 s}G_{22}(s)}{1+C_2(s)G_{22m}(s)+C_2(s)\mathrm{e}^{-\tau_3 s}(G_{22}(s)-G_{22m}(s))\mathrm{e}^{-\tau_4 s}} \tag{10-8}$$

采用方法 1，当被控对象预估模型等于其真实模型，即 $G_{22m}(s)=G_{22}(s)$、$G_{21m}(s)=G_{21}(s)$ 时，控制回路 2 的闭环特征方程将由 $1+C_2(s)G_{22m}(s)+C_2(s)\mathrm{e}^{-\tau_3 s}(G_{22}(s)-G_{22m}(s))\mathrm{e}^{-\tau_4 s}=0$ 变成 $1+C_2(s)G_{22}(s)=0$，其闭环特征方程中不再包含影响系统稳定性的网络时延 τ_3 和 τ_4 的指数项 $\mathrm{e}^{-\tau_3 s}$ 和 $\mathrm{e}^{-\tau_4 s}$，从而可降低网络时延对系统稳定性的影响，改善系统的动态控制性能质量，实现对不确定网络时延的动态预估补偿与控制.

方法 1 适用于被控对象预估模型等于其真实模型的一种 TITO-NCS 不确定网络时延的补偿与控制，其研究思路与方法同样适用于被控对象预估模型等于其真实模型的两个以上输入和两个以上输出所构成的 MIMO-NCS 不确定网络时延的补偿与控制.

10.5　方　法　2

现对图 10.3 中的闭环控制回路 1 和控制回路 2 改变如下.

第一步：为了实现满足预估补偿条件时，闭环控制回路 1 的闭环特征方程不再包含网络时延的指数项，以实现对网络时延 τ_1 和 τ_2 的补偿与控制，围绕被控对象 $G_{11}(s)$，以闭环控制回路 1 的输出 $y_1(s)$ 作为输入信号，将 $y_1(s)$ 通过预估控制器 $C_{1m}(s)$ 构造一个负反馈预估控制回路；同时将 $y_1(s)$ 通过网络传输时延预估模型 $\mathrm{e}^{-\tau_{2m}s}$ 和预估控制器 $C_{1m}(s)$ 以及网络传输时延预估模型 $\mathrm{e}^{-\tau_{1m}s}$ 构造一个正反馈预估控制回路.

与此同时，为了实现满足预估补偿条件时，闭环控制回路 2 的闭环特征方程不再包含网络时延指数项，以实现对网络时延 τ_3 和 τ_4 的补偿与控制，围绕被控对象 $G_{22}(s)$，以闭环控制回路 2 的输出 $y_2(s)$ 作为输入信号，将 $y_2(s)$ 通过预估控制器 $C_{2m}(s)$ 构造一个负反馈预估控制回路；同时将 $y_2(s)$ 通过网络传输时延预估模型 $\mathrm{e}^{-\tau_{4m}s}$ 和预估控制器 $C_{2m}(s)$ 以及网络传输时延预估模型 $\mathrm{e}^{-\tau_{3m}s}$ 构造一个正反馈预估控制回路.

实施第一步之后，图 10.3 变成图 10.6 所示的结构.

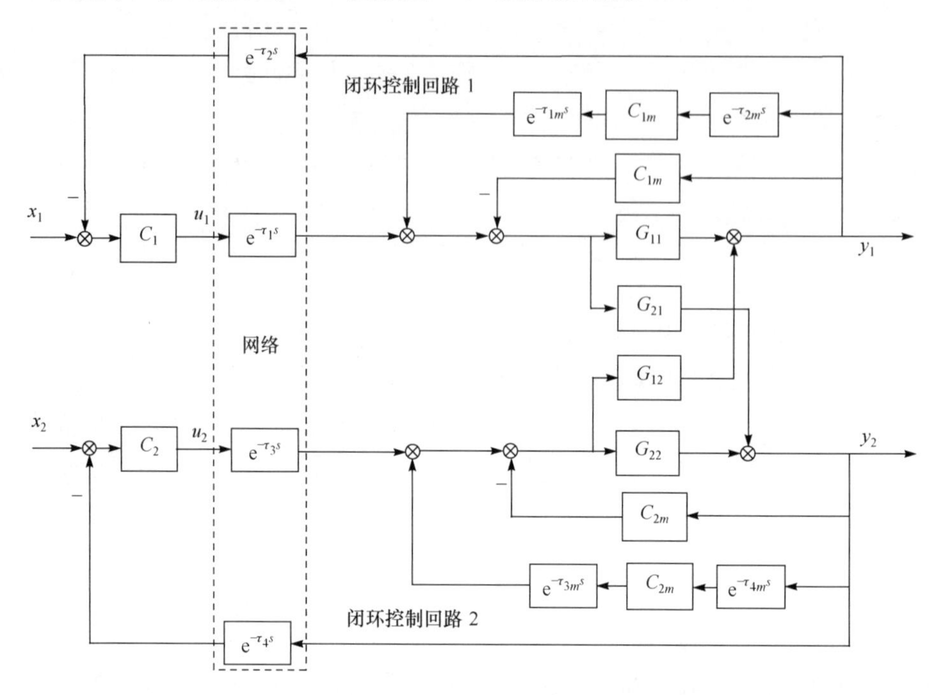

图 10.6 一种包含预估时延模型和预估控制器模型的 TITO-NCS 时延补偿结构

第二步：针对实际 TITO-NCS 中，难以获取网络时延准确值的问题，在图 10.6 中要实现对网络时延的补偿与控制，必须满足网络时延预估模型 $e^{-\tau_{1m}s}$ 和 $e^{-\tau_{2m}s}$ 等于其真实模型 $e^{-\tau_1 s}$ 和 $e^{-\tau_2 s}$ 的条件，以及满足预估控制器 $C_{1m}(s)$ 等于其真实控制器 $C_1(s)$ 的条件(由于控制器 $C_1(s)$ 是人为设计与选择的，自然满足 $C_{1m}(s)=C_1(s)$). 为此，从传感器 S_1 节点到控制器 C 节点之间，以及从控制器 C 节点到执行器 A_1 节点之间，采用真实的网络数据传输过程 $e^{-\tau_2 s}$ 以及 $e^{-\tau_1 s}$ 代替其间网络时延的预估补偿模型 $e^{-\tau_{2m}s}$ 以及 $e^{-\tau_{1m}s}$.

与此同时，在图 10.6 中要实现对网络时延的补偿与控制，还必须满足网络时延预估模型 $e^{-\tau_{3m}s}$ 和 $e^{-\tau_{4m}s}$ 等于其真实模型 $e^{-\tau_3 s}$ 和 $e^{-\tau_4 s}$ 的条件，以及满足预估控制器 $C_{2m}(s)$ 等于其真实控制器 $C_2(s)$ 的条件(由于控制器 $C_2(s)$ 是人为设计与选择的，自然满足 $C_{2m}(s)=C_2(s)$). 为此，从传感器 S_2 节点到控制器 C 节点之间，以及从控制器 C 节点到执行器 A_2 节点之间，采用真实的网络数据传输过程 $e^{-\tau_4 s}$ 和 $e^{-\tau_3 s}$ 代替其间网络时延的预估补偿模型 $e^{-\tau_{4m}s}$ 和 $e^{-\tau_{3m}s}$.

实施第二步之后，图 10.6 变成图 10.7 所示的结构.

第三步：将图 10.7 中的控制器 $C_1(s)$，按传递函数等价变换规则进一步化简，得到图 10.8 所示的实施方法 2 的网络时延补偿结构. 从结构上实现系统不包含其

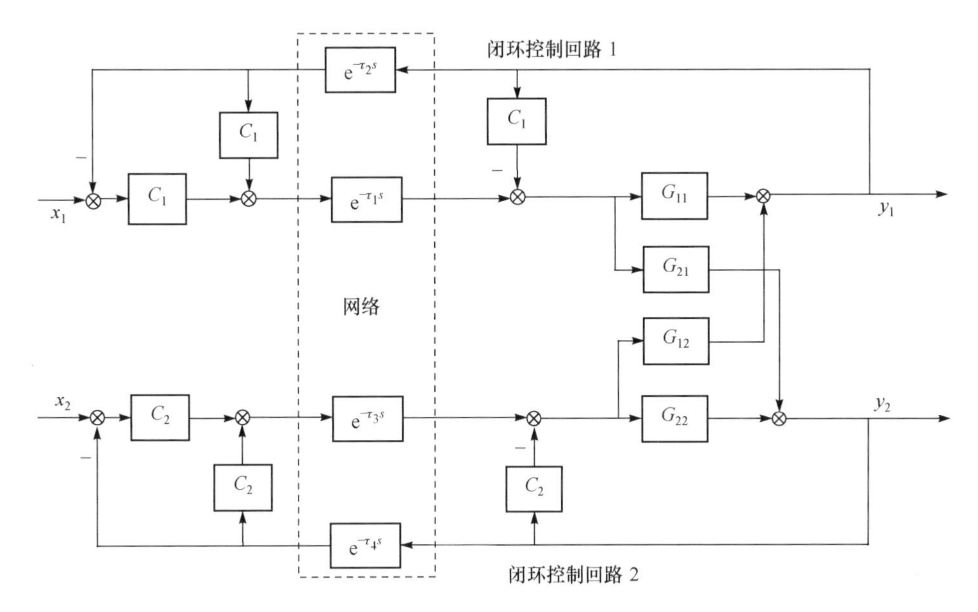

图 10.7　用真实模型代替预估模型的 TITO-NCS 时延补偿结构

间网络时延的预估补偿模型，从而免除对闭环控制回路 1 中，节点与节点之间网络时延 τ_1 和 τ_2 的测量、估计或辨识，可实现对网络时延 τ_1 和 τ_2 的补偿与控制.

与此同时，将图 10.7 中的控制器 $C_2(s)$，按传递函数等价变换规则进一步化简，得到如图 10.8 所示的实施方法 2 的网络时延补偿结构. 从结构上实现系统不包含其间网络时延的预估补偿模型，从而免除对闭环控制回路 2 中，节点与节点之间网络时延 τ_3 和 τ_4 的测量、估计或辨识，可实现对网络时延 τ_3 和 τ_4 的补偿与控制.

在此需要特别说明的是，在图 10.8 的控制器 C 节点中，出现了闭环控制回路 1 和 2 的给定信号 $x_1(s)$ 和 $x_2(s)$，分别与各自回路的反馈信号 $y_1(s)$ 和 $y_2(s)$ 实施先"减"后"加"，或先"加"后"减"的运算规则，即 $y_1(s)$ 和 $y_2(s)$ 信号同时经过正反馈和负反馈连接到控制器 C 节点中.

(1) 这是由于将图 10.7 中的控制器 $C_1(s)$ 和 $C_2(s)$ 按照传递函数等价变换规则进一步化简得到图 10.8 所示的结果，并非人为设置.

(2) 由于网络控制系统的节点几乎都是智能节点，不仅具有通信与运算功能，还具有存储与控制功能，在节点中对同一个信号进行先"减"后"加"，或先"加"后"减"，这在运算法则上不会有什么不符合规则之处.

(3) 在节点中对同一个信号进行"加"与"减"运算其结果值为"零"，这个"零"值，并不表明在该节点中信号 $y_1(s)$ 和 $y_2(s)$ 就不存在，或没有得到 $y_1(s)$ 和 $y_2(s)$ 信号，或信号没有被储存；或因"相互抵消"导致"零"信号值就变成不存在，或没有意义.

(4) 控制器 C 节点的触发就来自信号 $y_1(s)$或者 $y_2(s)$的驱动，如果控制器 C 节点没有接收到来自反馈网络通路传输过来的信号 $y_1(s)$或者 $y_2(s)$，则处于事件驱动工作方式的控制器 C 节点将不会被触发.

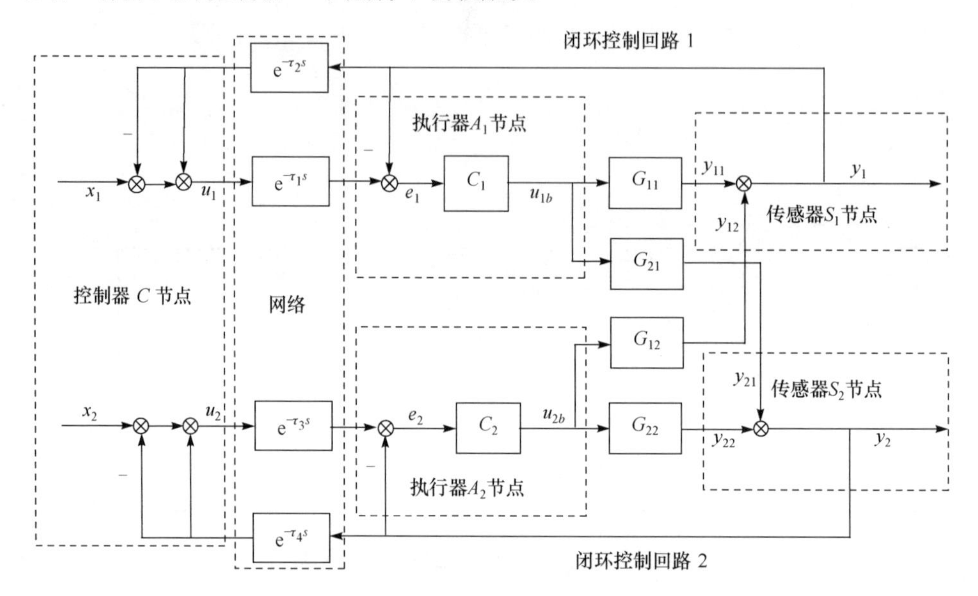

图 10.8　基于 TITO-NCS 的时延补偿方法 2

现对图 10.8 中的闭环控制回路 1 进行分析：

(1) 从输入信号 $x_1(s)$到输出信号 $y_1(s)$之间的闭环传递函数为

$$\frac{y_1(s)}{x_1(s)}=\frac{e^{-\tau_1 s}C_1(s)G_{11}(s)}{1+C_1(s)G_{11}(s)} \tag{10-9}$$

(2) 来自闭环控制回路 2 执行器 A_2 节点的输出信号 $u_{2b}(s)$，通过被控对象交叉通路传递函数 $G_{12}(s)$作用于闭环控制回路 1，从输入信号 $u_{2b}(s)$到输出信号 $y_1(s)$之间的闭环传递函数为

$$\frac{y_1(s)}{u_{2b}(s)}=\frac{G_{12}(s)}{1+C_1(s)G_{11}(s)} \tag{10-10}$$

采用方法 2，式(10-9)和式(10-10)的分母为 $1+C_1(s)G_{11}(s)$，即控制回路 1 的闭环特征方程为 $1+C_1(s)G_{11}(s)=0$，其闭环特征方程中不再包含影响系统稳定性的网络时延 τ_1 和 τ_2 的指数项 $e^{-\tau_1 s}$和 $e^{-\tau_2 s}$，从而可降低网络时延对系统稳定性的影响，改善系统的动态控制性能质量，实现对网络时延的动态补偿与控制.

接着对图 10.8 中的闭环控制回路 2 进行分析：

(1) 从输入信号 $x_2(s)$到输出信号 $y_2(s)$之间的闭环传递函数为

$$\frac{y_2(s)}{x_2(s)}=\frac{e^{-\tau_3 s}C_2(s)G_{22}(s)}{1+C_2(s)G_{22}(s)} \tag{10-11}$$

(2) 来自闭环控制回路 1 执行器 A_1 节点的输出信号 $u_{1b}(s)$，通过被控对象交叉通路传递函数 $G_{21}(s)$作用于闭环控制回路 2，从输入信号 $u_{1b}(s)$到输出信号 $y_2(s)$之间的闭环传递函数为

$$\frac{y_2(s)}{u_{1b}(s)}=\frac{G_{21}(s)}{1+C_2(s)G_{22}(s)} \tag{10-12}$$

采用方法 2，式(10-11)和式(10-12)的分母为 $1+C_2(s)G_{22}(s)$，即控制回路 2 的闭环特征方程为 $1+C_2(s)G_{22}(s)=0$，其闭环特征方程中不再包含影响系统稳定性的网络时延 τ_3 和 τ_4 的指数项 $e^{-\tau_3 s}$和 $e^{-\tau_4 s}$，从而可降低网络时延对系统稳定性的影响，改善系统的动态控制性能质量，实现对网络时延的动态预估补偿与控制.

方法 2 适用于被控对象模型已知或未确知的一种 TITO-NCS 网络时延的补偿与控制，其研究思路与方法同样适用于被控对象模型已知或未确知的两个以上输入和输出所构成的 MIMO-NCS 网络时延的补偿与控制.

10.6　方法特点

方法 1 和方法 2 具有如下特点：

(1) 从系统结构上实现，免除对 TITO-NCS 中，网络时延的测量、观测、估计或辨识，同时还可免除节点时钟信号同步的要求，进而可避免时延估计模型不准确造成的估计误差，避免对时延辨识所需耗费节点存储资源的浪费，同时可避免由于时延造成的“空采样”或“多采样”带来的补偿误差.

(2) 从 TITO-NCS 结构上实现，与具体的网络通信协议的选择无关，因此既适用于采用有线网络协议的 TITO-NCS，也适用于采用无线网络协议的 TITO-NCS；既适用于确定性网络协议，也适用于非确定性网络协议；既适用于异构网络构成的 TITO-NCS，也适用于异质网络构成的 TITO-NCS.

(3) 从 TITO-NCS 的结构上实现，与具体控制器的控制策略的选择无关，因此既可用于采用常规控制的 TITO-NCS，也可用于采用智能控制或采用复杂控制策略的 TITO-NCS.

(4) 采用的是“软件”改变 TITO-NCS 结构的补偿与控制方法，因此在其实现过程中无须再增加任何硬件设备，利用现有 TITO-NCS 中智能节点自带的软件资源，足以实现其补偿功能，可节省硬件投资，便于推广和应用.

10.7 本章小结

本章首先简要介绍了 MIMO-NCS 的研究状况，然后重点分析了一种 TITO-NCS 存在的问题，并提出从结构上解决网络时延的基本思路与两种时延补偿方法，最后说明了两种时延补偿方法的特点及其适用范围.

第 11 章 TITO-NDCS 结构(1)时延补偿方法

11.1 引 言

本章主要研究 MIMO-NDCS 的时延补偿方法. 为了便于分析, 以一种 TITO-NDCS 结构(1)为例, 研究并提出两种时延补偿方法. 其研究范围涉及自动控制、网络通信与计算机等技术的交叉领域, 尤其涉及带宽资源有限的 MIMO-NDCS 技术领域.

11.2 MIMO-NDCS 结构Ⅰ简介

目前, 国内外关于 NCS 的研究, 主要是针对 SISO-NCS, 针对实际工业过程中普遍存在的至少包含两个输入与两个输出的控制系统所构成的 MIMO-NCS 的研究则相对较少, 尤其是针对输入与输出信号之间, 存在耦合作用需要通过解耦处理的 MIMO-NDCS 时延补偿的研究成果则相对更少.

一种 MIMO-NDCS 的典型结构Ⅰ如图 11.1 所示.

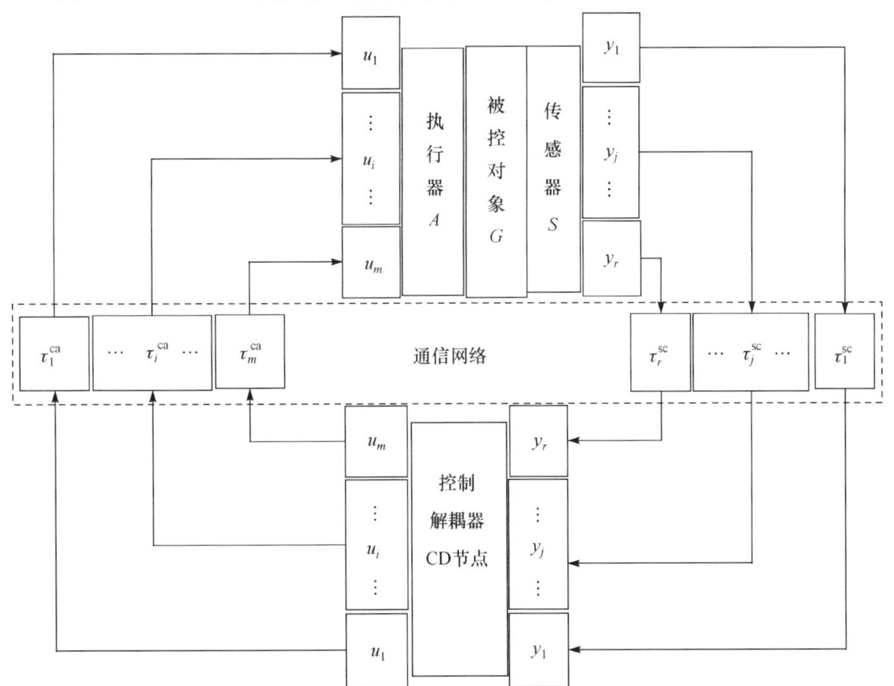

图 11.1 一种 MIMO-NDCS 的典型结构Ⅰ

图 11.1 中,系统由 r 个传感器 S 节点,控制解耦器 CD 节点,m 个执行器 A 节点,被控对象 G,m 个前向网络通路传输时延 $\tau_i^{ca}(i=1,2,\cdots,m)$ 单元,以及 r 个反馈网络通路传输时延 $\tau_j^{sc}(j=1,2,\cdots,r)$ 单元组成.

图 11.1 中,$y_j(s)$ 表示系统的第 j 个输出信号,$u_i(s)$ 表示系统的第 i 个控制信号,τ_i^{ca} 表示将控制解耦信号 $u_i(s)$ 从控制解耦器 CD 节点向第 i 个执行器 A 节点传输所经历的前向网络通路传输时延,τ_j^{sc} 表示将系统的第 j 个传感器 S 节点的检测信号 $y_j(s)$ 向控制解耦器 CD 节点传输所经历的反馈网络通路传输时延.

11.3　TITO-NDCS 结构(1)存在的问题

针对 MIMO-NDCS 结构 Ⅰ 中的 TITO-NDCS 结构(1)如图 11.2 所示.

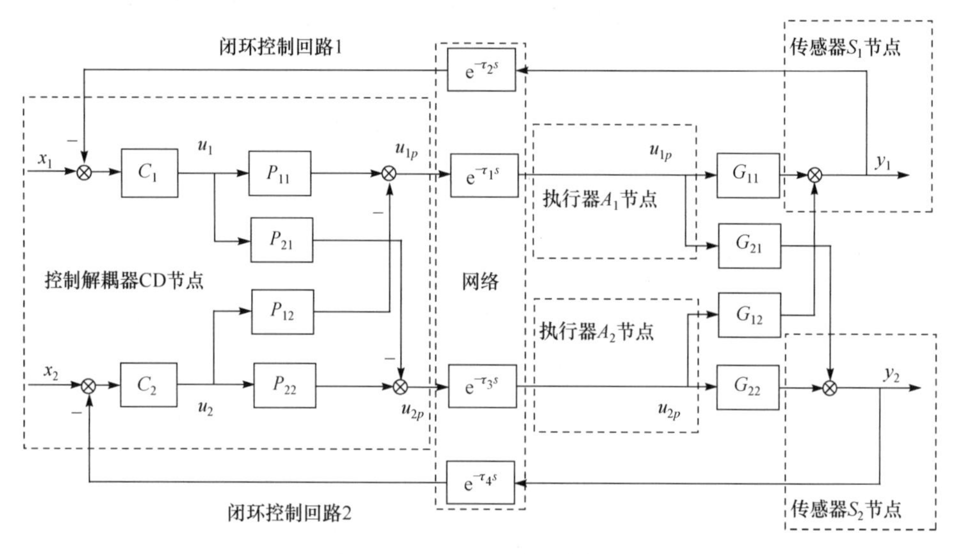

图 11.2　TITO-NDCS 结构(1)

图 11.2 中,系统由闭环控制回路 1 和 2 构成. 系统由传感器 S_1 和 S_2 节点、控制解耦器 CD 节点、执行器 A_1 和 A_2 节点、被控对象传递函数 $G_{11}(s)$ 和 $G_{22}(s)$ 以及被控对象交叉通道传递函数 $G_{21}(s)$ 和 $G_{12}(s)$、解耦通道传递函数 $P_{11}(s)$ 和 $P_{22}(s)$ 以及交叉解耦通道传递函数 $P_{21}(s)$ 和 $P_{12}(s)$、前向网络通路传输单元 $e^{-\tau_1 s}$ 和 $e^{-\tau_3 s}$ 以及反馈网络通路传输单元 $e^{-\tau_2 s}$ 和 $e^{-\tau_4 s}$ 组成.

图 11.2 中,$x_1(s)$ 和 $x_2(s)$ 表示系统输入信号,$y_1(s)$ 和 $y_2(s)$ 表示系统输出信号,$C_1(s)$ 和 $C_2(s)$ 表示控制回路 1 和 2 的控制器,$u_1(s)$ 和 $u_2(s)$ 表示控制信号,$u_{1p}(s)$ 和 $u_{2p}(s)$ 表示控制解耦信号,τ_1 和 τ_3 表示将 $u_{1p}(s)$ 和 $u_{2p}(s)$ 从控制解耦器 CD 节点向执行器 A_1 和 A_2 节点传输经历的前向网络通路传输时延,τ_2 和 τ_4 表示

将传感器 S_1 和 S_2 节点的检测信号 $y_1(s)$和 $y_2(s)$向控制解耦器 CD 节点传输经历的反馈网络通路传输时延.

现对图 11.2 中的闭环控制回路 1 分析如下:

(1) 从输入信号 $x_1(s)$到输出信号 $y_1(s)$之间的闭环传递函数为

$$\frac{y_1(s)}{x_1(s)}=\frac{C_1(s)P_{11}(s)\mathrm{e}^{-\tau_1 s}G_{11}(s)}{1+C_1(s)P_{11}(s)\mathrm{e}^{-\tau_1 s}G_{11}(s)\mathrm{e}^{-\tau_2 s}} \tag{11-1}$$

式中,$C_1(s)$是控制单元;$G_{11}(s)$是被控对象;$P_{11}(s)$是解耦通道传递函数;τ_1 表示将控制解耦器 CD 节点输出信号 $u_{1p}(s)$经前向网络通路传输到执行器 A_1 节点所经历的随机网络时延;τ_2 表示将输出信号 $y_1(s)$从传感器 S_1 节点经反馈网络通路传输到控制解耦器 CD 节点所经历的随机网络时延.

(2) 来自闭环控制回路 2 中 $C_2(s)$控制单元的输出信号 $u_2(s)$,通过交叉解耦通道传递函数 $P_{12}(s)$作用于闭环控制回路 1,从输入信号 $u_2(s)$到输出信号 $y_1(s)$之间的闭环传递函数为

$$\frac{y_1(s)}{u_2(s)}=\frac{-P_{12}(s)\mathrm{e}^{-\tau_1 s}G_{11}(s)}{1+C_1(s)P_{11}(s)\mathrm{e}^{-\tau_1 s}G_{11}(s)\mathrm{e}^{-\tau_2 s}} \tag{11-2}$$

(3) 来自闭环控制回路 2 中执行器 A_2 节点的输出信号 $u_{2p}(s)$,通过被控对象交叉通道传递函数 $G_{12}(s)$影响闭环控制回路 1 的输出信号 $y_1(s)$,从输入信号 $u_{2p}(s)$到输出信号 $y_1(s)$之间的闭环传递函数为

$$\frac{y_1(s)}{u_{2p}(s)}=\frac{G_{12}(s)}{1+C_1(s)P_{11}(s)\mathrm{e}^{-\tau_1 s}G_{11}(s)\mathrm{e}^{-\tau_2 s}} \tag{11-3}$$

式(11-1)～式(11-3)的分母 $1+C_1(s)P_{11}(s)\mathrm{e}^{-\tau_1 s}G_{11}(s)\mathrm{e}^{-\tau_2 s}$中,包含了随机网络时延 τ_1 和 τ_2 的指数项 $\mathrm{e}^{-\tau_1 s}$和 $\mathrm{e}^{-\tau_2 s}$,时延的存在将恶化控制系统的性能质量,甚至导致系统失去稳定性.

接着对图 11.2 中的闭环控制回路 2 进行分析:

(1) 从输入信号 $x_2(s)$到输出信号 $y_2(s)$之间的闭环传递函数为

$$\frac{y_2(s)}{x_2(s)}=\frac{C_2(s)P_{22}(s)\mathrm{e}^{-\tau_3 s}G_{22}(s)}{1+C_2(s)P_{22}(s)\mathrm{e}^{-\tau_3 s}G_{22}(s)\mathrm{e}^{-\tau_4 s}} \tag{11-4}$$

式中,$C_2(s)$是控制单元;$G_{22}(s)$是被控对象;$P_{22}(s)$是解耦通道传递函数;τ_3 表示将控制解耦器 CD 节点输出信号 $u_{2p}(s)$经前向网络通路传输到执行器 A_2 节点所经历的随机网络时延;τ_4 表示将输出信号 $y_2(s)$从传感器 S_2 节点经反馈网络通路传输到控制解耦器 CD 节点所经历的随机网络时延.

(2) 来自闭环控制回路 1 中 $C_1(s)$控制单元的输出信号 $u_1(s)$,通过交叉解耦通道传递函数 $P_{21}(s)$作用于闭环控制回路 2,从输入信号 $u_1(s)$到输出信号 $y_2(s)$之间的闭环传递函数为

$$\frac{y_2(s)}{u_1(s)}=\frac{-P_{21}(s)\mathrm{e}^{-\tau_3 s}G_{22}(s)}{1+C_2(s)P_{22}(s)\mathrm{e}^{-\tau_3 s}G_{22}(s)\mathrm{e}^{-\tau_4 s}} \tag{11-5}$$

(3) 来自闭环控制回路 1 执行器 A_1 节点的输出信号 $u_{1p}(s)$,通过被控对象交叉通道传递函数 $G_{21}(s)$影响闭环控制回路 2 的输出信号 $y_2(s)$,从输入信号 $u_{1p}(s)$到输出信号 $y_2(s)$之间的闭环传递函数为

$$\frac{y_2(s)}{u_{1p}(s)}=\frac{G_{21}(s)}{1+C_2(s)P_{22}(s)\mathrm{e}^{-\tau_3 s}G_{22}(s)\mathrm{e}^{-\tau_4 s}} \tag{11-6}$$

式(11-4)～式(11-6)的分母 $1+C_2(s)P_{22}(s)\mathrm{e}^{-\tau_3 s}G_{22}(s)\mathrm{e}^{-\tau_4 s}$中,均包含了随机网络时延 τ_3 和 τ_4 的指数项 $\mathrm{e}^{-\tau_3 s}$和 $\mathrm{e}^{-\tau_4 s}$,时延的存在将恶化控制系统的性能质量,甚至导致系统失去稳定性.

针对图 11.2 的 TITO-NDCS,其闭环控制回路 1 的闭环传递函数等式(11-1)～式(11-3)的分母中,均包含了随机网络时延 τ_1 和 τ_2 的指数项 $\mathrm{e}^{-\tau_1 s}$和 $\mathrm{e}^{-\tau_2 s}$;以及闭环控制回路 2 的闭环传递函数等式(11-4)～式(11-6)的分母中,均包含了随机网络时延 τ_3 和 τ_4 的指数项 $\mathrm{e}^{-\tau_3 s}$和 $\mathrm{e}^{-\tau_4 s}$;时延的存在会降低各自闭环控制回路的控制性能,影响各自闭环控制回路的稳定性,同时将降低整个系统的控制性能质量并影响系统的稳定性.

为此,提出两种免除对各闭环控制回路中,节点与节点之间随机网络时延 τ_1 和 τ_2 以及 τ_3 和 τ_4 的测量、估计或辨识的时延补偿方法. 当预估模型等于其真实模型时,可实现各自闭环控制回路的特征方程中不包含网络时延的指数项,进而可降低网络时延对系统稳定性的影响,改善系统的动态性能质量,实现对 TITO-NDCS 随机网络时延的分段、实时、在线和动态的预估补偿与控制.

11.4 方 法 1

现对图 11.2 中的闭环控制回路 1 和控制回路 2 改变如下.

第一步:为了实现满足预估补偿条件时,闭环控制回路 1 的闭环特征方程中不再包含网络时延的指数项,以实现对网络时延 τ_1 和 τ_2 的补偿与控制,在控制解耦器 CD 节点中围绕控制器 $C_1(s)$和解耦传递函数 $P_{11}(s)$,采用以控制解耦信号 $u_{1p}(s)$和 $u_{2p}(s)$作为输入信号,被控对象预估模型 $G_{11m}(s)$和 $G_{12m}(s)$作为被控过程,控制与过程数据通过网络传输时延预估模型 $\mathrm{e}^{-\tau_{1m}s}$ 以及 $\mathrm{e}^{-\tau_{2m}s}$,围绕控制器 $C_1(s)$和解耦传递函数 $P_{11}(s)$构造一个负反馈预估控制回路和一个正反馈预估控制回路. 与此同时,为了实现满足预估补偿条件时,闭环控制回路 2 的闭环特征方程中不再包含网络时延的指数项,以实现对网络时延 τ_3 和 τ_4 的补偿与控制,在控制解耦器 CD 节点中围绕控制器 $C_2(s)$和解耦传递函数 $P_{22}(s)$,采用以控制解耦信

号 $u_{1p}(s)$和 $u_{2p}(s)$作为输入信号,被控对象预估模型 $G_{22m}(s)$和 $G_{21m}(s)$作为被控过程,控制与过程数据通过网络时延传输预估模型 $e^{-\tau_{3m}s}$ 以及 $e^{-\tau_{4m}s}$,围绕控制器 $C_2(s)$和解耦传递函数 $P_{22}(s)$构造一个负反馈预估控制回路和一个正反馈预估控制回路. 实施第一步之后,图 11.2 变成图 11.3 所示的结构.

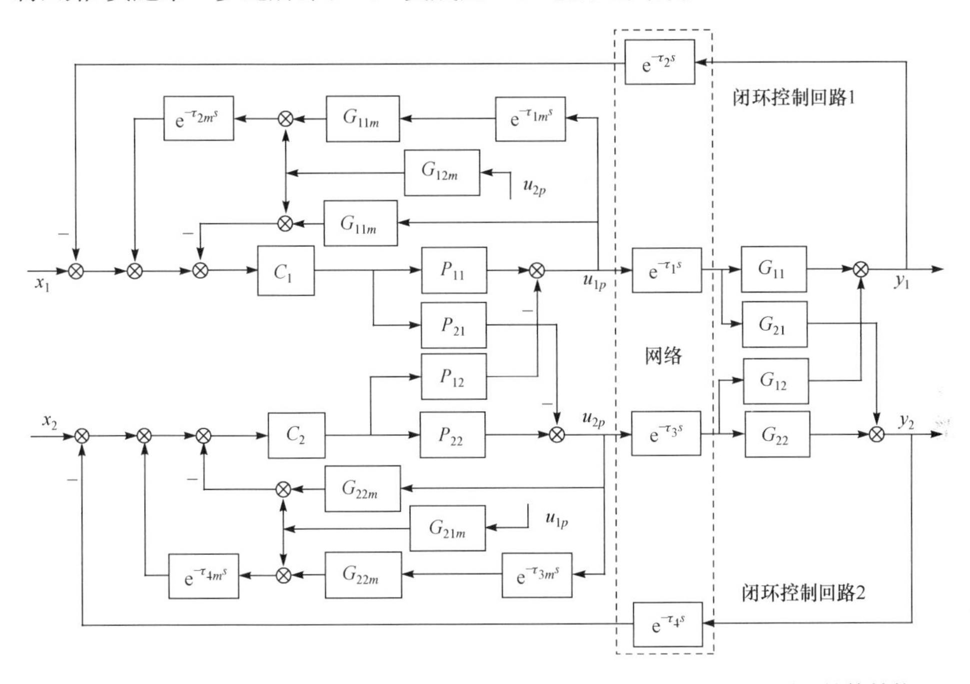

图 11.3　一种包含预估时延模型和预估被控对象模型的 TITO-NDCS 时延补偿结构

第二步:针对实际 TITO-NDCS 中,难以获取网络时延准确值的问题. 在图 11.3 中要实现对网络时延的补偿与控制,除了要满足被控对象预估模型等于其真实模型的条件外,还必须满足随机网络时延预估模型 $e^{-\tau_{1m}s}$ 以及 $e^{-\tau_{2m}s}$ 要等于其真实模型 $e^{-\tau_1 s}$ 以及 $e^{-\tau_2 s}$ 的条件. 为此,从传感器 S_1 节点到控制解耦器 CD 节点之间,以及从控制解耦器 CD 节点到执行器 A_1 节点之间,采用真实的网络数据传输过程 $e^{-\tau_2 s}$ 以及 $e^{-\tau_1 s}$ 代替其间网络时延的预估补偿模型 $e^{-\tau_{2m}s}$ 以及 $e^{-\tau_{1m}s}$,无论被控对象的预估模型是否等于其真实模型,都可以从系统结构上实现不包含其间网络时延的预估补偿模型,从而免除对闭环控制回路 1 中,节点与节点之间随机网络时延 τ_1 和 τ_2 的测量、估计或辨识;当被控对象的预估模型等于其真实模型时,可实现对其随机网络时延 τ_1 和 τ_2 的完全补偿与控制.

与此同时,在图 11.3 中要实现对网络时延的补偿与控制,除了要满足被控对象预估模型等于其真实模型的条件外,还必须要满足随机网络时延预估模型 $e^{-\tau_{3m}s}$ 以及 $e^{-\tau_{4m}s}$ 等于其真实模型的条件. 为此,从传感器 S_2 节点到控制解耦器 CD 节点之间，以及从控制解耦器 CD 节点到执行器 A_2 节点之间，采用真实的网络数据传输过程 $\mathrm{e}^{-\tau_4 s}$ 以及 $\mathrm{e}^{-\tau_3 s}$ 代替其间网络时延的预估补偿模型 $\mathrm{e}^{-\tau_{4m} s}$ 以及 $\mathrm{e}^{-\tau_{3m} s}$，无论被控对象的预估模型是否等于其真实模型，都可以从系统结构上实现不包含其间网络时延的预估补偿模型，从而免除对闭环控制回路 2 中，节点与节点之间随机网络时延 τ_3 和 τ_4 的测量、估计或辨识；当被控对象的预估模型等于其真实模型时，可实现对其随机网络时延 τ_3 和 τ_4 的完全补偿与控制.

实施第二步之后，图 11.3 变成图 11.4 所示的结构.

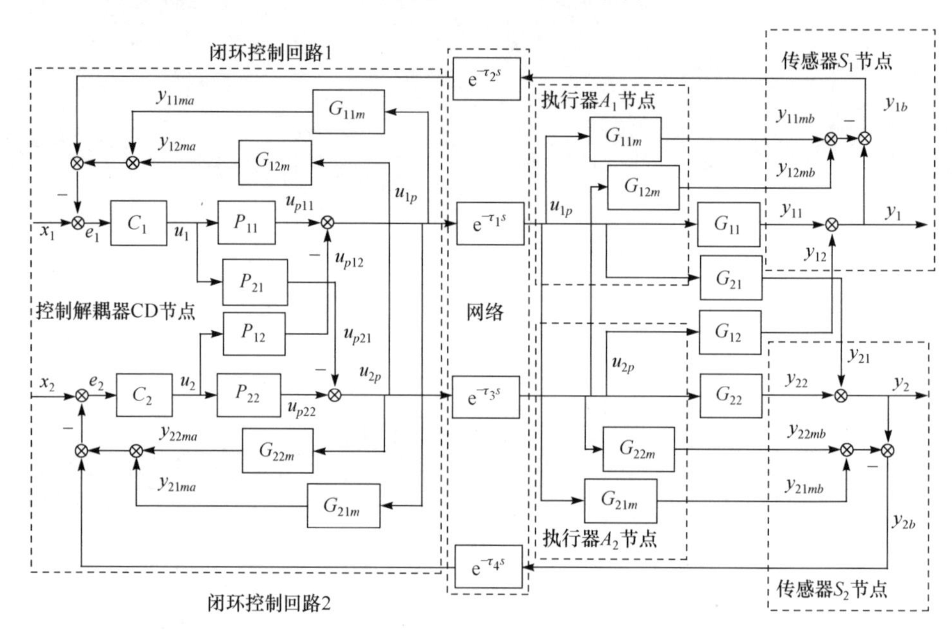

图 11.4　基于 TITO-NDCS 结构(1)的时延补偿方法 1

现对图 11.4 中的闭环控制回路 1 进行分析：

(1) 从输入信号 $x_1(s)$ 到输出信号 $y_1(s)$ 之间的闭环传递函数为

$$\frac{y_1(s)}{x_1(s)}=\frac{C_1(s)P_{11}(s)\mathrm{e}^{-\tau_1 s}G_{11}(s)}{1+C_1(s)P_{11}(s)G_{11m}(s)+C_1(s)P_{11}(s)\mathrm{e}^{-\tau_1 s}(G_{11}(s)-G_{11m}(s))\mathrm{e}^{-\tau_2 s}} \tag{11-7}$$

式中，$G_{11m}(s)$ 是被控对象 $G_{11}(s)$ 的预估模型.

(2) 来自闭环控制回路 2 中 $C_2(s)$ 控制单元的输出信号 $u_2(s)$，通过交叉解耦通道传递函数 $P_{12}(s)$ 作用于闭环控制回路 1，从输入信号 $u_2(s)$ 到输出信号 $y_1(s)$ 之间的闭环传递函数为

$$\frac{y_1(s)}{u_2(s)}=\frac{-P_{12}(s)\mathrm{e}^{-\tau_1 s}G_{11}(s)}{1+C_1(s)P_{11}(s)G_{11m}(s)+C_1(s)P_{11}(s)\mathrm{e}^{-\tau_1 s}(G_{11}(s)-G_{11m}(s))\mathrm{e}^{-\tau_2 s}} \tag{11-8}$$

(3) 来自闭环控制回路 2 中控制解耦器 CD 节点的输出信号 $u_{2p}(s)$，在控制解耦器 CD 中通过被控对象交叉通道传递函数预估模型 $G_{12m}(s)$作用于闭环控制回路 1；来自闭环控制回路 2 执行器 A_2 节点的控制信号 $u_{2p}(s)$，同时通过被控对象交叉通道传递函数 $G_{12}(s)$和其预估模型 $G_{12m}(s)$作用于闭环控制回路 1；从输入信号 $u_{2p}(s)$到输出信号 $y_1(s)$之间的闭环传递函数为

$$\begin{aligned}\frac{y_1(s)}{u_{2p}(s)}=&\frac{G_{12}(s)(1+C_1(s)P_{11}(s)G_{11m}(s))+C_1(s)P_{11}(s)\mathrm{e}^{-\tau_1 s}(G_{11}(s)G_{12m}(s)-G_{11m}(s)G_{12}(s))\mathrm{e}^{-\tau_2 s}}{1+C_1(s)P_{11}(s)G_{11m}(s)+C_1(s)P_{11}(s)\mathrm{e}^{-\tau_1 s}(G_{11}(s)-G_{11m}(s))\mathrm{e}^{-\tau_2 s}}\\&+\frac{-G_{12m}(s)C_1(s)P_{11}(s)\mathrm{e}^{-\tau_1 s}G_{11}(s)}{1+C_1(s)P_{11}(s)G_{11m}(s)+C_1(s)P_{11}(s)\mathrm{e}^{-\tau_1 s}(G_{11}(s)-G_{11m}(s))\mathrm{e}^{-\tau_2 s}}\end{aligned} \tag{11-9}$$

采用方法 1，当被控对象预估模型等于其真实模型，即当 $G_{11m}(s)=G_{11}(s)$、$G_{12m}(s)=G_{12}(s)$时，闭环控制回路 1 的闭环特征方程将由 $1+C_1(s)P_{11}(s)G_{11m}(s)+C_1(s)P_{11}(s)\mathrm{e}^{-\tau_1 s}(G_{11}(s)-G_{11m}(s))\mathrm{e}^{-\tau_2 s}=0$ 变成 $1+C_1(s)P_{11}(s)G_{11}(s)=0$，其闭环特征方程中不再包含影响系统稳定性的网络时延 τ_1 和 τ_2 的指数项 $\mathrm{e}^{-\tau_1 s}$和 $\mathrm{e}^{-\tau_2 s}$，从而可降低网络时延对系统稳定性的影响，改善系统的动态控制性能质量，实现对随机网络时延的动态补偿与控制.

接着对图 11.4 中的闭环控制回路 2 进行分析.

(1) 从输入信号 $x_2(s)$到输出信号 $y_2(s)$之间的闭环传递函数为

$$\frac{y_2(s)}{x_2(s)}=\frac{C_2(s)P_{22}(s)\mathrm{e}^{-\tau_3 s}G_{22}(s)}{1+C_2(s)P_{22}(s)G_{22m}(s)+C_2(s)P_{22}(s)\mathrm{e}^{-\tau_3 s}(G_{22}(s)-G_{22m}(s))\mathrm{e}^{-\tau_4 s}} \tag{11-10}$$

式中，$G_{22m}(s)$是被控对象 $G_{22}(s)$的预估模型.

(2) 来自闭环控制回路 1 中 $C_1(s)$控制单元的输出信号 $u_1(s)$，通过交叉解耦通道传递函数 $P_{21}(s)$作用于闭环控制回路 2，从输入信号 $u_1(s)$到输出信号 $y_2(s)$之间的闭环传递函数为

$$\frac{y_2(s)}{u_1(s)}=\frac{-P_{21}(s)\mathrm{e}^{-\tau_3 s}G_{22}(s)}{1+C_2(s)P_{22}(s)G_{22m}(s)+C_2(s)P_{22}(s)\mathrm{e}^{-\tau_3 s}(G_{22}(s)-G_{22m}(s))\mathrm{e}^{-\tau_4 s}} \tag{11-11}$$

(3) 来自闭环控制回路 1 中控制解耦器 CD 节点的输出信号 $u_{1p}(s)$，在控制解耦器 CD 节点中通过被控对象交叉通道传递函数预估模型 $G_{21m}(s)$作用于闭环控制回路 2；来自闭环控制回路 1 执行器 A_1 节点的控制信号 $u_{1p}(s)$，同时通过被控对象交叉通道传递函数 $G_{21}(s)$和其预估模型 $G_{21m}(s)$作用于闭环控制回路 2；从输入信号 $u_{1p}(s)$到输出信号 $y_2(s)$之间的闭环传递函数为

$$\frac{y_2(s)}{u_{1p}(s)}=\frac{-G_{21m}(s)C_2(s)P_{22}(s)\mathrm{e}^{-\tau_3 s}G_{22}(s)}{1+C_2(s)P_{22}(s)G_{22m}(s)+C_2(s)P_{22}(s)\mathrm{e}^{-\tau_3 s}(G_{22}(s)-G_{22m}(s))\mathrm{e}^{-\tau_4 s}}$$
$$+\frac{G_{21}(s)(1+C_2(s)P_{22}(s)G_{22m}(s))}{1+C_2(s)P_{22}(s)G_{22m}(s)+C_2(s)P_{22}(s)\mathrm{e}^{-\tau_3 s}(G_{22}(s)-G_{22m}(s))\mathrm{e}^{-\tau_4 s}}$$
$$+\frac{C_2(s)P_{22}(s)\mathrm{e}^{-\tau_3 s}(G_{22}(s)G_{21m}(s)-G_{22m}(s)G_{21}(s))\mathrm{e}^{-\tau_4 s}}{1+C_2(s)P_{22}(s)G_{22m}(s)+C_2(s)P_{22}(s)\mathrm{e}^{-\tau_3 s}(G_{22}(s)-G_{22m}(s))\mathrm{e}^{-\tau_4 s}}$$
(11-12)

采用方法1，当被控对象预估模型等于其真实模型，即当 $G_{22m}(s)=G_{22}(s)$、$G_{21m}(s)=G_{21}(s)$ 时，闭环控制回路2的闭环特征方程将由 $1+C_2(s)P_{22}(s)G_{22m}(s)+C_2(s)P_{22}(s)\mathrm{e}^{-\tau_3 s}(G_{22}(s)-G_{22m}(s))\mathrm{e}^{-\tau_4 s}=0$ 变成 $1+C_2(s)P_{22}(s)G_{22}(s)=0$，其闭环特征方程中不再包含影响系统稳定性的网络时延 τ_3 和 τ_4 的指数项 $\mathrm{e}^{-\tau_3 s}$ 和 $\mathrm{e}^{-\tau_4 s}$，从而可降低网络时延对系统稳定性的影响，改善系统的动态控制性能质量，实现对随机网络时延的动态预估补偿与控制.

方法1适用于被控对象预估模型等于其真实模型的一种 TITO-NDCS 随机网络时延的补偿与控制，其研究思路与方法同样适用于被控对象预估模型等于其真实模型的两个以上输入和输出所构成的 MIMO-NDCS 随机网络时延的补偿与控制.

11.5 方　法　2

对图11.2中的闭环控制回路1和闭环控制回路2改变如下.

第一步：为了实现满足预估补偿条件时，闭环控制回路1的闭环特征方程中不再包含网络时延的指数项，以实现对网络时延 τ_1 和 τ_2 的补偿与控制；围绕被控对象 $G_{11}(s)$，以闭环控制回路1输出信号 $y_1(s)$ 和控制回路2控制器 $C_2(s)$ 的输出信号 $u_2(s)$ 作为输入信号，将 $y_1(s)$ 通过预估控制器 $C_{1m}(s)$ 和预估解耦传递函数 $P_{11m}(s)$ 后的信号与 $u_2(s)$ 通过交叉预估解耦传递函数 $P_{12m}(s)$ 的信号相加，并构造一个负反馈预估解耦控制回路；同时将 $y_1(s)$ 通过网络传输时延预估模型 $\mathrm{e}^{-\tau_{2m}s}$ 和预估控制器 $C_{1m}(s)$ 及预估解耦传递函数 $P_{11m}(s)$ 后的信号再与 $u_2(s)$ 通过交叉预估解耦传递函数 $P_{12m}(s)$ 的信号相加，其相加信号通过网络传输时延预估模型 $\mathrm{e}^{-\tau_{1m}s}$ 后构造一个正反馈预估解耦控制回路.

与此同时，为了实现满足预估补偿条件时，闭环控制回路2的闭环特征方程中不再包含网络时延的指数项，以实现对网络时延 τ_3 和 τ_4 的补偿与控制；围绕被控对象 $G_{22}(s)$，以闭环控制回路2输出信号 $y_2(s)$ 和控制回路1控制器 $C_1(s)$ 的输出信号 $u_1(s)$ 作为输入信号，将 $y_2(s)$ 通过预估控制器 $C_{2m}(s)$ 和预估解耦传递函数

$P_{22m}(s)$后的信号与 $u_1(s)$通过交叉预估解耦传递函数 $P_{21m}(s)$的信号相加,并构造一个负反馈预估解耦控制回路;同时将 $y_2(s)$通过网络传输时延预估模型 $e^{-\tau_{4m}s}$和预估控制器$C_{2m}(s)$及预估解耦传递函数 $P_{22m}(s)$后的信号再与 $u_1(s)$通过交叉预估解耦传递函数 $P_{21m}(s)$的信号相加,其相加信号通过网络传输时延预估模型 $e^{-\tau_{3m}s}$后构造一个正反馈预估解耦控制回路.

实施第一步之后,图 11.2 变成图 11.5 所示的结构.

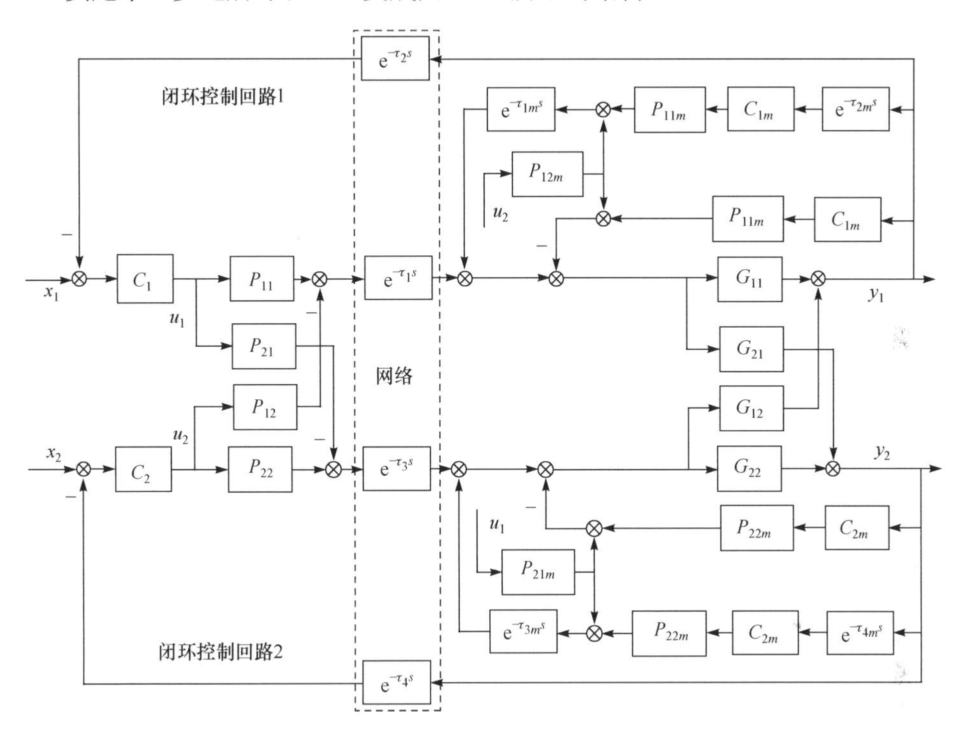

图 11.5　一种包含预估时延和预估解耦器以及预估控制器模型的 TITO-NDCS 时延补偿结构

第二步:针对实际 TITO-NDCS 中,难以获取网络时延准确值的问题. 在图 11.5 中要实现对网络时延的补偿与控制,必须要满足网络时延预估模型 $e^{-\tau_{1m}s}$和 $e^{-\tau_{2m}s}$等于其真实模型 $e^{-\tau_1 s}$和 $e^{-\tau_2 s}$的条件,满足预估控制器 $C_{1m}(s)$等于其真实控制器 $C_1(s)$以及预估解耦传递函数 $P_{11m}(s)$和 $P_{12m}(s)$等于其真实解耦传递函数 $P_{11}(s)$和 $P_{12}(s)$的条件(由于控制器 $C_1(s)$与解耦传递函数 $P_{11}(s)$和 $P_{12}(s)$是人为设计与选择的,自然满足 $C_{1m}(s)=C_1(s)$,$P_{11m}(s)=P_{11}(s)$,$P_{12m}(s)=P_{12}(s)$). 为此,从传感器 S_1 节点到控制解耦器 CD 节点之间,以及从控制解耦器 CD 节点到执行器 A_1 节点之间,采用真实的网络数据传输过程 $e^{-\tau_2 s}$以及 $e^{-\tau_1 s}$代替其间网络时延的预估补偿模型 $e^{-\tau_{2m}s}$以及 $e^{-\tau_{1m}s}$.

与此同时,在图 11.5 中要实现对网络时延的补偿与控制,必须要满足网络时

延预估模型 $e^{-\tau_{3m}s}$ 和 $e^{-\tau_{4m}s}$ 等于其真实模型 $e^{-\tau_3 s}$ 和 $e^{-\tau_4 s}$ 的条件，满足预估控制器 $C_{2m}(s)$ 等于其真实控制器 $C_2(s)$ 以及预估解耦传递函数 $P_{22m}(s)$ 和 $P_{21m}(s)$ 等于其真实解耦传递函数 $P_{22}(s)$ 和 $P_{21}(s)$ 的条件(由于控制器 $C_2(s)$ 与解耦传递函数 $P_{22}(s)$ 和 $P_{21}(s)$ 是人为设计与选择的，自然满足 $C_{2m}(s)=C_2(s)$，$P_{22m}(s)=P_{22}(s)$，$P_{21m}(s)=P_{21}(s)$). 为此，从传感器 S_2 节点到控制解耦器 CD 节点之间，以及从控制解耦器 CD 节点到执行器 A_2 节点之间，采用真实的网络数据传输过程 $e^{-\tau_4 s}$ 以及 $e^{-\tau_3 s}$ 代替其间网络时延的预估补偿模型 $e^{-\tau_{4m}s}$ 以及 $e^{-\tau_{3m}s}$.

实施第二步之后，图 11.5 变成图 11.6 所示的结构.

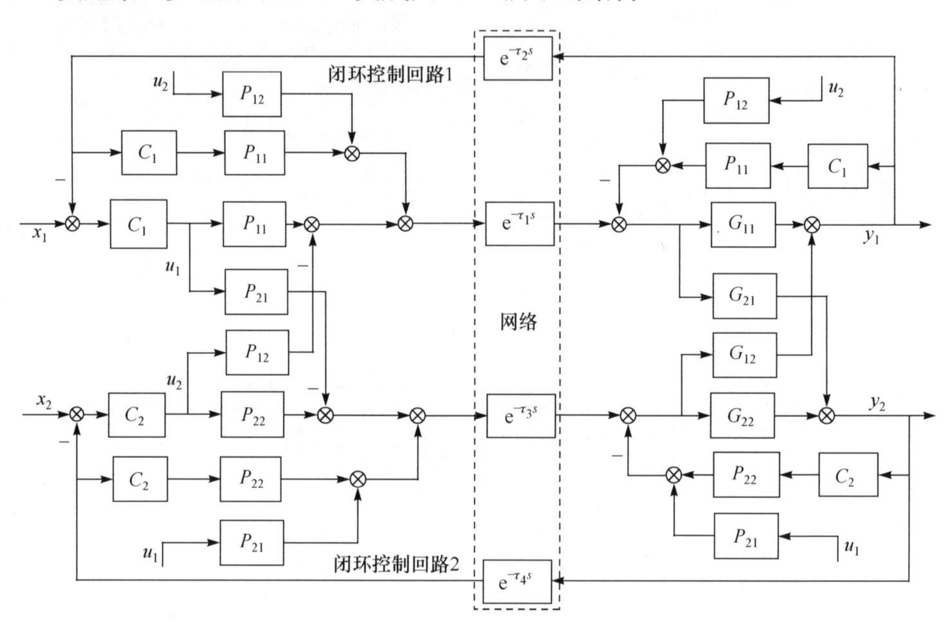

图 11.6　用真实模型代替预估模型的 TITO-NDCS 时延补偿结构

第三步：将图 11.6 中的控制器 $C_1(s)$ 以及解耦传递函数 $P_{11}(s)$ 和 $P_{12}(s)$ 单元，按传递函数等价变换规则进一步化简，得到图 11.7 所示的时延补偿方法 2 的网络时延补偿结构. 从结构上实现系统不包含其间网络时延的预估补偿模型，从而免除对闭环控制回路 1 中，节点与节点之间网络时延 τ_1 和 τ_2 的测量、估计或辨识，可实现对不确定网络时延 τ_1 和 τ_2 的补偿与控制. 与此同时，将图 11.6 中的控制器 $C_2(s)$ 以及解耦传递函数 $P_{22}(s)$ 和 $P_{21}(s)$ 单元，按传递函数等价变换规则进一步化简，得到图 11.7 所示的时延补偿方法 2 的网络时延补偿结构. 从结构上实现系统不包含其间网络时延的预估补偿模型，从而免除对闭环控制回路 2 中，节点与节点之间网络时延 τ_3 和 τ_4 的测量、估计或辨识，可实现对不确定网络时延 τ_3 和 τ_4 的补偿与控制.

实施第三步之后,图 11.6 变成图 11.7 所示的结构.

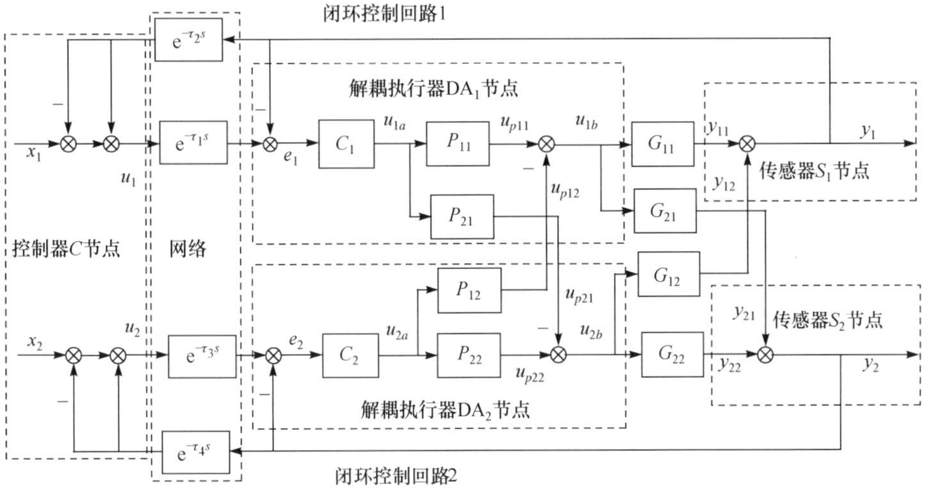

图 11.7　基于 TITO-NDCS 结构(1)的时延补偿方法 2

在此需要特别说明的是:在图 11.7 中的控制器 C 节点中,出现了闭环控制回路 1 和 2 的给定信号 $x_1(s)$和 $x_2(s)$,分别与各自回路的反馈信号 $y_1(s)$和 $y_2(s)$实施先“减”后“加”,或先“加”后“减”的运算规则,即 $y_1(s)$和 $y_2(s)$信号同时经过正反馈和负反馈连接到控制器 C 节点中.

(1) 这是由于将图 11.6 闭环控制回路 1 中的控制器 $C_1(s)$和解耦传递函数 $P_{11}(s)$和 $P_{12}(s)$单元,以及图 11.6 闭环控制回路 2 中的控制器 $C_2(s)$和解耦传递函数 $P_{22}(s)$和 $P_{21}(s)$单元,按照传递函数等价变换规则进一步化简得到图 11.7 所示的结果,并非人为设置.

(2) 由于网络控制系统的节点几乎都是智能节点,不仅具有通信与运算功能,而且具有存储与控制功能,在节点中对同一个信号进行先“减”后“加”,或先“加”后“减”,这在运算法则上不会有什么不符合规则之处.

(3) 在节点中对同一个信号进行“加”与“减”运算,其结果值为“零”,这个“零”值,并不表明在该节点中信号 $y_1(s)$和 $y_2(s)$就不存在,或没有得到 $y_1(s)$和 $y_2(s)$信号,或信号没有被储存;或因“相互抵消”导致“零”信号值就变成不存在或没有意义.

(4) 控制器 C 节点的触发来自信号 $y_1(s)$或者 $y_2(s)$的驱动,如果控制器 C 节点没有接收到来自反馈网络通路传输过来的信号 $y_1(s)$或者 $y_2(s)$,则处于事件驱动工作方式的控制器 C 节点将不会被触发.

现对图 11.7 中的闭环控制回路 1 进行分析:

(1) 从输入信号 $x_1(s)$到输出信号 $y_1(s)$之间的闭环传递函数为

$$\frac{y_1(s)}{x_1(s)}=\frac{\mathrm{e}^{-\tau_1 s}C_1(s)P_{11}(s)G_{11}(s)}{1+C_1(s)P_{11}(s)G_{11}(s)} \tag{11-13}$$

(2) 来自闭环控制回路 2 解耦执行器 DA_2 节点 $C_2(s)$控制单元的输出信号 $u_{2a}(s)$通过交叉解耦通道传递函数 $P_{12}(s)$作用于闭环控制回路 1,从输入信号 $u_{2a}(s)$到输出信号 $y_1(s)$之间的闭环传递函数为

$$\frac{y_1(s)}{u_{2a}(s)}=\frac{-P_{12}(s)G_{11}(s)}{1+C_1(s)P_{11}(s)G_{11}(s)} \tag{11-14}$$

(3) 来自闭环控制回路 2 解耦执行器 DA_2 节点的输出信号 $u_{2b}(s)$,通过被控对象交叉通道传递函数 $G_{12}(s)$作用于闭环控制回路 1,从输入信号 $u_{2b}(s)$到输出信号 $y_1(s)$之间的闭环传递函数为

$$\frac{y_1(s)}{u_{2b}(s)}=\frac{G_{12}(s)}{1+C_1(s)P_{11}(s)G_{11}(s)} \tag{11-15}$$

采用方法 2,控制回路 1 的闭环特征方程为 $1+C_1(s)P_{11}(s)G_{11}(s)=0$,其闭环特征方程中不再包含影响系统稳定性的网络时延 τ_1 和 τ_2 的指数项 $\mathrm{e}^{-\tau_1 s}$ 和 $\mathrm{e}^{-\tau_2 s}$,从而可降低网络时延对系统稳定性的影响,改善系统的动态控制性能质量,实现对不确定网络时延的动态补偿与控制.

接着对图 11.7 中的闭环控制回路 2 分析如下:

(1) 从输入信号 $x_2(s)$到输出信号 $y_2(s)$之间的闭环传递函数为

$$\frac{y_2(s)}{x_2(s)}=\frac{\mathrm{e}^{-\tau_3 s}C_2(s)P_{22}(s)G_{22}(s)}{1+C_2(s)P_{22}(s)G_{22}(s)} \tag{11-16}$$

(2) 来自闭环控制回路 1 解耦执行器 DA_1 节点 $C_1(s)$控制单元的输出信号 $u_{1a}(s)$通过交叉解耦通道传递函数 $P_{21}(s)$作用于闭环控制回路 2,从输入信号 $u_{1a}(s)$到输出信号 $y_2(s)$之间的闭环传递函数为

$$\frac{y_2(s)}{u_{1a}(s)}=\frac{-P_{21}(s)G_{22}(s)}{1+C_2(s)P_{22}(s)G_{22}(s)} \tag{11-17}$$

(3) 来自闭环控制回路 1 解耦执行器 DA_1 节点输出信号 $u_{1b}(s)$,通过被控对象交叉通道传递函数 $G_{21}(s)$作用于闭环控制回路 2,从输入信号 $u_{1b}(s)$到输出信号 $y_2(s)$之间的闭环传递函数为

$$\frac{y_2(s)}{u_{1b}(s)}=\frac{G_{21}(s)}{1+C_2(s)P_{22}(s)G_{22}(s)} \tag{11-18}$$

采用方法 2,闭环控制回路 2 的闭环特征方程为 $1+C_2(s)P_{22}(s)G_{22}(s)=0$,其闭环特征方程中不再包含影响系统稳定性的网络时延 τ_3 和 τ_4 的指数项 $\mathrm{e}^{-\tau_3 s}$ 和 $\mathrm{e}^{-\tau_4 s}$,从而可降低网络时延对系统稳定性的影响,改善系统的动态控制性能质量,实现对不确定网络时延的动态补偿与控制.

方法 2 适用于被控对象模型已知或未确知的一种 TITO-NDCS 不确定网络时

延的补偿与控制，其研究思路与研究方法同样适用于被控对象模型已知或未确知的两个以上输入和输出所构成的 MIMO-NDCS 不确定网络时延的补偿与控制.

11.6　方法特点

方法 1 和方法 2 具有如下特点：

(1) 从系统结构上实现，免除对 TITO-NDCS 中，网络时延的测量、观测、估计或辨识，可免除节点时钟信号同步的要求，进而可避免时延估计模型不准确造成的估计误差，避免对时延辨识所需耗费节点存储资源的浪费，同时还可避免由于时延造成的“空采样”或“多采样”所带来的补偿误差.

(2) 从 TITO-NDCS 结构上实现，与具体的网络通信协议的选择无关，因此既适用于采用有线网络协议的 TITO-NDCS，也适用于采用无线网络协议的 TITO-NDCS；既适用于确定性网络协议，也适用于非确定性网络协议；既适用于异构网络构成的 TITO-NDCS，也适用于异质网络构成的 TITO-NDCS.

(3) 从 TITO-NDCS 结构上实现，与具体控制器的控制策略的选择无关，因此既可用于采用常规控制的 TITO-NDCS，也可用于采用智能控制或采用复杂控制策略的 TITO-NDCS.

(4) 采用的是“软件”改变 TITO-NDCS 结构的补偿与控制方法，因此在其实现过程中无须再增加任何硬件设备，利用现有 TITO-NDCS 智能节点自带的软件资源，足以实现其补偿功能，可节省硬件投资，便于推广和应用.

11.7　本章小结

本章首先简要介绍了 MIMO-NDCS 的研究状况，然后重点分析了 TITO-NDCS 结构(1)存在的难点问题，并提出从结构上解决网络时延的基本思路与两种时延补偿方法，最后说明了两种时延补偿方法的特点及其适合范围.

第 12 章　TITO-NDCS 结构(2)时延补偿方法

12.1　引　　言

本章主要研究 MIMO-NDCS 的时延补偿方法. 为了便于分析，以一种 TITO-NDCS 结构(2)为例，研究并提出两种时延补偿方法. 其研究范围涉及自动控制、网络通信与计算机等技术的交叉领域，尤其涉及带宽资源有限的 MIMO-NDCS 技术领域.

12.2　MIMO-NDCS 结构Ⅱ简介

在 NCS 中，网络时延、数据丢包以及网络拥塞等现象的存在，使 NCS 面临诸多新的挑战. 当 NCS 的传感器、控制器和执行器之间通过网络交换数据时，必然会导致网络时延，从而降低系统的性能，甚至引起系统的不稳定. 由于网络中的信息源很多，传输数据流经众多计算机和通信设备且路径非唯一；或由于网络带宽的限制以及传输机制的影响，网络拥塞或连接中断等原因，将导致网络数据包的时序错乱和数据包的丢失. 虽然近年来时延系统的分析和建模已取得很大进展，但 NCS 中可能存在多种不同性质的时延(常数、有界、随机、时变等)，使得现有的方法一般不能直接应用. 传统的控制理论在对系统进行分析和设计时，往往进行了很多理想化的假定，如单率采样、同步控制、无时延传输和调节. 而在 NCS 中，由于控制回路存在网络，上述假设通常是不成立的. 因此，传统控制理论都要重新评估才能应用到 NCS 中.

目前，国内外关于 NCS 的研究，主要是针对 SISO-NCS，MIMO-NCS 的研究则相对较少，尤其是针对输入与输出信号之间，存在耦合作用需要通过解耦处理的 MIMO-NDCS 时延补偿与控制的研究成果则相对更少.

一种 MIMO-NDCS 的典型结构Ⅱ如图 12.1 所示.

图 12.1 由 r 个传感器 S 节点、控制器 C 节点、m 个解耦执行器 DA 节点、被控对象 G、m 个前向网络通路传输时延 τ_i^{ca} $(i=1,2,\cdots,m)$ 单元，以及 r 个反馈网络通路传输时延 τ_j^{sc} $(j=1,2,\cdots,r)$ 单元组成.

图 12.1 中，$y_j(s)$ 表示系统的第 j 个输出信号，$u_i(s)$ 表示第 i 个控制信号，τ_i^{ca} 表示将控制信号 $u_i(s)$ 从控制器 C 节点向第 i 个解耦执行器 DA 节点传输所经历的前向网络通路传输时延，τ_j^{sc} 表示将第 j 个传感器 S 节点的检测信号 $y_j(s)$ 向控

制器 C 节点传输所经历的反馈网络通路传输时延.

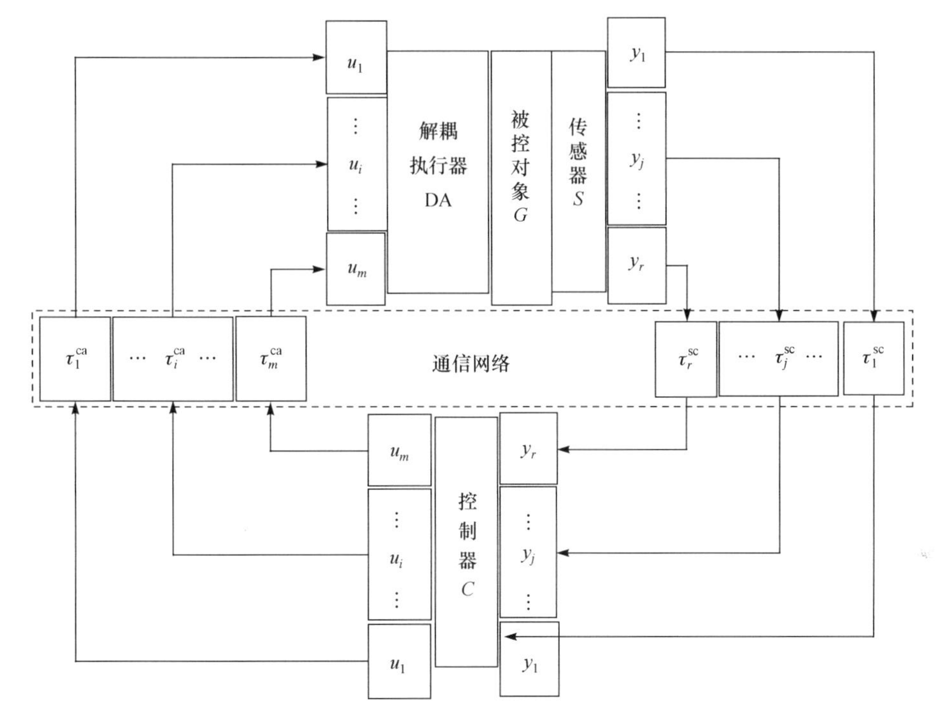

图 12.1　一种 MIMO-NDCS 的典型结构Ⅱ

12.3　TITO-NDCS 结构(2)存在的问题

针对 MIMO-NDCS 结构Ⅱ中的一种 TITO-NDCS 结构(2)如图 12.2 所示.

图 12.2 由闭环控制回路 1 和闭环控制回路 2 构成. 系统由传感器 S_1 和 S_2 节点、控制器 C 节点、解耦执行器 DA_1 和 DA_2 节点、被控对象传递函数 $G_{11}(s)$ 和 $G_{22}(s)$ 以及被控对象交叉通道传递函数 $G_{21}(s)$ 和 $G_{12}(s)$、交叉解耦通道传递函数 $P_{21}(s)$ 和 $P_{12}(s)$、前向网络通路传输单元 $e^{-\tau_1 s}$ 和 $e^{-\tau_3 s}$ 以及反馈网络通路传输单元 $e^{-\tau_2 s}$ 和 $e^{-\tau_4 s}$ 组成.

图 12.2 中, $x_1(s)$ 和 $x_2(s)$ 表示系统输入信号, $y_1(s)$ 和 $y_2(s)$ 表示系统输出信号, $C_1(s)$ 和 $C_2(s)$ 表示控制回路 1 和 2 的控制器, $u_1(s)$ 和 $u_2(s)$ 表示控制信号, $u_{p1}(s)$ 和 $u_{p2}(s)$ 表示解耦控制信号, τ_1 和 τ_3 表示将控制信号 $u_1(s)$ 和 $u_2(s)$ 从控制器 C 节点向解耦执行器 DA_1 和 DA_2 节点传输所经历的前向网络通路传输时延; τ_2 和 τ_4 表示将传感器 S_1 和 S_2 节点的检测信号 $y_1(s)$ 和 $y_2(s)$ 向控制器 C 节点传输所经历的反馈网络通路传输时延.

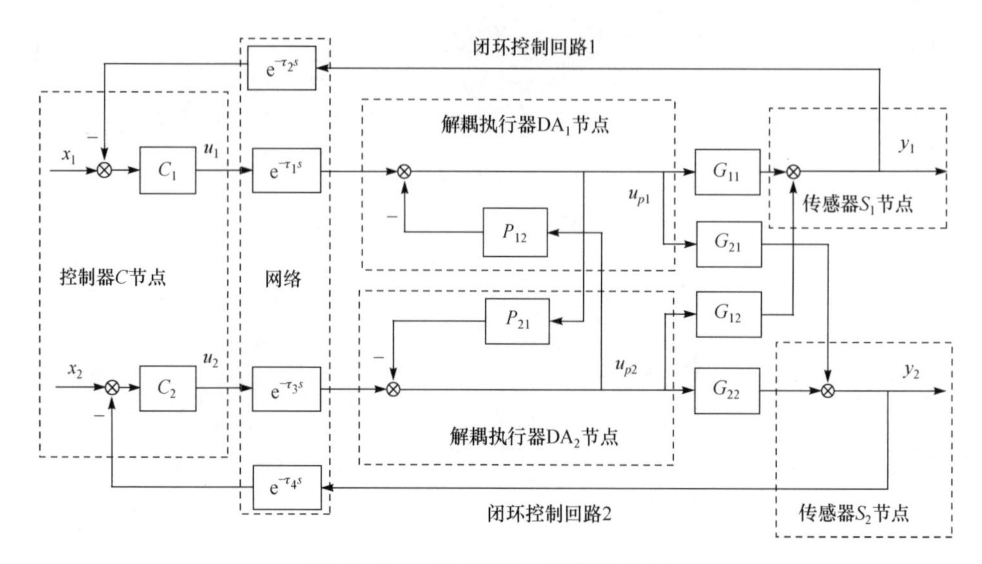

图 12.2　一种 TITO-NDCS 结构(2)

现对图 12.2 中的闭环控制回路 1 进行分析：

(1) 从输入信号 $x_1(s)$到输出信号 $y_1(s)$之间的闭环传递函数为

$$\frac{y_1(s)}{x_1(s)}=\frac{C_1(s)\mathrm{e}^{-\tau_1 s}G_{11}(s)}{1+C_1(s)\mathrm{e}^{-\tau_1 s}G_{11}(s)\mathrm{e}^{-\tau_2 s}} \tag{12-1}$$

式中,$C_1(s)$是控制器;$G_{11}(s)$是被控对象;τ_1 表示将控制器 C 节点的输出信号 $u_1(s)$经前向网络通路传输到解耦执行器 DA_1 节点所经历的时变网络时延;τ_2 表示将传感器 S_1 节点的输出信号 $y_1(s)$经反馈网络通路传输到控制器 C 节点所经历的时变网络时延.

(2) 来自闭环控制回路 2 的解耦执行器 DA_2 节点的解耦控制信号 $u_{p2}(s)$,通过交叉解耦通路传递函数 $P_{12}(s)$和被控对象交叉通路传递函数 $G_{12}(s)$作用于闭环控制回路 1,从输入信号 $u_{p2}(s)$到输出信号 $y_1(s)$之间的闭环传递函数为

$$\frac{y_1(s)}{u_{p2}(s)}=\frac{G_{12}(s)-P_{12}(s)G_{11}(s)}{1+C_1(s)\mathrm{e}^{-\tau_1 s}G_{11}(s)\mathrm{e}^{-\tau_2 s}} \tag{12-2}$$

式(12-1)和式(12-2)的分母 $1+C_1(s)\mathrm{e}^{-\tau_1 s}G_{11}(s)\mathrm{e}^{-\tau_2 s}$中,包含了时变网络时延 τ_1 和 τ_2 的指数项 $\mathrm{e}^{-\tau_1 s}$和 $\mathrm{e}^{-\tau_2 s}$,时延的存在将恶化控制系统的性能质量,甚至导致系统失去稳定性.

接着对图 12.2 中的闭环控制回路 2 进行分析：

(1) 从输入信号 $x_2(s)$到输出信号 $y_2(s)$之间的闭环传递函数为

$$\frac{y_2(s)}{x_2(s)}=\frac{C_2(s)\mathrm{e}^{-\tau_3 s}G_{22}(s)}{1+C_2(s)\mathrm{e}^{-\tau_3 s}G_{22}(s)\mathrm{e}^{-\tau_4 s}} \tag{12-3}$$

式中，$C_2(s)$是控制器；$G_{22}(s)$是被控对象；τ_3 表示将控制器 C 节点的控制输出信号 $u_2(s)$经前向网络通路传输到解耦执行器 DA_2 节点所经历的时变网络时延；τ_4 表示将传感器 S_2 节点的输出信号 $y_2(s)$经反馈网络通路传输到控制器 C 节点所经历的时变网络时延.

(2) 来自闭环控制回路 1 的解耦执行器 DA_1 节点的解耦控制信号 $u_{p1}(s)$，通过交叉解耦通路传递函数 $P_{21}(s)$和被控对象交叉通路传递函数 $G_{21}(s)$作用于闭环控制回路 2，从输入信号 $u_{p1}(s)$到输出信号 $y_2(s)$之间的闭环传递函数为

$$\frac{y_2(s)}{u_{p1}(s)}=\frac{G_{21}(s)-P_{21}(s)G_{22}(s)}{1+C_2(s)\mathrm{e}^{-\tau_3 s}G_{22}(s)\mathrm{e}^{-\tau_4 s}} \tag{12-4}$$

式(12-3)和式(12-4)的分母 $1+C_2(s)\mathrm{e}^{-\tau_3 s}G_{22}(s)\mathrm{e}^{-\tau_4 s}$ 中，包含了时变网络时延 τ_3 和 τ_4 的指数项 $\mathrm{e}^{-\tau_3 s}$和 $\mathrm{e}^{-\tau_4 s}$，时延的存在将恶化控制系统的性能质量，甚至导致系统失去稳定性.

针对图 12.2 的 TITO-NDCS，其闭环控制回路 1 的闭环传递函数等式(12-1)和式(12-2)的分母中，均包含了时变网络时延 τ_1 和 τ_2 的指数项 $\mathrm{e}^{-\tau_1 s}$和 $\mathrm{e}^{-\tau_2 s}$，以及闭环控制回路 2 的闭环传递函数等式(12-3)和式(12-4)的分母中，均包含了时变网络时延 τ_3 和 τ_4 的指数项 $\mathrm{e}^{-\tau_3 s}$和 $\mathrm{e}^{-\tau_4 s}$；时延的存在会降低各自闭环控制回路的控制性能质量并影响各自闭环控制回路的稳定性，同时将降低整个系统的控制性能质量并影响整个系统的稳定性，严重时将导致整个系统失去稳定性.

为此，提出两种免除对各闭环控制回路中，节点与节点之间网络时延 τ_1 和 τ_2、τ_3 和 τ_4 的测量、估计或辨识的时延补偿方法. 当预估模型等于其真实模型时，可实现各自闭环控制回路的特征方程中不包含网络时延的指数项，进而可降低网络时延对系统稳定性的影响，改善系统的动态性能质量，实现对 TITO-NDCS 网络时延的分段、实时、在线和动态的预估补偿与控制.

12.4 方 法 1

现对图 12.2 中的闭环控制回路 1 和闭环控制回路 2 进行如下改变.

第一步：为了实现满足预估补偿条件时，闭环控制回路 1 的闭环特征方程中不再包含网络时延的指数项，以实现对网络时延 τ_1 和 τ_2 的补偿与控制，在控制器 C 节点中围绕控制器 $C_1(s)$，采用以控制信号 $u_1(s)$和 $u_{p2m}(s)$作为输入信号，被控对象预估模型 $G_{11m}(s)$和 $G_{12m}(s)$及交叉预估解耦模型 $P_{12m}(s)$作为被控及解耦过程，控制与过程数据通过网络传输时延预估模型 $\mathrm{e}^{-\tau_{1m}s}$以及 $\mathrm{e}^{-\tau_{2m}s}$，围绕控制器 $C_1(s)$构造一个负反馈预估解耦控制回路和一个正反馈预估解耦控制回路.

与此同时，为了实现满足预估补偿条件时，闭环控制回路 2 的闭环特征方程中不再包含网络时延的指数项，以实现对网络时延 τ_3 和 τ_4 的补偿与控制，在控制器

C 节点中围绕控制器 $C_2(s)$，采用以控制信号 $u_2(s)$ 和 $u_{p1m}(s)$ 作为输入信号，被控对象预估模型 $G_{22m}(s)$ 和 $G_{21m}(s)$ 及交叉预估解耦模型 $P_{21m}(s)$ 作为被控及解耦过程，控制与过程数据通过网络传输时延预估模型 $e^{-\tau_{3m}s}$ 以及 $e^{-\tau_{4m}s}$，围绕控制器 $C_2(s)$ 构造一个负反馈预估解耦控制回路和一个正反馈预估解耦控制回路.

实施第一步之后，图 12.2 变成图 12.3 所示的结构.

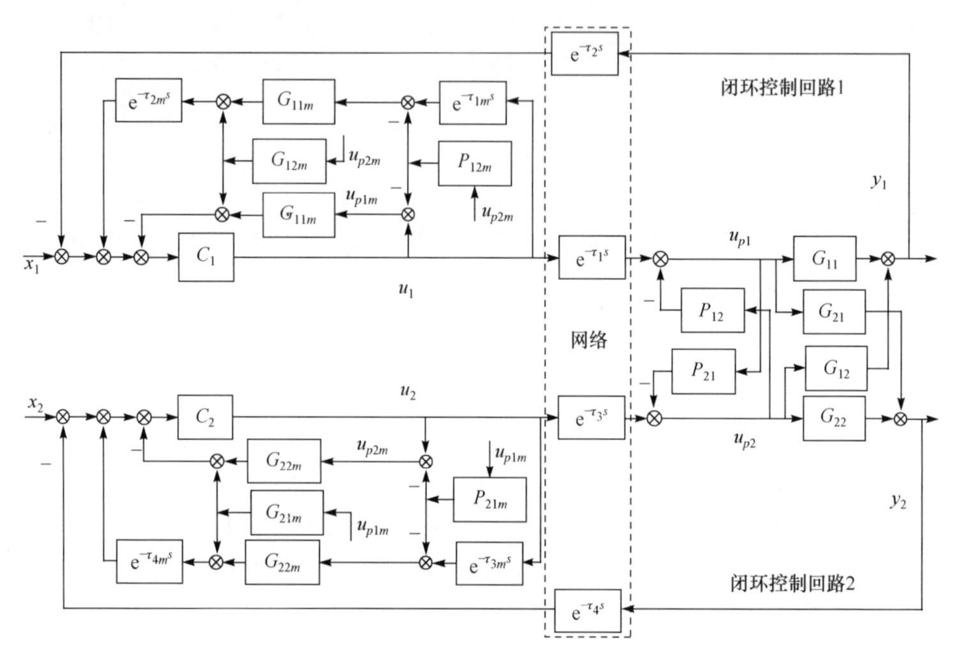

图 12.3 一种包含预估时延和预估解耦模型以及预估被控对象模型的 TITO-NDCS 时延补偿结构

第二步：针对实际 TITO-NDCS 中，难以获取网络时延准确值的问题. 在图 12.3 中要实现对网络时延的补偿与控制，除了要满足被控对象预估模型等于其真实模型的条件外，还必须要满足时变网络时延预估模型 $e^{-\tau_{1m}s}$ 以及 $e^{-\tau_{2m}s}$ 等于其真实模型 $e^{-\tau_1 s}$ 以及 $e^{-\tau_2 s}$ 的条件，以及满足预估解耦模型 $P_{12m}(s)$ 等于其真实解耦模型 $P_{12}(s)$ 的条件（由于解耦通道传递函数 $P_{12}(s)$ 是人为设计与选择的，自然满足 $P_{12m}(s)=P_{12}(s)$）. 为此，从传感器 S_1 节点到控制器 C 节点之间，以及从控制器 C 节点到解耦执行器 DA_1 节点之间，采用真实的网络数据传输过程 $e^{-\tau_2 s}$ 以及 $e^{-\tau_1 s}$ 代替其间网络时延的预估补偿模型 $e^{-\tau_{2m}s}$ 以及 $e^{-\tau_{1m}s}$，无论被控对象的预估模型是否等于其真实模型，都可以从系统结构上实现不包含其间网络时延的预估补偿模型，从而免除对闭环控制回路 1 中，节点与节点之间时变网络时延 τ_1 和 τ_2 的测量、估计或辨识；当被控对象的预估模型等于其真实模型时，可实现对其时变网络时延 τ_1 和 τ_2 的完全补偿与控制.

与此同时,在图 12.3 中要实现对网络时延的补偿与控制,除了要满足被控对象预估模型等于其真实模型的条件外,还必须要满足时变网络时延预估模型 $e^{-\tau_{3m}s}$ 以及 $e^{-\tau_{4m}s}$ 等于其真实模型 $e^{-\tau_3 s}$ 以及 $e^{-\tau_4 s}$ 的条件,以及满足预估解耦模型 $P_{21m}(s)$ 等于其真实解耦模型 $P_{21}(s)$ 的条件(由于解耦通道传递函数 $P_{21}(s)$ 是人为设计与选择的,自然满足 $P_{21m}(s)=P_{21}(s)$). 为此,从传感器 S_2 节点到控制器 C 节点之间,以及从控制器 C 节点到解耦执行器 DA_2 节点之间,采用真实的网络数据传输过程 $e^{-\tau_4 s}$ 以及 $e^{-\tau_3 s}$ 代替其间网络时延的预估补偿模型 $e^{-\tau_{4m}s}$ 以及 $e^{-\tau_{3m}s}$,无论被控对象的预估模型是否等于其真实模型,都可以从系统结构上实现不包含其间网络时延的预估补偿模型,从而免除对闭环控制回路 2 中,节点与节点之间时变网络时延 τ_3 和 τ_4 的测量、估计或辨识;当被控对象的预估模型等于其真实模型时,可实现对其时变网络时延 τ_3 和 τ_4 的完全补偿与控制.

实施第二步之后,图 12.3 变成图 12.4 所示的结构.

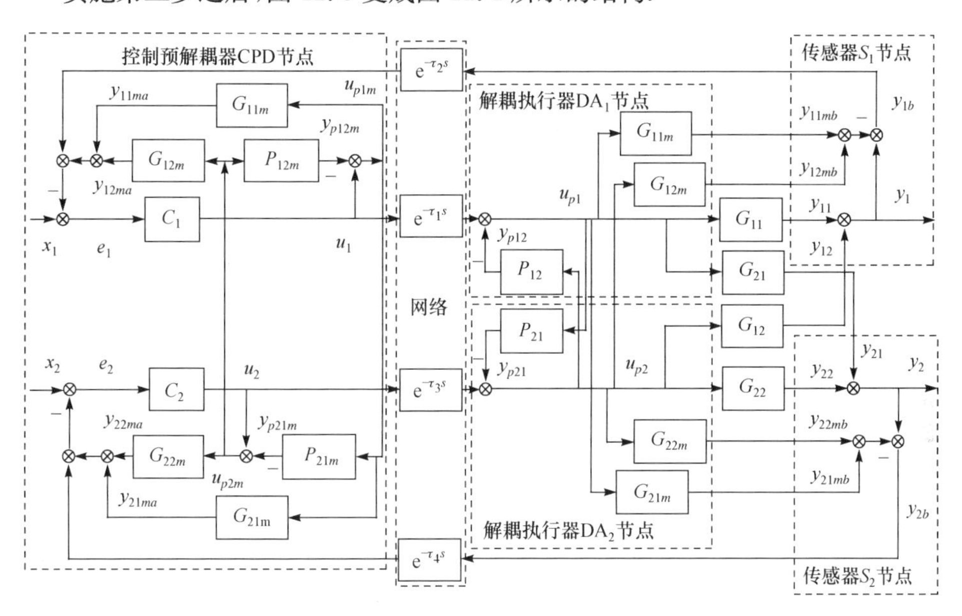

图 12.4　基于 TITO-NDCS 结构(2)的时延补偿方法 1

现对图 12.4 中的闭环控制回路 1 分析如下:

(1) 从输入信号 $x_1(s)$ 到输出信号 $y_1(s)$ 之间的闭环传递函数为

$$\frac{y_1(s)}{x_1(s)}=\frac{C_1(s)e^{-\tau_1 s}G_{11}(s)}{1+C_1(s)G_{11m}(s)+C_1(s)e^{-\tau_1 s}(G_{11}(s)-G_{11m}(s))e^{-\tau_2 s}} \tag{12-5}$$

式中,$G_{11m}(s)$ 是被控对象 $G_{11}(s)$ 的预估模型.

(2) 来自控制预解耦器 CPD 节点中,闭环控制回路 2 的 $C_2(s)$ 控制单元输出信号 $u_2(s)$ 与交叉解耦通道传递函数预估模型 $P_{21m}(s)$ 的输出信号 $y_{p21m}(s)$ 相减后

得到信号 $u_{p2m}(s)$，即 $u_{p2m}(s)=u_2(s)-y_{p21m}(s)$；将 $u_{p2m}(s)$ 作用于闭环控制回路 1，从输入信号 $u_{p2m}(s)$ 到输出信号 $y_1(s)$ 之间的闭环传递函数为

$$\frac{y_1(s)}{u_{p2m}(s)}=\frac{(P_{12m}(s)G_{11m}(s)-G_{12m}(s))C_1(s)\mathrm{e}^{-\tau_1 s}G_{11}(s)}{1+C_1(s)G_{11m}(s)+C_1(s)\mathrm{e}^{-\tau_1 s}(G_{11}(s)-G_{11m}(s))\mathrm{e}^{-\tau_2 s}} \tag{12-6}$$

(3) 来自闭环控制回路 2 解耦执行器 DA_2 节点中的解耦控制信号 $u_{p2}(s)$，通过交叉解耦通路传递函数 $P_{12}(s)$，以及通过被控对象交叉通道传递函数 $G_{12}(s)$ 和其预估模型 $G_{12m}(s)$ 作用于闭环控制回路 1，从输入信号 $u_{p2}(s)$ 到输出信号 $y_1(s)$ 之间的闭环传递函数为

$$\begin{aligned}\frac{y_1(s)}{u_{p2}(s)}=&\frac{(G_{12}(s)-P_{12}(s)G_{11}(s))(1+C_1(s)G_{11m}(s))}{1+C_1(s)G_{11m}(s)+C_1(s)\mathrm{e}^{-\tau_1 s}(G_{11}(s)-G_{11m}(s))\mathrm{e}^{-\tau_2 s}}\\&+\frac{C_1(s)\mathrm{e}^{-\tau_1 s}(G_{11m}(s)G_{12}(s)-G_{11}(s)G_{12m}(s))\mathrm{e}^{-\tau_2 s}}{1+C_1(s)G_{11m}(s)+C_1(s)\mathrm{e}^{-\tau_1 s}(G_{11}(s)-G_{11m}(s))\mathrm{e}^{-\tau_2 s}}\end{aligned} \tag{12-7}$$

采用方法 1，当 $G_{11m}(s)=G_{11}(s)$、$G_{12m}(s)=G_{12}(s)$、$P_{12m}(s)=P_{12}(s)$ 时，闭环控制回路 1 的闭环特征方程将由 $1+C_1(s)G_{11m}(s)+C_1(s)\mathrm{e}^{-\tau_1 s}(G_{11}(s)-G_{11m}(s))\cdot\mathrm{e}^{-\tau_2 s}=0$ 变成 $1+C_1(s)G_{11}(s)=0$，其闭环特征方程中不再包含影响系统稳定性的网络时延 τ_1 和 τ_2 的指数项 $\mathrm{e}^{-\tau_1 s}$ 和 $\mathrm{e}^{-\tau_2 s}$，从而可降低网络时延对系统稳定性的影响，改善系统的动态控制性能质量，实现对时变网络时延的动态补偿与控制.

接着对图 12.4 中的闭环控制回路 2 分析如下：

(1) 从输入信号 $x_2(s)$ 到输出信号 $y_2(s)$ 之间的闭环传递函数为

$$\frac{y_2(s)}{x_2(s)}=\frac{C_2(s)\mathrm{e}^{-\tau_3 s}G_{22}(s)}{1+C_2(s)G_{22m}(s)+C_2(s)\mathrm{e}^{-\tau_3 s}(G_{22}(s)-G_{22m}(s))\mathrm{e}^{-\tau_4 s}} \tag{12-8}$$

式中，$G_{22m}(s)$ 是被控对象 $G_{22}(s)$ 的预估模型.

(2) 来自控制预解耦器 CPD 节点中，闭环控制回路 1 的 $C_1(s)$ 控制单元输出信号 $u_1(s)$ 与交叉解耦通道传递函数预估模型 $P_{12m}(s)$ 的输出信号 $y_{p12m}(s)$ 相减后得到信号 $u_{p1m}(s)$，即 $u_{p1m}(s)=u_1(s)-y_{p12m}(s)$；将 $u_{p1m}(s)$ 作用于闭环控制回路 2，从输入信号 $u_{p1m}(s)$ 到输出信号 $y_2(s)$ 之间的闭环传递函数为

$$\frac{y_2(s)}{u_{p1m}(s)}=\frac{(P_{21m}(s)G_{22m}(s)-G_{21m}(s))C_2(s)\mathrm{e}^{-\tau_3 s}G_{22}(s)}{1+C_2(s)G_{22m}(s)+C_2(s)\mathrm{e}^{-\tau_3 s}(G_{22}(s)-G_{22m}(s))\mathrm{e}^{-\tau_4 s}} \tag{12-9}$$

(3) 来自闭环控制回路 1 的解耦执行器 DA_1 节点中的解耦控制信号 $u_{p1}(s)$，通过交叉解耦通路传递函数 $P_{21}(s)$，以及通过被控对象交叉通道传递函数 $G_{21}(s)$ 和其预估模型 $G_{21m}(s)$ 作用于闭环控制回路 2，从输入信号 $u_{p1}(s)$ 到输出信号 $y_2(s)$ 之间的闭环传递函数为

$$\begin{aligned}\frac{y_2(s)}{u_{p1}(s)}=&\frac{(G_{21}(s)-P_{21}(s)G_{22}(s))(1+C_2(s)G_{22m}(s))}{1+C_2(s)G_{22m}(s)+C_2(s)\mathrm{e}^{-\tau_3 s}(G_{22}(s)-G_{22m}(s))\mathrm{e}^{-\tau_4 s}}\\&+\frac{C_2(s)\mathrm{e}^{-\tau_3 s}(G_{22m}(s)G_{21}(s)-G_{22}(s)G_{21m}(s))\mathrm{e}^{-\tau_4 s}}{1+C_2(s)G_{22m}(s)+C_2(s)\mathrm{e}^{-\tau_3 s}(G_{22}(s)-G_{22m}(s))\mathrm{e}^{-\tau_4 s}}\end{aligned} \tag{12-10}$$

采用方法 1,当 $G_{22m}(s)=G_{22}(s)$、$G_{21m}(s)=G_{21}(s)$、$P_{21m}(s)=P_{21}(s)$时,闭环控制回路 2 的闭环特征方程将由 $1+C_2(s)G_{22m}(s)+C_2(s)\mathrm{e}^{-\tau_3 s}(G_{22}(s)-G_{22m}(s))\cdot \mathrm{e}^{-\tau_4 s}=0$ 变成 $1+C_2(s)G_{22}(s)=0$,其闭环特征方程中不再包含影响系统稳定性的网络时延 τ_3 和 τ_4 的指数项 $\mathrm{e}^{-\tau_3 s}$和 $\mathrm{e}^{-\tau_4 s}$,从而可降低网络时延对系统稳定性的影响,改善系统的动态控制性能质量,实现对时变网络时延的动态补偿与控制.

方法 1 适用于被控对象预估模型等于其真实模型的一种 TITO-NDCS 时变网络时延的补偿与控制,其研究思路与研究方法也适用于被控对象预估模型等于其真实模型的两个以上输入和输出所构成的 MIMO-NDCS 时变网络时延的补偿与控制.

12.5 方 法 2

现对图 12.2 中的闭环控制回路 1 和闭环控制回路 2 进行如下改变.

第一步:为了实现满足预估补偿条件时,闭环控制回路 1 的闭环特征方程中不再包含网络时延的指数项,以实现对网络时延 τ_1 和 τ_2 的补偿与控制.围绕被控对象 $G_{11}(s)$,以闭环控制回路 1 的输出 $y_1(s)$作为输入信号,将 $y_1(s)$通过预估控制器 $C_{1m}(s)$并构造一个负反馈预估控制回路;同时将 $y_1(s)$通过网络传输时延预估模型 $\mathrm{e}^{-\tau_{2m}s}$和预估控制器 $C_{1m}(s)$以及网络传输时延预估模型 $\mathrm{e}^{-\tau_{1m}s}$后构造一个正反馈预估控制回路.

与此同时,为了实现满足预估补偿条件时,闭环控制回路 2 的闭环特征方程中不再包含网络时延的指数项,以实现对网络时延 τ_3 和 τ_4 的补偿与控制.围绕被控对象 $G_{22}(s)$,以闭环控制回路 2 的输出 $y_2(s)$作为输入信号,将 $y_2(s)$通过预估控制器 $C_{2m}(s)$并构造一个负反馈预估控制回路;同时将 $y_2(s)$通过网络传输时延预估模型 $\mathrm{e}^{-\tau_{4m}s}$和预估控制器 $C_{2m}(s)$以及网络传输时延预估模型 $\mathrm{e}^{-\tau_{3m}s}$后构造一个正反馈预估控制回路.

实施第一步之后,图 12.2 变成图 12.5 所示的结构.

第二步:针对实际 TITO-NDCS 中,难以获取网络时延准确值的问题.在图 12.5 中要实现对网络时延的补偿与控制,必须要满足网络时延预估模型 $\mathrm{e}^{-\tau_{1m}s}$和 $\mathrm{e}^{-\tau_{2m}s}$等于其真实模型 $\mathrm{e}^{-\tau_1 s}$和 $\mathrm{e}^{-\tau_2 s}$的条件,以及满足预估控制器 $C_{1m}(s)$等于其真实控制器 $C_1(s)$的条件(由于控制器 $C_1(s)$是人为设计与选择的,自然满足 $C_{1m}(s)=C_1(s)$).为此,从传感器 S_1 节点到控制器 C 节点之间,以及从控制器 C 节点到解耦执行器 DA_1 节点之间,采用真实的网络数据传输过程 $\mathrm{e}^{-\tau_2 s}$和 $\mathrm{e}^{-\tau_1 s}$代替其间网络时延的预估补偿模型 $\mathrm{e}^{-\tau_{2m}s}$和 $\mathrm{e}^{-\tau_{1m}s}$.

与此同时,在图 12.5 中要实现对网络时延的补偿与控制,必须满足网络时延

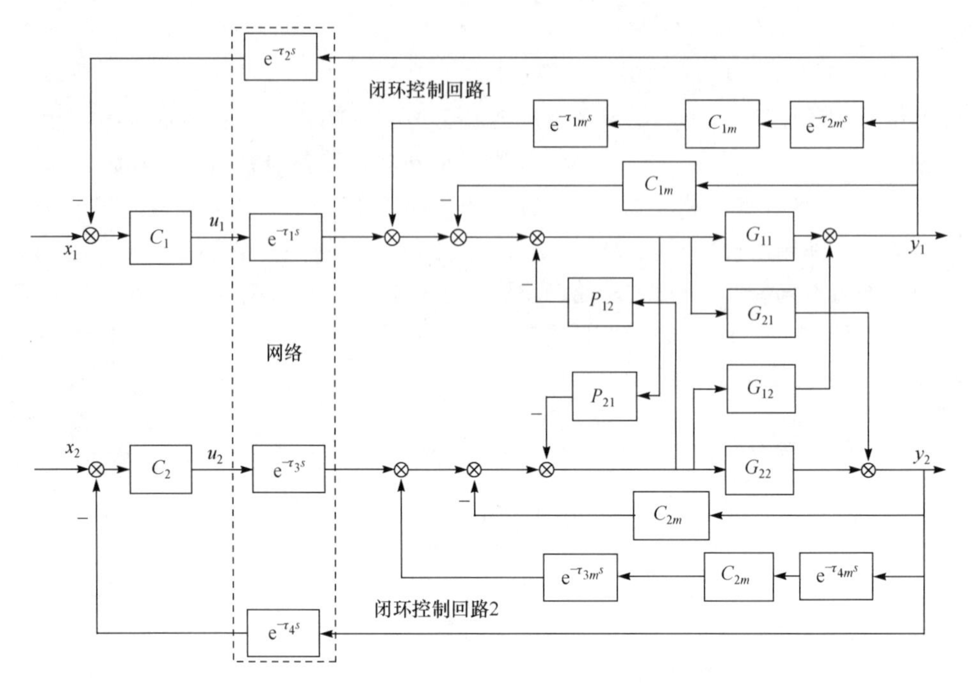

图 12.5　一种包含预估时延模型和预估控制器模型的 TITO-NDCS 时延补偿结构

预估模型 $e^{-\tau_{3m}s}$ 和 $e^{-\tau_{4m}s}$ 等于其真实模型 $e^{-\tau_3 s}$ 和 $e^{-\tau_4 s}$ 的条件，以及满足预估控制器 $C_{2m}(s)$ 等于其真实控制器 $C_2(s)$ 的条件(由于控制器 $C_2(s)$ 是人为设计与选择的，自然满足 $C_{2m}(s)=C_2(s)$). 为此，从传感器 S_2 节点到控制器 C 节点之间，以及从控制器 C 节点到解耦执行器 DA_2 节点之间，采用真实的网络数据传输过程 $e^{-\tau_4 s}$ 以及 $e^{-\tau_3 s}$ 代替其间网络时延的预估补偿模型 $e^{-\tau_{4m}s}$ 以及 $e^{-\tau_{3m}s}$.

实施第二步之后，图 12.5 变成图 12.6 所示的结构.

第三步：将图 12.6 中的控制器 $C_1(s)$ 按传递函数等价变换规则进一步化简，得到图 12.7 所示的时延补偿方法 2 的网络时延补偿结构，从结构上实现系统不包含其间网络时延预估补偿模型，从而免除对闭环控制回路 1 中，节点与节点之间网络时延 τ_1 和 τ_2 的测量、估计或辨识；可实现对网络时延 τ_1 和 τ_2 的补偿与控制.

与此同时，将图 12.6 中的控制器 $C_2(s)$，按传递函数等价变换规则进一步化简，得到图 12.7 所示的时延补偿方法 2 的网络时延补偿结构，从结构上实现系统不包含其间网络时延预估补偿模型，从而免除对闭环控制回路 2 中，节点与节点之间网络时延 τ_3 和 τ_4 的测量、估计或辨识；可实现对网络时延 τ_3 和 τ_4 的补偿与控制.

实施第三步之后，图 12.6 变成图 12.7 所示的结构.

现对图 12.7 中的闭环控制回路 1 分析如下：

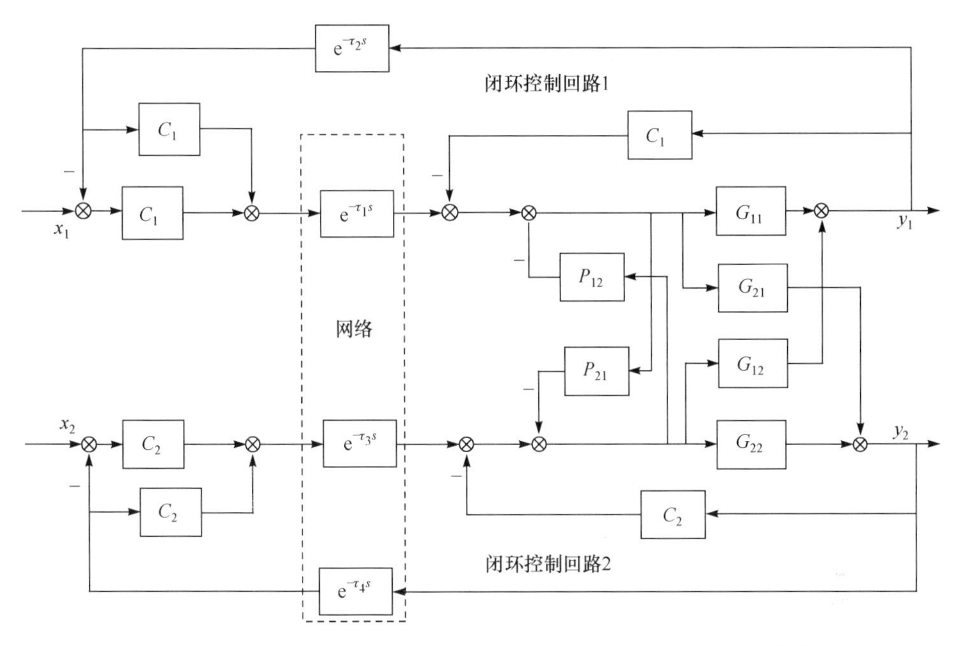

图 12.6　用真实模型代替预估模型的 TITO-NDCS 时延补偿结构

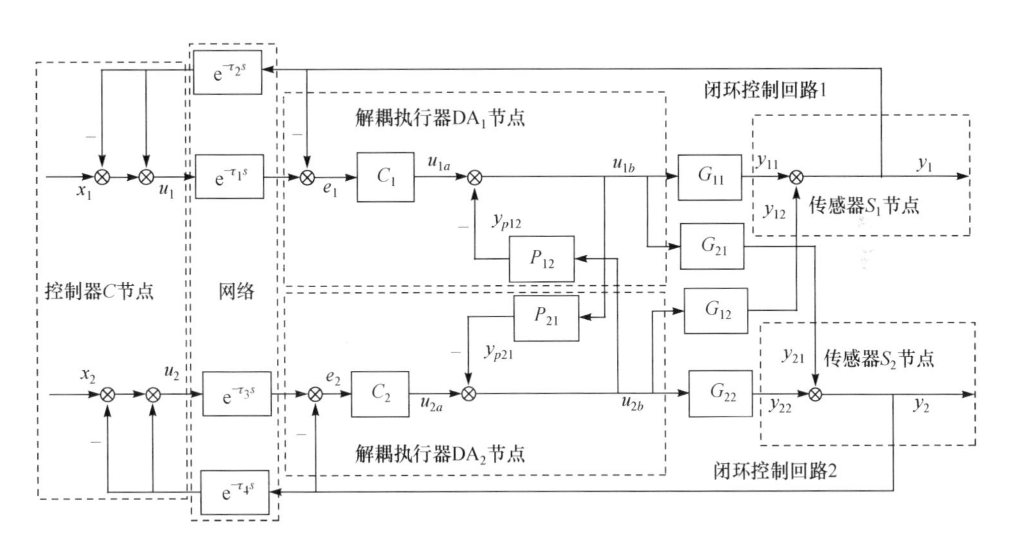

图 12.7　基于 TITO-NDCS 结构(2)的时延补偿方法 2

(1) 从输入信号 $x_1(s)$ 到输出信号 $y_1(s)$ 之间的闭环传递函数为

$$\frac{y_1(s)}{x_1(s)}=\frac{e^{-\tau_1 s}C_1(s)G_{11}(s)}{1+C_1(s)G_{11}(s)} \tag{12-11}$$

(2)来自闭环控制回路 2 解耦执行器 DA_2 节点的输出信号 $u_{2b}(s)$，通过交叉解

耦通道传递函数 $P_{12}(s)$和被控对象交叉通道传递函数 $G_{12}(s)$作用于闭环控制回路1,从输入信号 $u_{2b}(s)$到输出信号 $y_1(s)$之间的闭环传递函数为

$$\frac{y_1(s)}{u_{2b}(s)}=\frac{G_{12}(s)-P_{12}(s)G_{11}(s)}{1+C_1(s)G_{11}(s)} \tag{12-12}$$

采用方法 2,闭环控制回路 1 的闭环特征方程为 $1+C_1(s)G_{11}(s)=0$,其闭环特征方程中不再包含影响系统稳定性的网络时延 τ_1 和 τ_2 的指数项 $e^{-\tau_1 s}$和 $e^{-\tau_2 s}$,从而可降低网络时延对系统稳定性的影响,改善系统的动态控制性能质量,实现对随机网络时延的动态补偿与控制.

接着对图 12.7 中的闭环控制回路 2 进行分析:

(1) 从输入信号 $x_2(s)$到输出信号 $y_2(s)$之间的闭环传递函数为

$$\frac{y_2(s)}{x_2(s)}=\frac{e^{-\tau_3 s}C_2(s)G_{22}(s)}{1+C_2(s)G_{22}(s)} \tag{12-13}$$

(2) 来自闭环控制回路 1 中解耦执行器 DA_1 节点中的输出信号 $u_{1b}(s)$,通过交叉解耦通道传递函数 $P_{21}(s)$和被控对象交叉通道传递函数 $G_{21}(s)$作用于闭环控制回路 2,从输入信号 $u_{1b}(s)$到输出信号 $y_2(s)$之间的闭环传递函数为

$$\frac{y_2(s)}{u_{1b}(s)}=\frac{G_{21}(s)-P_{21}(s)G_{22}(s)}{1+C_2(s)G_{22}(s)} \tag{12-14}$$

采用方法 2,闭环控制回路 2 的闭环特征方程为 $1+C_2(s)G_{22}(s)=0$,其闭环特征方程中不再包含影响系统稳定性的网络时延 τ_3 和 τ_4 的指数项 $e^{-\tau_3 s}$和 $e^{-\tau_4 s}$,从而可降低网络时延对系统稳定性的影响,改善系统的动态控制性能质量,实现对随机网络时延的动态补偿与控制.

方法 2 适用于被控对象模型已知或未确知的一种 TITO-NDCS 随机网络时延的补偿与控制,其研究思路与研究方法同样适用于被控对象模型已知或未确知的两个以上输入和输出所构成的 MIMO-NDCS 随机网络时延的补偿与控制.

12.6　方法特点

方法 1 和方法 2 具有如下特点:

(1) 从系统结构上实现,免除对 TITO-NDCS 中,网络时延的测量、观测、估计或辨识,同时还免除节点时钟信号同步的要求,进而可避免时延估计模型不准确造成的估计误差,避免对时延辨识所需耗费节点存储资源的浪费,还可避免由于时延造成的“空采样”或“多采样”所带来的补偿误差.

(2) 从 TITO-NDCS 结构上实现,与具体的网络通信协议的选择无关,因此既适用于采用有线网络协议的 TITO-NDCS,也适用于无线网络协议的 TITO-NDCS;既适用于确定性网络协议,也适用于非确定性的网络协议;既适用于异构

网络构成的 TITO-NDCS,也适用于异质网络构成的 TITO-NDCS.

(3) 从 TITO-NDCS 结构上实现,与具体控制器的控制策略的选择无关,因此既可用于采用常规控制的 TITO-NDCS,也可用于采用智能控制或采用复杂控制策略的 TITO-NDCS.

(4) 采用的是"软件"改变 TITO-NDCS 结构的补偿与控制方法,因此在其实现过程中无须再增加任何硬件设备,利用现有 TITO-NDCS 智能节点自带的软件资源,足以实现其补偿功能,可节省硬件投资,便于推广和应用.

12.7 本章小结

本章首先简要介绍了 MIMO-NDCS 的研究状况,然后重点分析了 TITO-NDCS 结构(2)存在的难点问题,并提出了从结构上解决网络时延的基本思路与两种时延补偿方法,最后说明了两种时延补偿方法的特点及其适合范围.

第 13 章　TITO-NDCS 结构(3)时延补偿方法

13.1 引　　言

本章主要研究 MIMO-NDCS 的时延补偿方法. 为了便于分析，以一种 TITO-NDCS 结构(3)为例，研究并提出一种时延补偿方法. 其研究范围涉及自动控制、网络通信与计算机等技术的交叉领域，尤其涉及带宽资源有限的 MIMO-NDCS 技术领域.

13.2 TITO-NDCS 结构(3)存在的问题

针对 MIMO-NDCS 中的一种 TITO-NDCS 结构(3)如图 13.1 所示.

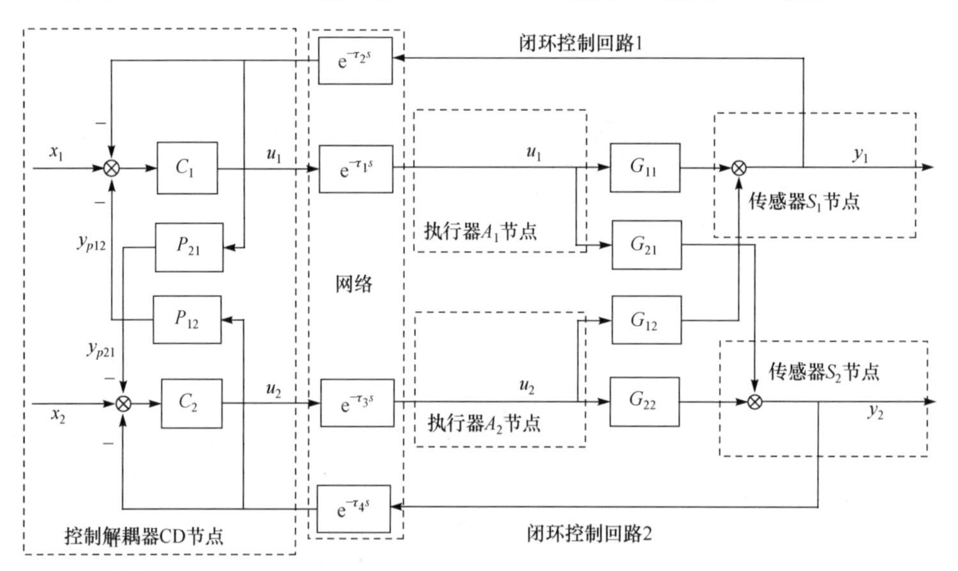

图 13.1　一种 TITO-NDCS 结构(3)

现对图 13.1 中的闭环控制回路 1 分析如下：

(1) 从输入信号 $x_1(s)$到输出信号 $y_1(s)$之间的闭环传递函数为

$$\frac{y_1(s)}{x_1(s)}=\frac{C_1(s)\mathrm{e}^{-\tau_1 s}G_{11}(s)}{1+C_1(s)\mathrm{e}^{-\tau_1 s}G_{11}(s)\mathrm{e}^{-\tau_2 s}} \tag{13-1}$$

式中，$C_1(s)$是控制单元；$G_{11}(s)$是被控对象；τ_1 表示将控制解耦器 CD 节点输出信

号 $u_1(s)$，经前向网络通路传输到执行器 A_1 节点所经历的网络时延；τ_2 表示将输出信号 τ_3 从传感器 S_1 节点，经反馈网络通路传输到控制解耦器 CD 节点所经历的网络时延.

(2) 来自闭环控制回路 2 的反馈网络通路信号 $y_2(s)$，通过反馈解耦通道传递函数 $P_{12}(s)$作用于闭环控制回路 1，从输入信号 $y_2(s)$到输出信号 $y_1(s)$之间的闭环传递函数为

$$\frac{y_1(s)}{y_2(s)}=\frac{-P_{12}(s)C_1(s)\mathrm{e}^{-\tau_1 s}G_{11}(s)}{1+C_1(s)\mathrm{e}^{-\tau_1 s}G_{11}(s)\mathrm{e}^{-\tau_2 s}} \tag{13-2}$$

(3) 来自闭环控制回路 2 的执行器 A_2 节点的输出信号 $u_2(s)$，通过被控对象交叉通道传递函数 $G_{12}(s)$影响闭环控制回路 1 的输出信号 $y_1(s)$，从输入信号 $u_2(s)$到输出信号 $y_1(s)$之间的闭环传递函数为

$$\frac{y_1(s)}{u_2(s)}=\frac{G_{12}(s)}{1+C_1(s)\mathrm{e}^{-\tau_1 s}G_{11}(s)\mathrm{e}^{-\tau_2 s}} \tag{13-3}$$

式(13-1)～式(13-3)的分母 $1+C_1(s)\mathrm{e}^{-\tau_1 s}G_{11}(s)\mathrm{e}^{-\tau_2 s}$中，包含了网络时延 τ_1 和 τ_2 的指数项 $\mathrm{e}^{-\tau_1 s}$和 $\mathrm{e}^{-\tau_2 s}$，时延的存在将恶化控制系统的性能质量，甚至导致系统失去稳定性.

接着对图 13.1 中的闭环控制回路 2 进行分析：

(1) 从输入信号 $x_2(s)$到输出信号 $y_2(s)$之间的闭环传递函数为

$$\frac{y_2(s)}{x_2(s)}=\frac{C_2(s)\mathrm{e}^{-\tau_3 s}G_{22}(s)}{1+C_2(s)\mathrm{e}^{-\tau_3 s}G_{22}(s)\mathrm{e}^{-\tau_4 s}} \tag{13-4}$$

式中，$C_2(s)$是控制单元；$G_{22}(s)$是被控对象；τ_3 表示将控制解耦器 CD 节点输出信号$u_2(s)$，经前向网络通路传输到执行器 A_2 节点所经历的网络时延；τ_4 表示将输出信号 $y_2(s)$从传感器 S_2 节点，经反馈网络通路传输到控制解耦器 CD 节点所经历的网络时延.

(2) 来自闭环控制回路 1 的反馈网络通路信号 $y_1(s)$，通过反馈解耦通道传递函数 $P_{21}(s)$作用于闭环控制回路 2，从输入信号 $y_1(s)$到输出信号 $y_2(s)$之间的闭环传递函数为

$$\frac{y_2(s)}{y_1(s)}=\frac{-P_{21}(s)C_2(s)\mathrm{e}^{-\tau_3 s}G_{22}(s)}{1+C_2(s)\mathrm{e}^{-\tau_3 s}G_{22}(s)\mathrm{e}^{-\tau_4 s}} \tag{13-5}$$

(3) 来自闭环控制回路 1 的执行器 A_1 节点的输出信号 $u_1(s)$，通过被控对象交叉通道传递函数 $G_{21}(s)$影响闭环控制回路 2 的输出信号 $y_2(s)$，从输入信号 $u_1(s)$到输出信号 $y_2(s)$之间的闭环传递函数为

$$\frac{y_2(s)}{u_1(s)}=\frac{G_{21}(s)}{1+C_2(s)\mathrm{e}^{-\tau_3 s}G_{22}(s)\mathrm{e}^{-\tau_4 s}} \tag{13-6}$$

式(13-4)～式(13-6)的分母 $1+C_2(s)e^{-\tau_3 s}G_{22}(s)e^{-\tau_4 s}$ 中，包含了网络时延 τ_3 和 τ_4 的指数项 $e^{-\tau_3 s}$ 和 $e^{-\tau_4 s}$，时延的存在将恶化控制系统的性能质量，甚至导致系统失去稳定性.

针对图 13.1 的 TITO-NDCS,其闭环控制回路 1 的闭环传递函数等式(13-1)～式(13-3)的分母中，均包含了网络时延 τ_1 和 τ_2 的指数项 $e^{-\tau_1 s}$ 和 $e^{-\tau_2 s}$，以及闭环控制回路 2 的闭环传递函数等式(13-4)～式(13-6)的分母中，均包含了网络时延 τ_3 和 τ_4 的指数项 $e^{-\tau_3 s}$ 和 $e^{-\tau_4 s}$；时延的存在会降低各自闭环控制回路的控制性能质量并影响各自闭环控制回路的稳定性，同时将降低整个系统的控制性能质量并影响整个系统的稳定性，严重时将导致整个系统失去稳定性.

为此，提出一种免除对各闭环控制回路中，节点与节点之间网络时延 τ_1 和 τ_2、τ_3 和 τ_4 的测量、估计或辨识的时延补偿方法. 当被控对象预估模型等于其真实模型时，可实现各自闭环控制回路的特征方程中不包含网络时延的指数项，进而可降低网络时延对系统稳定性的影响，改善系统的动态性能质量，实现对 TITO-NDCS 网络时延的分段、实时、在线和动态的预估补偿与控制.

13.3 时延补偿方法

现对图 13.1 中的闭环控制回路 1 和闭环控制回路 2 进行如下改变.

第一步：为了实现满足预估补偿条件时，闭环控制回路 1 的闭环特征方程中不再包含网络时延的指数项，以实现对网络时延 τ_1 和 τ_2 的补偿与控制，在控制解耦器 CD 节点中围绕控制器 $C_1(s)$，采用以控制信号 $u_1(s)$ 和 $u_2(s)$ 作为输入信号，被控对象预估模型 $G_{11m}(s)$ 和 $G_{12m}(s)$ 作为被控过程，控制与过程数据通过网络传输时延预估模型 $e^{-\tau_{1m}s}$ 以及 $e^{-\tau_{2m}s}$，围绕控制器 $C_1(s)$ 构造一个负反馈预估控制回路和一个正反馈预估控制回路.

与此同时，为了实现满足预估补偿条件时，闭环控制回路 2 的闭环特征方程中不再包含网络时延的指数项，以实现对网络时延 τ_3 和 τ_4 的补偿与控制，在控制解耦器 CD 节点中围绕控制器 $C_2(s)$，采用以控制信号 $u_1(s)$ 和 $u_2(s)$ 作为输入信号，被控对象预估模型 $G_{22m}(s)$ 和 $G_{21m}(s)$ 作为被控过程，控制与过程数据通过网络时延传输预估模型 $e^{-\tau_{3m}s}$ 以及 $e^{-\tau_{4m}s}$，围绕控制器 $C_2(s)$ 构造一个负反馈预估控制回路和一个正反馈预估控制回路.

实施第一步之后，图 13.1 变成图 13.2 所示的结构.

第二步：针对实际 TITO-NDCS 中，难以获取网络时延准确值的问题. 在图 13.2 中要实现对网络时延的补偿与控制，除了要满足被控对象预估模型等于其真实模型的条件外，还必须满足网络时延预估模型 $e^{-\tau_{1m}s}$ 以及 $e^{-\tau_{2m}s}$ 等于其真实模型 $e^{-\tau_1 s}$ 以及 $e^{-\tau_2 s}$ 的条件. 为此，从传感器 S_1 节点到控制解耦器 CD 节点之间，以及

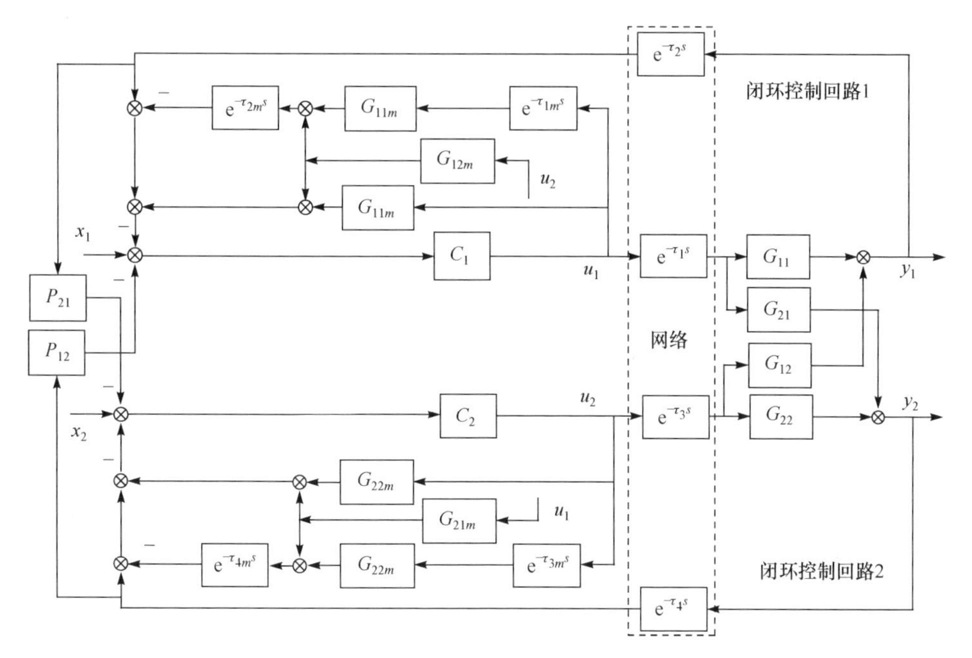

图 13.2　一种包含预估时延模型和预估被控对象模型的 TITO-NDCS 时延补偿结构

从控制解耦器 CD 节点到执行器 A_1 节点之间，采用真实的网络数据传输过程 $e^{-\tau_2 s}$ 以及 $e^{-\tau_1 s}$ 代替其间网络时延的预估补偿模型 $e^{-\tau_{2m} s}$ 以及 $e^{-\tau_{1m} s}$. 无论被控对象的预估模型是否等于其真实模型，都可以从系统结构上实现不包含其间网络时延的预估补偿模型，从而免除对闭环控制回路 1 中，节点与节点之间网络时延 τ_1 和 τ_2 的测量、估计或辨识. 当被控对象的预估模型等于其真实模型时，可实现对其网络时延 τ_1 和 τ_2 的完全补偿与控制.

与此同时，在图 13.2 中要实现对网络时延的补偿与控制，除了要满足被控对象预估模型等于其真实模型的条件外，还必须满足网络时延预估模型 $e^{-\tau_{3m} s}$ 以及 $e^{-\tau_{4m} s}$ 等于其真实模型 $e^{-\tau_3 s}$ 以及 $e^{-\tau_4 s}$ 的条件. 为此，从传感器 S_2 节点到控制解耦器 CD 节点之间，以及从控制解耦器 CD 节点到执行器 A_2 节点之间，采用真实的网络数据传输过程 $e^{-\tau_4 s}$ 以及 $e^{-\tau_3 s}$ 代替其间网络时延的预估补偿模型 $e^{-\tau_{4m} s}$ 以及 $e^{-\tau_{3m} s}$，无论被控对象的预估模型是否等于其真实模型，都可以从系统结构上实现不包含其间网络时延的预估补偿模型，从而免除对闭环控制回路 2 中，节点与节点之间网络时延 τ_3 和 τ_4 的测量、估计或辨识. 当被控对象的预估模型等于其真实模型时，可实现对其网络时延 τ_3 和 τ_4 的完全补偿与控制.

实施第二步之后，图 13.2 变成图 13.3 所示的结构.

现对图 13.3 中的闭环控制回路 1 分析如下：

(1) 从输入信号 $x_1(s)$ 到输出信号 $y_1(s)$ 之间的闭环传递函数为

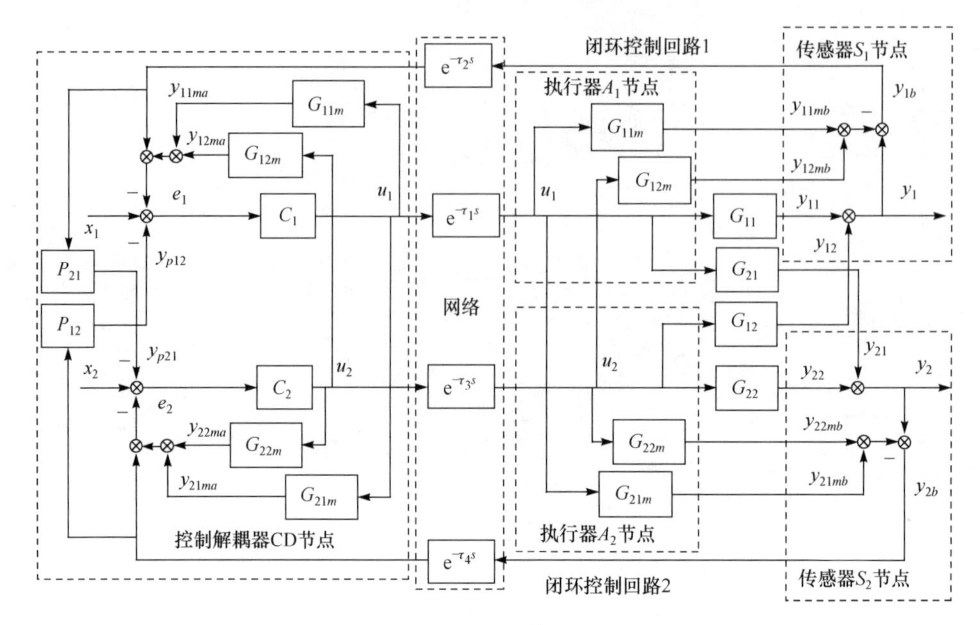

图 13.3　基于 TITO-NDCS 结构(3)的时延补偿方法

$$\frac{y_1(s)}{x_1(s)}=\frac{C_1(s)\mathrm{e}^{-\tau_1 s}G_{11}(s)}{1+C_1(s)G_{11m}(s)+C_1(s)\mathrm{e}^{-\tau_1 s}(G_{11}(s)-G_{11m}(s))\mathrm{e}^{-\tau_2 s}} \tag{13-7}$$

式中,$G_{11m}(s)$是被控对象 $G_{11}(s)$的预估模型.

(2) 来自闭环控制回路 2 的反馈网络通路信号 $y_{2b}(s)$,通过反馈解耦通道传递函数 $P_{12}(s)$作用于闭环控制回路 1,从输入信号 $y_{2b}(s)$到输出信号 $y_1(s)$之间的闭环传递函数为

$$\frac{y_1(s)}{y_{2b}(s)}=\frac{-P_{12}(s)C_1(s)\mathrm{e}^{-\tau_1 s}G_{11}(s)}{1+C_1(s)G_{11m}(s)+C_1(s)\mathrm{e}^{-\tau_1 s}(G_{11}(s)-G_{11m}(s))\mathrm{e}^{-\tau_2 s}} \tag{13-8}$$

(3) 来自闭环控制回路 2 的 $C_2(s)$控制器输出信号 $u_2(s)$,在控制解耦器 CD 中通过被控对象交叉通道传递函数预估模型 $G_{12m}(s)$作用于闭环控制回路 1;来自闭环控制回路 2 执行器 A_2 节点的控制信号 $u_2(s)$,同时通过被控对象交叉通道传递函数 $G_{12}(s)$和其预估模型 $G_{12m}(s)$作用于闭环控制回路 1;从输入信号 $u_2(s)$到输出信号 $y_1(s)$之间的闭环传递函数为

$$\begin{aligned}\frac{y_1(s)}{u_2(s)}=&\frac{G_{12}(s)(1+C_1(s)G_{11m}(s))+C_1(s)\mathrm{e}^{-\tau_1 s}(G_{11}(s)G_{12m}(s)-G_{11m}(s)G_{12}(s))\mathrm{e}^{-\tau_2 s}}{1+C_1(s)G_{11m}(s)+C_1(s)\mathrm{e}^{-\tau_1 s}(G_{11}(s)-G_{11m}(s))\mathrm{e}^{-\tau_2 s}}\\&+\frac{-G_{12m}(s)C_1(s)\mathrm{e}^{-\tau_1 s}G_{11}(s)}{1+C_1(s)G_{11m}(s)+C_1(s)\mathrm{e}^{-\tau_1 s}(G_{11}(s)-G_{11m}(s))\mathrm{e}^{-\tau_2 s}}\end{aligned} \tag{13-9}$$

采用本方法,当被控对象预估模型等于其真实模型时,即当 $G_{11m}(s)=G_{11}(s)$、$G_{12m}(s)=G_{12}(s)$时,闭环控制回路 1 的闭环特征方程将由$1+C_1(s)G_{11m}(s)+C_1(s)\cdot$

$e^{-\tau_1 s}(G_{11}(s)-G_{11m}(s))e^{-\tau_2 s}=0$ 变成 $1+C_1(s)G_{11}(s)=0$，其闭环特征方程中不再包含影响系统稳定性的网络时延 τ_1 和 τ_2 的指数项 $e^{-\tau_1 s}$ 和 $e^{-\tau_2 s}$，从而可降低网络时延对系统稳定性的影响，改善系统的动态控制性能质量，实现对网络时延的动态补偿与控制.

接着对图 13.3 中的闭环控制回路 2 进行分析：

(1) 从输入信号 $x_2(s)$ 到输出信号 $y_2(s)$ 之间的闭环传递函数为

$$\frac{y_2(s)}{x_2(s)}=\frac{C_2(s)e^{-\tau_3 s}G_{22}(s)}{1+C_2(s)G_{22m}(s)+C_2(s)e^{-\tau_3 s}(G_{22}(s)-G_{22m}(s))e^{-\tau_4 s}} \tag{13-10}$$

式中，$G_{22m}(s)$ 是被控对象 $G_{22}(s)$ 的预估模型.

(2) 来自闭环控制回路 1 的反馈网络通路信号 $y_{1b}(s)$，通过反馈解耦通道传递函数 $P_{21}(s)$ 作用于闭环控制回路 2，从输入信号 $y_{1b}(s)$ 到输出信号 $y_2(s)$ 之间的闭环传递函数为

$$\frac{y_2(s)}{y_{1b}(s)}=\frac{-P_{21}(s)C_2(s)e^{-\tau_3 s}G_{22}(s)}{1+C_2(s)G_{22m}(s)+C_2(s)e^{-\tau_3 s}(G_{22}(s)-G_{22m}(s))e^{-\tau_4 s}} \tag{13-11}$$

(3) 来自闭环控制回路 1 的 $C_1(s)$ 控制器输出信号 $u_1(s)$，在控制解耦器 CD 中通过被控对象交叉通道传递函数预估模型 $G_{21m}(s)$ 作用于闭环控制回路 2；来自闭环控制回路 1 执行器 A_1 节点的控制信号 $u_1(s)$，同时通过被控对象交叉通道传递函数 $G_{21}(s)$ 和其预估模型 $G_{21m}(s)$ 作用于闭环控制回路 2；从输入信号 $u_1(s)$ 到输出信号 $y_2(s)$ 之间的闭环传递函数为

$$\begin{aligned}\frac{y_2(s)}{u_1(s)}=&\frac{G_{21}(s)(1+C_2(s)G_{22m}(s))+C_2(s)e^{-\tau_3 s}(G_{22}(s)G_{21m}(s)-G_{22m}(s)G_{21}(s))e^{-\tau_4 s}}{1+C_2(s)G_{22m}(s)+C_2(s)e^{-\tau_3 s}(G_{22}(s)-G_{22m}(s))e^{-\tau_4 s}}\\&+\frac{-G_{21m}(s)C_2(s)e^{-\tau_3 s}G_{22}(s)}{1+C_2(s)G_{22m}(s)+C_2(s)e^{-\tau_3 s}(G_{22}(s)-G_{22m}(s))e^{-\tau_4 s}}\end{aligned} \tag{13-12}$$

采用本方法，当被控对象预估模型等于其真实的模型，即当 $G_{22m}(s)=G_{22}(s)$、$G_{21m}(s)=G_{21}(s)$ 时，闭环控制回路 2 的闭环特征方程将由 $1+C_2(s)G_{22m}(s)+C_2(s)\cdot e^{-\tau_3 s}(G_{22}(s)-G_{22m}(s))e^{-\tau_4 s}=0$ 变成 $1+C_2(s)G_{22}(s)=0$，其闭环特征方程中不再包含影响系统稳定性的网络时延 τ_3 和 τ_4 的指数项 $e^{-\tau_3 s}$ 和 $e^{-\tau_4 s}$，从而可降低网络时延对系统稳定性的影响，改善系统的动态控制性能质量，实现对网络时延的动态补偿与控制.

本方法适用于被控对象预估模型等于其真实模型的一种 TITO-NDCS 网络时延的补偿与控制，其研究思路与方法同样适用于被控对象预估模型等于其真实模型的两个以上输入和输出构成的 MIMO-NDCS 网络时延的补偿与控制.

13.4 方法特点

时延补偿方法具有如下特点：

(1) 从系统结构上实现，免除对 TITO-NDCS 中，网络时延的测量、观测、估计或辨识，同时免除节点时钟信号同步的要求，进而可避免时延估计模型不准确造成的估计误差，避免对时延辨识所需耗费节点存储资源的浪费，同时避免由于时延造成的"空采样"或"多采样"带来的补偿误差.

(2) 从 TITO-NDCS 结构上实现，与具体的网络通信协议的选择无关，因此既适用于采用有线网络协议的 TITO-NDCS，也适用于无线网络协议的 TITO-NDCS；既适用于确定性网络协议，也适用于非确定性的网络协议；既适用于异构网络构成的 TITO-NDCS，也适用于异质网络构成的 TITO-NDCS.

(3) 从 TITO-NDCS 结构上实现，与具体控制器的控制策略的选择无关，因而既可用于采用常规控制的 TITO-NDCS，也可用于采用智能控制或采用复杂控制策略的 TITO-NDCS.

(4) 采用的是"软件"改变 TITO-NDCS 结构的补偿与控制方法，因而在其实现过程中无须再增加任何硬件设备，利用现有 TITO-NDCS 智能节点自带的软件资源，足以实现其补偿功能，可节省硬件投资，便于推广和应用.

13.5 本章小结

本章重点分析了 TITO-NDCS 结构(3)存在的问题，并提出了从结构上解决网络时延的基本思路与方法，最后说明了时延补偿方法的特点及其适合范围.

第 14 章 TITO-NDCS 结构(4)时延补偿方法

14.1 引 言

本章主要研究 MIMO-NDCS 的时延补偿方法. 为了便于分析,以一种 TITO-NDCS 结构(4)为例,研究并提出一种时延补偿方法. 其研究范围涉及自动控制、网络通信与计算机等技术的交叉领域,尤其涉及带宽资源有限的 MIMO-NDCS 技术领域.

14.2 TITO-NDCS 结构(4)存在的问题

针对 MIMO-NDCS 中的一种 TITO-NDCS 结构(4)如图 14.1 所示.

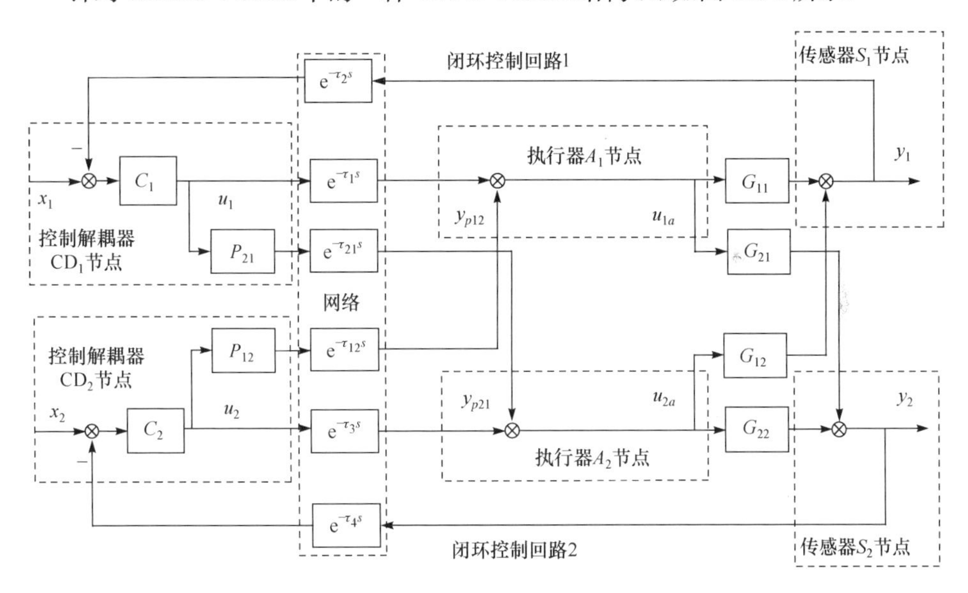

图 14.1 一种 TITO-NDCS 结构(4)

图 14.1 由闭环控制回路 1 和闭环控制回路 2 构成. 系统由传感器 S_1 和 S_2 节点、控制解耦器 CD_1 和 CD_2 节点、执行器 A_1 和 A_2 节点、被控对象传递函数 $G_{11}(s)$ 和 $G_{22}(s)$ 及被控对象交叉通道传递函数 $G_{21}(s)$ 和 $G_{12}(s)$、交叉解耦通道传递函数 $P_{21}(s)$ 和 $P_{12}(s)$、前向网络通路传输单元 $e^{-\tau_1 s}$ 和 $e^{-\tau_3 s}$ 及反馈网络通路传输单元 $e^{-\tau_2 s}$ 和 $e^{-\tau_4 s}$,以及交叉解耦网络通路传输单元 $e^{-\tau_{21} s}$ 和 $e^{-\tau_{12} s}$ 组成.

图 14.1 中，$x_1(s)$和 $x_2(s)$表示系统输入信号，$y_1(s)$和 $y_2(s)$表示系统输出信号，$C_1(s)$和 $C_2(s)$表示控制回路 1 和控制回路 2 的控制器，$u_1(s)$和 $u_2(s)$表示控制信号，$y_{p21}(s)$和 $y_{p12}(s)$表示交叉解耦通路输出信号，$u_{1a}(s)$和 $u_{2a}(s)$表示控制解耦信号，τ_1 和 τ_3 表示将控制信号 $u_1(s)$和 $u_2(s)$从控制解耦器 CD_1 和 CD_2 节点向执行器 A_1 和 A_2 节点传输所经历的前向网络通路传输时延，τ_2 和 τ_4 表示将传感器 S_1 和 S_2 节点的检测信号 $y_1(s)$和 $y_2(s)$向控制解耦器 CD_1 和 CD_2 节点传输所经历的反馈网络通路传输时延，τ_{21} 和 τ_{12} 表示将交叉解耦通道传递函数 $P_{21}(s)$和 $P_{12}(s)$的输出信号 $y_{p21}(s)$和 $y_{p12}(s)$向执行器 A_2 和 A_1 节点传输所经历的网络通路传输时延.

现对图 14.1 中的闭环控制回路 1 分析如下：

(1) 从输入信号 $x_1(s)$到输出信号 $y_1(s)$之间的闭环传递函数为

$$\frac{y_1(s)}{x_1(s)}=\frac{C_1(s)\mathrm{e}^{-\tau_1 s}G_{11}(s)}{1+C_1(s)\mathrm{e}^{-\tau_1 s}G_{11}(s)\mathrm{e}^{-\tau_2 s}} \tag{14-1}$$

式中，$C_1(s)$是控制单元；$G_{11}(s)$是被控对象；τ_1 表示将控制解耦器 CD_1 节点输出信号 $u_1(s)$，经前向网络通路传输到执行器 A_1 节点所经历的未知网络时延；τ_2 表示将输出信号 $y_1(s)$从传感器 S_1 节点，经反馈网络通路传输到控制解耦器 CD_1 节点所经历的未知网络时延.

(2) 来自闭环控制回路 2 中 $C_2(s)$控制单元的输出信号 $u_2(s)$，通过交叉解耦通道传递函数 $P_{12}(s)$和网络通路 $\mathrm{e}^{-\tau_{12}s}$单元作用于闭环控制回路 1，从输入信号 $u_2(s)$到输出信号 $y_1(s)$之间的闭环传递函数为

$$\frac{y_1(s)}{u_2(s)}=\frac{P_{12}(s)\mathrm{e}^{-\tau_{12}s}G_{11}(s)}{1+C_1(s)\mathrm{e}^{-\tau_1 s}G_{11}(s)\mathrm{e}^{-\tau_2 s}} \tag{14-2}$$

(3) 来自闭环控制回路 2 执行器 A_2 节点的输出信号 $u_{2a}(s)$，通过被控对象交叉通道传递函数 $G_{12}(s)$影响闭环控制回路 1 的输出信号 $y_1(s)$，从输入信号 $u_{2a}(s)$到输出信号 $y_1(s)$之间的闭环传递函数为

$$\frac{y_1(s)}{u_{2a}(s)}=\frac{G_{12}(s)}{1+C_1(s)\mathrm{e}^{-\tau_1 s}G_{11}(s)\mathrm{e}^{-\tau_2 s}} \tag{14-3}$$

式(14-1)～式(14-3)的分母 $1+C_1(s)\mathrm{e}^{-\tau_1 s}G_{11}(s)\mathrm{e}^{-\tau_2 s}$中，包含了未知网络时延 τ_1 和 τ_2 的指数项 $\mathrm{e}^{-\tau_1 s}$和 $\mathrm{e}^{-\tau_2 s}$，时延的存在将恶化控制系统的性能质量，甚至导致系统失去稳定性.

接着对图 14.1 中的闭环控制回路 2 进行分析：

(1) 从输入信号 $x_2(s)$到输出信号 $y_2(s)$之间的闭环传递函数为

$$\frac{y_2(s)}{x_2(s)}=\frac{C_2(s)\mathrm{e}^{-\tau_3 s}G_{22}(s)}{1+C_2(s)\mathrm{e}^{-\tau_3 s}G_{22}(s)\mathrm{e}^{-\tau_4 s}} \tag{14-4}$$

式中，$C_2(s)$是控制单元；$G_{22}(s)$是被控对象；τ_3 表示将控制解耦器 CD_2 节点输出信号 $u_{2a}(s)$，经前向网络通路传输到执行器 A_2 节点所经历的未知网络时延；τ_4 表示将输出信号 $y_2(s)$从传感器 S_2 节点，经反馈网络通路传输到控制解耦器 CD_2 节点所经历的未知网络时延.

(2) 来自闭环控制回路 1 中 $C_1(s)$控制单元的输出信号 $u_1(s)$，通过交叉解耦通道传递函数 $P_{21}(s)$和网络通路 $e^{-\tau_{21}s}$单元作用于闭环控制回路 2，从输入信号 $u_1(s)$到输出信号 $y_2(s)$之间的闭环传递函数为

$$\frac{y_2(s)}{u_1(s)}=\frac{P_{21}(s)e^{-\tau_{21}s}G_{22}(s)}{1+C_2(s)e^{-\tau_3 s}G_{22}(s)e^{-\tau_4 s}} \tag{14-5}$$

(3) 来自闭环控制回路 1 执行器 A_1 节点的输出信号 $u_{1a}(s)$，通过被控对象交叉通道传递函数 $G_{21}(s)$影响闭环控制回路 2 的输出信号 $y_2(s)$，从输入信号 $u_{1a}(s)$到输出信号 $y_2(s)$之间的闭环传递函数为

$$\frac{y_2(s)}{u_{1a}(s)}=\frac{G_{21}(s)}{1+C_2(s)e^{-\tau_3 s}G_{22}(s)e^{-\tau_4 s}} \tag{14-6}$$

式(14-4)～式(14-6)的分母 $1+C_2(s)e^{-\tau_3 s}G_{22}(s)e^{-\tau_4 s}$中，包含了未知网络时延 τ_3 和 τ_4 的指数项 $e^{-\tau_3 s}$和 $e^{-\tau_4 s}$，时延的存在将恶化控制系统的性能质量，甚至导致系统失去稳定性.

针对图 14.1 所示的 TITO-NDCS，其闭环控制回路 1 的闭环传递函数等式(14-1)～式(14-3)的分母中，均包含了未知网络时延 τ_1 和 τ_2 的指数项 $e^{-\tau_1 s}$和 $e^{-\tau_2 s}$；以及闭环控制回路 2 的闭环传递函数等式(14-4)～式(14-6)的分母中，均包含了未知网络时延 τ_3 和 τ_4 的指数项 $e^{-\tau_3 s}$和 $e^{-\tau_4 s}$. 时延的存在会降低各自闭环控制回路的控制性能质量并影响各自闭环控制回路的稳定性，同时将降低整个系统的控制性能质量并影响整个系统的稳定性，严重时将导致整个系统失去稳定性.

为此，提出了一种免除对各闭环控制回路中，节点与节点之间未知网络时延的测量、估计或辨识的时延补偿方法，进而降低网络时延对各自闭环控制回路以及整个控制系统控制性能质量与系统稳定性的影响，改善系统的动态性能质量，实现对 TITO-NDCS 未知网络时延的分段、实时、在线和动态的预估补偿与控制.

14.3　时延补偿方法

现对图 14.1 中的闭环控制回路 1 和闭环控制回路 2 进行如下改变.

第一步：为了实现满足预估补偿条件时，闭环控制回路 1 的闭环特征方程中不再包含网络时延的指数项，以实现对网络时延 τ_1 和 τ_2 的补偿与控制，围绕被控对象 $G_{11}(s)$，以闭环控制回路 1 的输出信号 $y_1(s)$作为输入信号，构造两个预估补偿

控制回路：一是将 $y_1(s)$通过预估控制器 $C_{1m}(s)$构造一个负反馈预估控制回路；二是将 $y_1(s)$通过网络传输时延预估模型 $e^{-\tau_{2m}s}$和预估控制器$C_{1m}(s)$以及网络传输时延预估模型 $e^{-\tau_{1m}s}$后构造一个正反馈预估控制回路. 与此同时，为了实现满足预估补偿条件时，闭环控制回路 2 的闭环特征方程中不再包含网络时延的指数项，以实现对网络时延 τ_3 和 τ_4 的补偿与控制，围绕被控对象 $G_{22}(s)$，以闭环控制回路 2 的输出信号 $y_2(s)$作为输入信号，构造两个预估补偿控制回路：一是将 $y_2(s)$通过预估控制器 $C_{2m}(s)$构造一个负反馈预估控制回路；二是将 $y_2(s)$通过网络传输时延预估模型 $e^{-\tau_{4m}s}$和预估控制器$C_{2m}(s)$以及网络传输时延预估模型 $e^{-\tau_{3m}s}$后构造一个正反馈预估控制回路.

实施第一步之后，图 14.1 变成图 14.2 所示的结构.

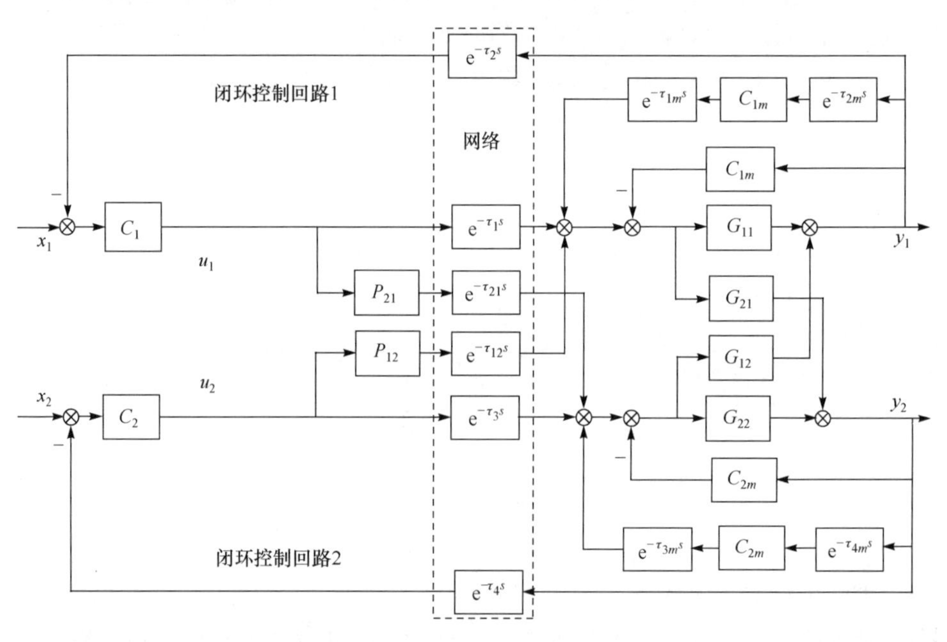

图 14.2　一种包含预估时延模型和预估控制器模型的 TITO-NDCS 时延补偿结构

第二步：针对实际 TITO-NDCS 中，难以获取网络时延准确值的问题. 在图 14.2 中要实现对网络时延的补偿与控制，必须满足网络时延预估模型 $e^{-\tau_{1m}s}$和 $e^{-\tau_{2m}s}$等于其真实模型 $e^{-\tau_1 s}$和 $e^{-\tau_2 s}$的条件，满足预估控制器 $C_{1m}(s)$等于其真实控制器 $C_1(s)$的条件（由于控制器 $C_1(s)$是人为设计与选择的，自然满足 $C_{1m}(s)=C_1(s)$）. 为此，从传感器 S_1 节点到控制解耦器 CD_1 节点之间，以及从控制解耦器 CD_1 节点到执行器 A_1 节点之间，采用真实的网络数据传输过程 $e^{-\tau_2 s}$以及 $e^{-\tau_1 s}$代替其间网络时延的预估补偿模型 $e^{-\tau_{2m}s}$以及 $e^{-\tau_{1m}s}$.

与此同时，在图 14.2 中要实现对网络时延的补偿与控制，还必须满足网络时

延预估模型 $e^{-\tau_{3m}s}$ 和 $e^{-\tau_{4m}s}$ 等于其真实模型 $e^{-\tau_3 s}$ 和 $e^{-\tau_4 s}$ 的条件，满足预估控制器 $C_{2m}(s)$等于其真实控制器 $C_2(s)$的条件(由于控制器 $C_2(s)$是人为设计与选择的，自然满足 $C_{2m}(s)=C_2(s)$). 为此，从传感器 S_2 节点到控制解耦器 CD_2 节点之间，以及从控制解耦器 CD_2 节点到执行器 A_2 节点之间，采用真实的网络数据传输过程 $e^{-\tau_4 s}$以及 $e^{-\tau_3 s}$代替其间网络时延的预估补偿模型 $e^{-\tau_{4m}s}$以及 $e^{-\tau_{3m}s}$.

实施第二步之后，图 14.2 变成图 14.3 所示的结构.

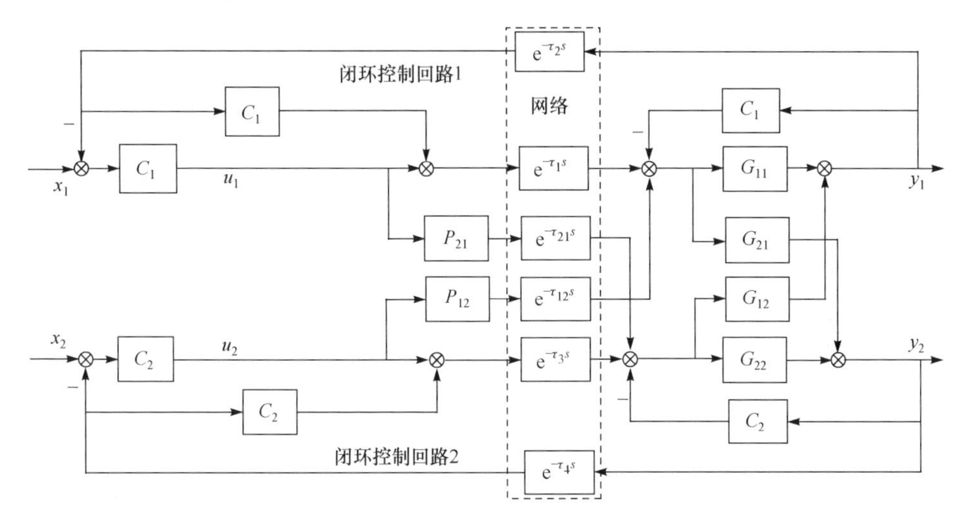

图 14.3　用真实模型代替预估模型的 TITO-NDCS 时延补偿结构

第三步：将图 14.3 中的控制器 $C_1(s)$，按传递函数等价变换规则进一步化简，得到如图 14.4 所示的实施本发明方法的网络时延补偿结构，从结构上实现系统不包含其间网络时延的预估补偿模型，从而免除对闭环控制回路 1 中，节点与节点之间网络时延 τ_1 和 τ_2 的测量、估计或辨识，可实现对网络时延 τ_1 和 τ_2 的补偿与控制.

与此同时，将图 14.3 中的控制器 $C_2(s)$，按传递函数等价变换规则进一步化简，得到如图 14.4 所示的实施本发明方法的网络时延补偿结构：从结构上实现系统不包含其间网络时延的预估补偿模型，从而免除对闭环控制回路 2 中，节点与节点之间网络时延 τ_3 和 τ_4 的测量、估计或辨识，可实现对网络时延 τ_3 和 τ_4 的补偿与控制.

实施第三步之后，图 14.3 变成图 14.4 所示的结构.

现对图 14.4 中的闭环控制回路 1 分析如下：

(1) 从输入信号 $x_1(s)$到输出信号 $y_1(s)$之间的闭环传递函数为

$$\frac{y_1(s)}{x_1(s)}=\frac{e^{-\tau_1 s}C_1(s)G_{11}(s)}{1+C_1(s)G_{11}(s)} \tag{14-7}$$

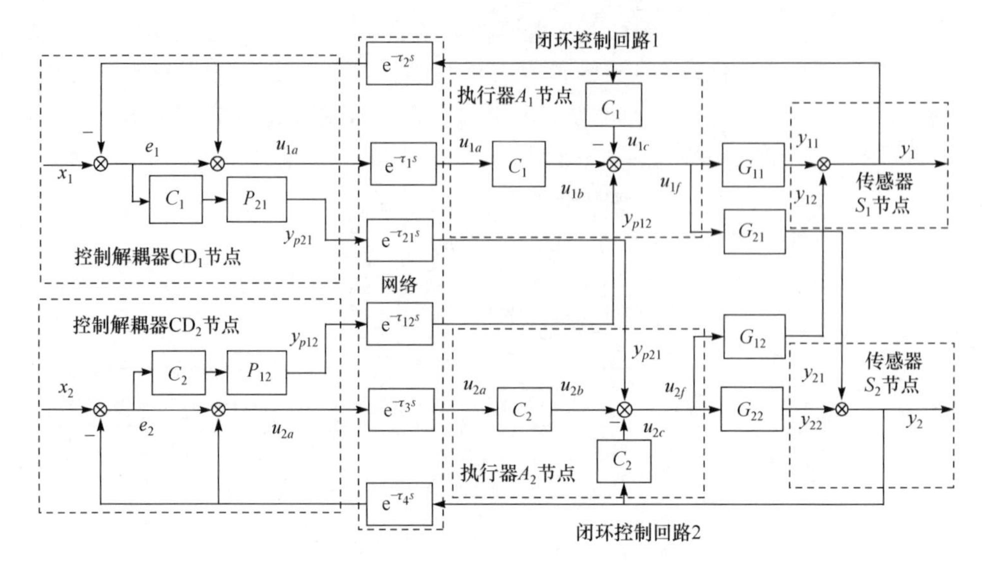

图 14.4 基于 TITO-NDCS 结构(4)的时延补偿方法

(2) 来自闭环控制回路 2 控制解耦器 CD_2 节点的 $e_2(s)$作为输入信号，通过 $C_2(s)$控制单元与交叉解耦通道传递函数 $P_{12}(s)$以及网络通路 $e^{-\tau_{12}s}$单元传输过来的信号 $y_{p12}(s)$作用于闭环控制回路 1，从输入信号 $e_2(s)$到输出信号 $y_1(s)$之间的闭环传递函数为

$$\frac{y_1(s)}{e_2(s)}=\frac{C_2(s)P_{12}(s)e^{-\tau_{12}s}G_{11}(s)}{1+C_1(s)G_{11}(s)} \tag{14-8}$$

(3) 来自闭环控制回路 2 执行器 A_2 节点输出信号 $u_{2f}(s)$，通过被控对象交叉通道传递函数 $G_{12}(s)$作用于闭环控制回路 1，从输入信号 $u_{2f}(s)$到输出信号 $y_1(s)$之间的闭环传递函数为

$$\frac{y_1(s)}{u_{2f}(s)}=\frac{G_{12}(s)}{1+C_1(s)G_{11}(s)} \tag{14-9}$$

从式(14-7)～式(14-9)中可以看出：闭环控制回路 1 的闭环特征方程 $1+C_1(s)\cdot G_{11}(s)=0$ 中，不再包含影响系统稳定性的网络时延 τ_1 和 τ_2 的指数项 $e^{-\tau_1 s}$ 和 $e^{-\tau_2 s}$，从而可降低网络时延对系统稳定性的影响，改善系统的动态控制性能质量，实现对未知网络时延的动态补偿与控制.

接着对图 14.4 中的闭环控制回路 2 进行分析：

(1) 从输入信号 $x_2(s)$到输出信号 $y_2(s)$之间的闭环传递函数为

$$\frac{y_2(s)}{x_2(s)}=\frac{e^{-\tau_3 s}C_2(s)G_{22}(s)}{1+C_2(s)G_{22}(s)} \tag{14-10}$$

(2) 来自闭环控制回路 1 控制解耦器 CD_1 节点的 $e_1(s)$ 作为输入信号，通过 $C_1(s)$ 控制单元与交叉解耦通道传递函数 $P_{21}(s)$ 以及网络通路 $e^{-\tau_{21}s}$ 单元传输过来的信号 $y_{p21}(s)$ 作用于闭环控制回路 2，从输入信号 $e_1(s)$ 到输出信号 $y_2(s)$ 之间的闭环传递函数为

$$\frac{y_2(s)}{e_1(s)}=\frac{C_1(s)P_{21}(s)e^{-\tau_{21}s}G_{22}(s)}{1+C_2(s)G_{22}(s)} \tag{14-11}$$

(3) 来自闭环控制回路 1 执行器 A_1 节点的输出信号 $u_{1f}(s)$，通过被控对象交叉通道传递函数 $G_{21}(s)$ 作用于闭环控制回路 2，从输入信号 $u_{1f}(s)$ 到输出信号 $y_2(s)$ 之间的闭环传递函数为

$$\frac{y_2(s)}{u_{1f}(s)}=\frac{G_{21}(s)}{1+C_2(s)G_{22}(s)} \tag{14-12}$$

从式(14-10)～式(14-12)中可以看出：闭环控制回路 2 的闭环特征方程 $1+C_2(s)G_{22}(s)=0$ 中，不再包含影响系统稳定性的网络时延 τ_3 和 τ_4 的指数项 $e^{-\tau_3 s}$ 和 $e^{-\tau_4 s}$，从而可降低网络时延对系统稳定性的影响，改善系统的动态控制性能质量，实现对未知网络时延的动态补偿与控制.

本方法适用于被控对象模型已知或未确知的一种 TITO-NDCS 未知网络时延的补偿与控制，其研究思路与研究方法同样适用于被控对象模型已知或未确知的两个以上输入和两个以上输出所构成的 MIMO-NDCS 未知网络时延的补偿与控制.

14.4　方 法 特 点

本方法具有如下特点：

(1) 从系统结构上实现，免除对 TITO-NDCS 中未知网络时延的测量、观测、估计或辨识，同时可免除节点时钟信号同步的要求，进而可避免时延估计模型不准确造成的估计误差，避免对时延辨识所需耗费节点存储资源的浪费，同时可避免由于时延造成的“空采样”或“多采样”带来的补偿误差.

(2) 从 TITO-NDCS 结构上实现，与具体的网络通信协议的选择无关，因此既适用于采用有线网络协议的 TITO-NDCS，也适用于无线网络协议的 TITO-NDCS；既适用于确定性网络协议，也适用于非确定性的网络协议；既适用于异构网络构成的 TITO-NDCS，也适用于异质网络构成的 TITO-NDCS.

(3) 从 TITO-NDCS 结构上实现，与具体控制器的控制策略的选择无关，因此既可用于采用常规控制的 TITO-NDCS，也可用于采用智能控制或复杂控制策略的 TITO-NDCS.

(4) 采用的是“软件”改变 TITO-NDCS 结构的补偿与控制方法,因此在其实现过程中无须再增加任何硬件设备,利用现有 TITO-NDCS 智能节点自带的软件资源,足以实现其补偿功能,可节省硬件投资,便于推广和应用.

14.5 本章小结

本章重点分析了 TITO-NDCS 结构(4)存在的问题,提出了从结构上解决网络时延的基本思路与一种时延补偿方法,最后说明时延补偿方法的特点及适合范围.

第 15 章　TITO-NDCS 结构(5)时延补偿方法

15.1 引　　言

本章主要研究 MIMO-NDCS 的时延补偿方法. 为了便于分析,以一种 TITO-NDCS 结构(5)为例,研究并提出一种时延补偿方法. 其研究范围涉及自动控制、网络通信与计算机等技术的交叉领域,尤其涉及带宽资源有限的 MIMO-NDCS 技术领域.

15.2 TITO-NDCS 结构(5)存在的问题

MIMO-NDCS 中的一种 TITO-NDCS 结构(5)如图 15.1 所示.

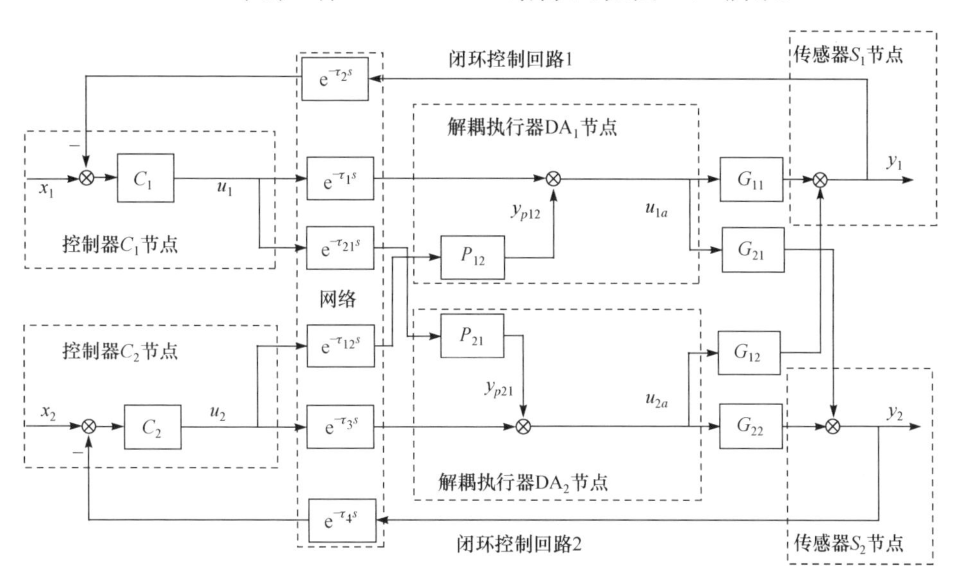

图 15.1　一种 TITO-NDCS 结构(5)

图 15.1 由闭环控制回路 1 和闭环控制回路 2 构成:系统由传感器 S_1 和 S_2 节点、控制器 C_1 和 C_2 节点、解耦执行器 DA_1 和 DA_2 节点、被控对象传递函数 $G_{11}(s)$和 $G_{22}(s)$及被控对象交叉通道传递函数 $G_{21}(s)$和 $G_{12}(s)$、交叉解耦通道传递函数 $P_{21}(s)$和 $P_{12}(s)$、前向网络通路传输单元 $e^{-\tau_1 s}$和 $e^{-\tau_3 s}$及反馈网络通路传输单元 $e^{-\tau_2 s}$和 $e^{-\tau_4 s}$,以及交叉解耦网络通路传输单元 $e^{-\tau_{21} s}$和 $e^{-\tau_{12} s}$组成.

图 15.1 中,$x_1(s)$和 $x_2(s)$表示系统输入信号,$y_1(s)$和 $y_2(s)$表示系统输出信号,$C_1(s)$和 $C_2(s)$表示控制回路 1 和 2 的控制器,$u_1(s)$和 $u_2(s)$表示控制信号,$y_{p21}(s)$和 $y_{p12}(s)$表示交叉解耦通路输出信号,$u_{1a}(s)$和 $u_{2a}(s)$表示控制解耦信号,τ_1 和 τ_3 表示将控制信号 $u_1(s)$和 $u_2(s)$从控制器 C_1 和 C_2 节点向解耦执行器 DA_1 和 DA_2 节点传输所经历的前向网络通路传输时延,τ_2 和 τ_4 表示将传感器 S_1 和 S_2 节点的检测信号 $y_1(s)$和 $y_2(s)$向控制器 C_1 和 C_2 节点传输所经历的反馈网络通路传输时延,τ_{21}和 τ_{12}表示将控制信号 $u_1(s)$和 $u_2(s)$从控制器 C_1 和 C_2 节点经交叉解耦网络通路传输单元 $e^{-\tau_{21}s}$和 $e^{-\tau_{12}s}$向解耦执行器 DA_2 和 DA_1 节点传输所经历的网络通路传输时延.

现对图 15.1 中的闭环控制回路 1 分析如下:

(1) 从输入信号 $x_1(s)$到输出信号 $y_1(s)$之间的闭环传递函数为

$$\frac{y_1(s)}{x_1(s)}=\frac{C_1(s)e^{-\tau_1 s}G_{11}(s)}{1+C_1(s)e^{-\tau_1 s}G_{11}(s)e^{-\tau_2 s}} \tag{15-1}$$

式中,$C_1(s)$是控制单元;$G_{11}(s)$是被控对象;τ_1 表示将控制器 C_1 节点输出信号 $u_1(s)$,经前向网络通路传输到解耦执行器 DA_1 节点所经历的不确定网络时延;τ_2 表示将输出信号 $y_1(s)$从传感器 S_1 节点,经反馈网络通路传输到控制器 C_1 节点所经历的不确定网络时延.

(2) 来自闭环控制回路 2 中 $C_2(s)$控制单元的输出信号 $u_2(s)$,通过网络通路 $e^{-\tau_{12}s}$单元和交叉解耦通道传递函数 $P_{12}(s)$作用于闭环控制回路 1. 从输入信号 $u_2(s)$到输出信号 $y_1(s)$之间的闭环传递函数为

$$\frac{y_1(s)}{u_2(s)}=\frac{e^{-\tau_{12}s}P_{12}(s)G_{11}(s)}{1+C_1(s)e^{-\tau_1 s}G_{11}(s)e^{-\tau_2 s}} \tag{15-2}$$

(3) 来自闭环控制回路 2 解耦执行器 DA_2 节点的输出信号 $u_{2a}(s)$,通过被控对象交叉通道传递函数 $G_{12}(s)$影响闭环控制回路 1 的输出信号 $y_1(s)$. 从输入信号 $u_{2a}(s)$到输出信号 $y_1(s)$之间的闭环传递函数为

$$\frac{y_1(s)}{u_{2a}(s)}=\frac{G_{12}(s)}{1+C_1(s)e^{-\tau_1 s}G_{11}(s)e^{-\tau_2 s}} \tag{15-3}$$

式(15-1)~式(15-3)的分母 $1+C_1(s)e^{-\tau_1 s}G_{11}(s)e^{-\tau_2 s}$中,包含了不确定网络时延 τ_1 和 τ_2 的指数项 $e^{-\tau_1 s}$和 $e^{-\tau_2 s}$,时延的存在将恶化控制系统的性能质量,甚至导致系统失去稳定性.

接着对图 15.1 中的闭环控制回路 2 进行分析:

(1) 从输入信号 $x_2(s)$到输出信号 $y_2(s)$之间的闭环传递函数为

$$\frac{y_2(s)}{x_2(s)}=\frac{C_2(s)e^{-\tau_3 s}G_{22}(s)}{1+C_2(s)e^{-\tau_3 s}G_{22}(s)e^{-\tau_4 s}} \tag{15-4}$$

式中,$C_2(s)$是控制单元;$G_{22}(s)$是被控对象;τ_3 表示将控制器 C_2 节点输出信号 $u_2(s)$,经前向网络通路传输到解耦执行器 DA_2 节点所经历的不确定网络时延;τ_4 表示将输出信号 $y_2(s)$从传感器 S_2 节点,经反馈网络通路传输到控制器 C_2 节点所经历的不确定网络时延.

(2) 来自闭环控制回路 1 中 $C_1(s)$控制单元的输出信号 $u_1(s)$,通过网络通路 $e^{-\tau_{21}s}$单元和交叉解耦通道传递函数 $P_{21}(s)$作用于闭环控制回路 2,从输入信号 $u_1(s)$到输出信号 $y_2(s)$之间的闭环传递函数为

$$\frac{y_2(s)}{u_1(s)}=\frac{e^{-\tau_{21}s}P_{21}(s)G_{22}(s)}{1+C_2(s)e^{-\tau_3 s}G_{22}(s)e^{-\tau_4 s}} \tag{15-5}$$

(3) 来自闭环控制回路 1 解耦执行器 DA_1 节点的输出信号 $u_{1a}(s)$,通过被控对象交叉通道传递函数 $G_{21}(s)$影响闭环控制回路 2 的输出信号 $y_2(s)$,从输入信号 $u_{1a}(s)$到输出信号 $y_2(s)$之间的闭环传递函数为

$$\frac{y_2(s)}{u_{1a}(s)}=\frac{G_{21}(s)}{1+C_2(s)e^{-\tau_3 s}G_{22}(s)e^{-\tau_4 s}} \tag{15-6}$$

式(15-4)~式(15-6)的分母 $1+C_2(s)e^{-\tau_3 s}G_{22}(s)e^{-\tau_4 s}$ 中,包含了不确定网络时延 τ_3 和 τ_4 的指数项 $e^{-\tau_3 s}$和 $e^{-\tau_4 s}$,时延的存在将恶化控制系统的性能质量,甚至导致系统失去稳定性.

针对图 15.1 的 TITO-NDCS,其闭环控制回路 1 的闭环传递函数分母中,均包含了不确定网络时延 τ_1 和 τ_2 的指数项 $e^{-\tau_1 s}$和 $e^{-\tau_2 s}$;闭环控制回路 2 的闭环传递函数分母中,均包含了不确定网络时延 τ_3 和 τ_4 的指数项 $e^{-\tau_3 s}$和 $e^{-\tau_4 s}$. 时延的存在会降低各自闭环控制回路的控制性能质量并影响各自闭环控制回路的稳定性,同时将降低整个系统的控制性能质量并影响整个系统的稳定性,严重时将导致系统失去控制.

为此,提出了一种免除对各闭环控制回路中,节点与节点之间不确定网络时延的测量、估计或辨识的时延补偿方法,进而降低网络时延对各自闭环控制回路以及整个控制系统性能质量与系统稳定性影响,改善系统的动态性能质量,实现对 TITO-NDCS不确定网络时延的分段、实时、在线和动态的预估补偿与控制.

15.3 时延补偿方法

现对图 15.1 中的闭环控制回路 1 和闭环控制回路 2 进行如下改变.

第一步:为了实现满足预估补偿条件时,闭环控制回路 1 的闭环特征方程中不再包含网络时延的指数项,以实现对 τ_1 和 τ_2 的补偿与控制,围绕被控对象 $G_{11}(s)$,以闭环控制回路 1 的输出信号 $y_1(s)$作为输入信号,构造两个预估补偿控制回路:

一是将 $y_1(s)$通过预估控制器 $C_{1m}(s)$构造一个负反馈预估控制回路；二是将 $y_1(s)$通过网络传输时延预估模型 $e^{-\tau_{2m}s}$和预估控制器$C_{1m}(s)$以及网络传输时延预估模型 $e^{-\tau_{1m}s}$后构造一个正反馈预估控制回路. 与此同时，为了实现满足预估补偿条件时，闭环控制回路 2 的闭环特征方程中不再包含网络时延指数项，以实现对 τ_3 和 τ_4 的补偿与控制，围绕被控对象 $G_{22}(s)$，采用以闭环控制回路 2 的输出信号 $y_2(s)$作为输入信号，构造两个预估补偿控制回路：一是将 $y_2(s)$通过预估控制器 $C_{2m}(s)$构造一个负反馈预估控制回路；二是将 $y_2(s)$通过网络传输时延预估模型 $e^{-\tau_{4m}s}$和预估控制器$C_{2m}(s)$以及网络传输时延预估模型 $e^{-\tau_{3m}s}$后构造一个正反馈预估控制回路. 实施第一步后，图 15.1 变成图 15.2 所示的结构.

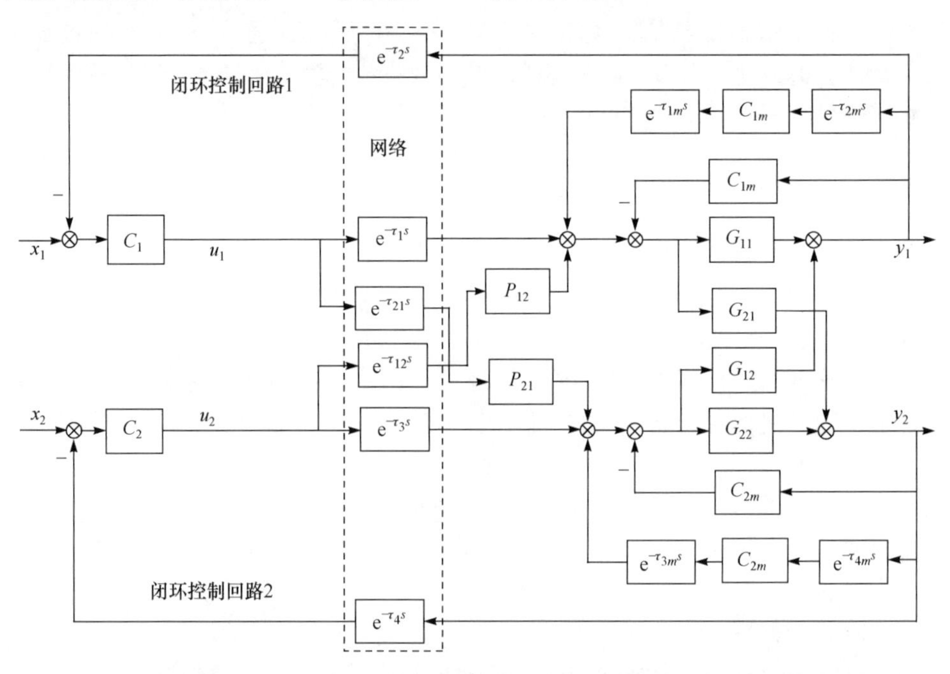

图 15.2　一种包含预估时延模型和预估控制器模型的 TITO-NDCS 时延补偿结构

第二步：针对实际 TITO-NDCS 中，难以获取网络时延准确值的问题. 在图 15.2 中要实现对网络时延的补偿与控制，必须满足网络时延预估模型 $e^{-\tau_{1m}s}$和 $e^{-\tau_{2m}s}$等于其真实模型 $e^{-\tau_1 s}$和 $e^{-\tau_2 s}$的条件，满足预估控制器 $C_{1m}(s)$等于其真实控制器 $C_1(s)$的条件（由于控制器 $C_1(s)$是人为设计与选择的，自然满足 $C_{1m}(s)=C_1(s)$）. 为此，从传感器 S_1 节点到控制器 C_1 节点之间，以及从控制器 C_1 节点到解耦执行器 DA_1 节点之间，采用真实的网络数据传输过程 $e^{-\tau_2 s}$以及 $e^{-\tau_1 s}$代替其间网络时延的预估补偿模型 $e^{-\tau_{2m}s}$以及 $e^{-\tau_{1m}s}$.

与此同时，在图 15.2 中要实现对网络时延的补偿与控制，还必须满足网络时

延预估模型 $e^{-\tau_{3m}s}$ 和 $e^{-\tau_{4m}s}$ 等于其真实模型 $e^{-\tau_3 s}$ 和 $e^{-\tau_4 s}$ 的条件，满足预估控制器 $C_{2m}(s)$ 等于其真实控制器 $C_2(s)$ 的条件(由于控制器 $C_2(s)$ 是人为设计与选择的，自然满足 $C_{2m}(s)=C_2(s)$). 为此，从传感器 S_2 节点到控制器 C_2 节点之间，以及从控制器 C_2 节点到解耦执行器 DA_2 节点之间，采用真实的网络数据传输过程 $e^{-\tau_4 s}$ 以及 $e^{-\tau_3 s}$ 代替其间网络时延的预估补偿模型 $e^{-\tau_{4m}s}$ 以及 $e^{-\tau_{3m}s}$.

实施第二步之后，图 15.2 变成图 15.3 所示的结构.

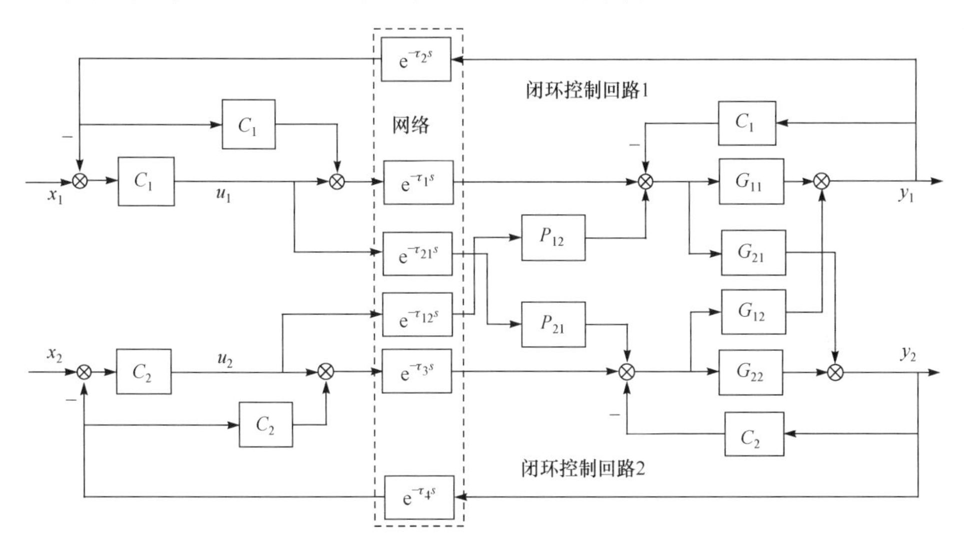

图 15.3　用真实模型代替预估模型的 TITO-NDCS 时延补偿结构

第三步：将图 15.3 中的控制器 $C_1(s)$，按传递函数等价变换规则进一步化简，得到如图 15.4 所示的实施本方法的网络时延补偿结构，从结构上实现系统不包含其间网络时延预估补偿模型，从而免除对闭环控制回路 1 中，节点与节点之间网络时延 τ_1 和 τ_2 的测量、估计或辨识，可实现对网络时延 τ_1 和 τ_2 的补偿与控制.

与此同时，将图 15.3 中的控制器 $C_2(s)$，按传递函数等价变换规则进一步化简，得到如图 15.4 所示的实施本方法的网络时延补偿结构，从结构上实现系统不包含其间网络时延的预估补偿模型，从而免除对闭环控制回路 2 中，节点与节点之间网络时延 τ_3 和 τ_4 的测量、估计或辨识，可实现对网络时延 τ_3 和 τ_4 的补偿与控制.

实施第三步之后，图 15.3 变成图 15.4 所示的结构.

现对图 15.4 中的闭环控制回路 1 分析如下：

(1) 从输入信号 $x_1(s)$ 到输出信号 $y_1(s)$ 之间的闭环传递函数为

$$\frac{y_1(s)}{x_1(s)}=\frac{e^{-\tau_1 s}C_1(s)G_{11}(s)}{1+C_1(s)G_{11}(s)} \tag{15-7}$$

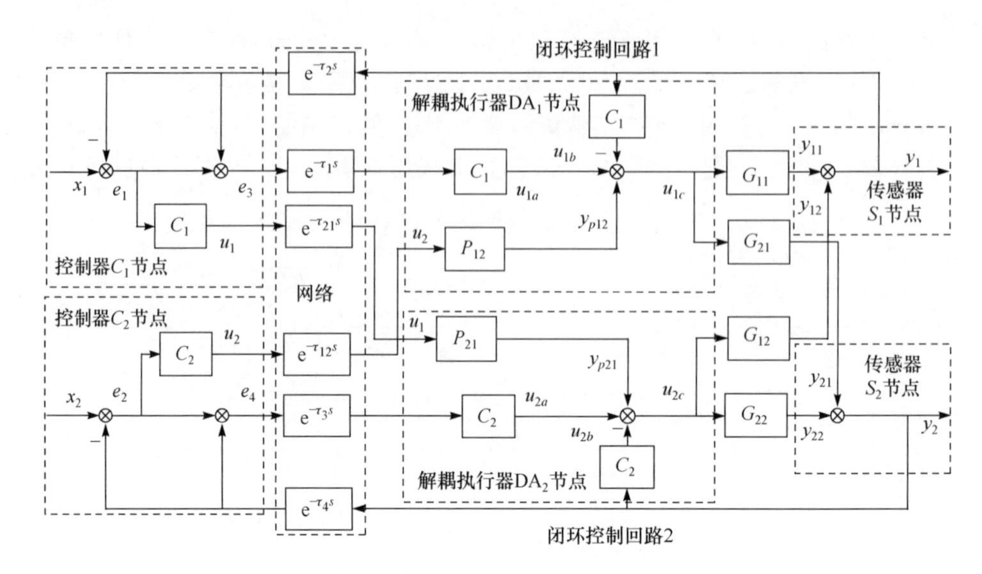

图 15.4　基于 TITO-NDCS 结构(5)的时延补偿方法

(2) 来自闭环控制回路 2 控制器 C_2 节点的 $e_2(s)$作为输入信号，通过 $C_2(s)$控制单元与网络通路 $\mathrm{e}^{-\tau_{12}s}$单元以及交叉解耦通道传递函数 $P_{12}(s)$的输出信号 $y_{p12}(s)$作用于闭环控制回路 1，从输入信号 $e_2(s)$到输出信号 $y_1(s)$之间的闭环传递函数为

$$\frac{y_1(s)}{e_2(s)}=\frac{C_2(s)\mathrm{e}^{-\tau_{12}s}P_{12}(s)G_{11}(s)}{1+C_1(s)G_{11}(s)} \tag{15-8}$$

(3) 来自闭环控制回路 2 解耦执行器 DA_2 节点的输出信号 $u_{2c}(s)$，通过被控对象交叉通道传递函数 $G_{12}(s)$作用于闭环控制回路 1，从输入信号 $u_{2c}(s)$到输出信号 $y_1(s)$之间的闭环传递函数为

$$\frac{y_1(s)}{u_{2c}(s)}=\frac{G_{12}(s)}{1+C_1(s)G_{11}(s)} \tag{15-9}$$

从式(15-7)～式(15-9)中可以看出：闭环控制回路 1 的闭环特征方程 $1+C_1(s)G_{11}(s)=0$ 中，不再包含影响系统稳定性的网络时延 τ_1 和 τ_2 的指数项 $\mathrm{e}^{-\tau_1 s}$ 和 $\mathrm{e}^{-\tau_2 s}$，从而可降低网络时延对系统稳定性的影响，改善系统的动态控制性能质量，实现对不确定网络时延的动态补偿与控制.

接着对图 15.4 中的闭环控制回路 2 进行分析：

(1) 从输入信号 $x_2(s)$到输出信号 $y_2(s)$之间的闭环传递函数为

$$\frac{y_2(s)}{x_2(s)}=\frac{\mathrm{e}^{-\tau_3 s}C_2(s)G_{22}(s)}{1+C_2(s)G_{22}(s)} \tag{15-10}$$

(2) 来自闭环控制回路1控制器C_1节点的$e_1(s)$作为输入信号，通过$C_1(s)$控制单元与网络通路$e^{-\tau_{21}s}$单元以及交叉解耦通道传递函数$P_{21}(s)$的输出信号$y_{p21}(s)$作用于闭环控制回路2，从输入信号$e_1(s)$到输出信号$y_2(s)$之间的闭环传递函数为

$$\frac{y_2(s)}{e_1(s)}=\frac{C_1(s)e^{-\tau_{21}s}P_{21}(s)G_{22}(s)}{1+C_2(s)G_{22}(s)} \tag{15-11}$$

(3) 来自闭环控制回路1解耦执行器AD_1节点的输出信号$u_{1c}(s)$，通过被控对象交叉通道传递函数$G_{21}(s)$作用于闭环控制回路2，从输入信号到输出信号$y_2(s)$之间的闭环传递函数为

$$\frac{y_2(s)}{u_{1c}(s)}=\frac{G_{21}(s)}{1+C_2(s)G_{22}(s)} \tag{15-12}$$

从式(15-10)～式(15-12)中可以看出：闭环控制回路2的闭环特征方程$1+C_2(s)G_{22}(s)=0$中，不再包含影响系统稳定性的网络时延τ_3和τ_4的指数项$e^{-\tau_3 s}$和$e^{-\tau_4 s}$，从而可降低网络时延对系统稳定性的影响，改善系统的动态控制性能质量，实现对不确定网络时延的动态补偿与控制.

本方法适用于被控对象模型已知或未确知的一种TITO-NDCS不确定网络时延的补偿与控制，其研究思路与研究方法同样适用于被控对象模型已知或未确知的两个以上输入和输出所构成的MIMO-NDCS不确定网络时延的补偿与控制.

15.4　方法特点

本方法具有如下特点：

(1) 从系统结构上实现，免除对TITO-NDCS中不确定网络时延的测量、观测、估计或辨识，还可免除节点时钟信号同步的要求，进而可避免时延估计模型不准确造成的估计误差，避免对时延辨识所需耗费节点存储资源的浪费，还可避免由于时延造成的“空采样”或“多采样”带来的补偿误差.

(2) 从TITO-NDCS结构上实现，与具体的网络通信协议的选择无关，因此既适用于采用有线网络协议的TITO-NDCS，也适用于无线网络协议的TITO-NDCS；既适用于确定性网络协议，也适用于非确定性的网络协议；既适用于异构网络构成的TITO-NDCS，也适用于异质网络构成的TITO-NDCS.

(3) 从TITO-NDCS结构上实现，网络时延的补偿与控制，方法的实施与具体控制器$C_1(s)$和$C_2(s)$控制策略的选择无关，既可用于采用常规控制策略的控制器，也可用于采用智能等控制策略的控制器.

(4) 采用的是"软件"改变 TITO-NDCS 结构的补偿与控制方法,因此在其实现过程中无须再增加任何硬件设备,利用现有 TITO-NDCS 智能节点自带的软件资源,足以实现其补偿功能,可节省硬件投资,便于推广和应用.

15.5 本章小结

本章重点分析了 TITO-NDCS 结构(5)存在的问题,提出了从结构上解决网络时延的基本思路与一种时延补偿方法,最后说明了时延补偿方法的特点及其适合范围.

第 16 章 TITO-NDCS 结构(6)时延补偿方法

16.1 引　　言

本章主要研究 MIMO-NDCS 的时延补偿方法. 为了便于分析,以一种 TITO-NDCS 结构(6)为例,研究并提出两种时延补偿方法. 其研究范围涉及自动控制、网络通信与计算机等技术的交叉领域,尤其涉及带宽资源有限的 MIMO-NDCS 技术领域.

16.2 TITO-NDCS 结构(6)存在的问题

MIMO-NDCS 中的一种 TITO-NDCS 结构(6)如图 16.1 所示.

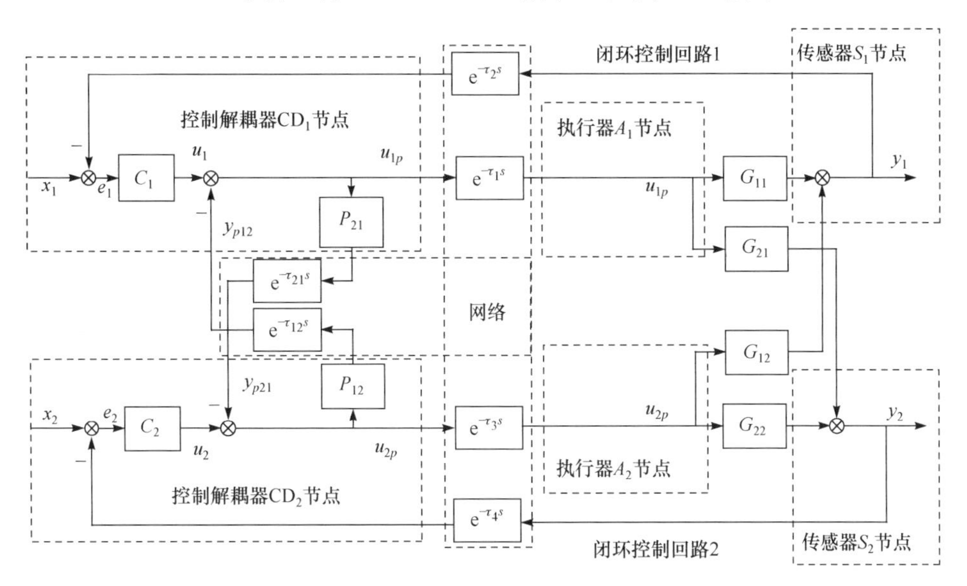

图 16.1　一种 TITO-NDCS 结构(6)

图 16.1 由闭环控制回路 1 和闭环控制回路 2 构成. 系统由传感器 S_1 和 S_2 节点,控制解耦器 CD_1 和 CD_2 节点,执行器 A_1 和 A_2 节点,被控对象传递函数 $G_{11}(s)$ 和 $G_{22}(s)$及被控对象交叉通道传递函数 $G_{21}(s)$和 $G_{12}(s)$,交叉解耦通道传递函数 $P_{21}(s)$和 $P_{12}(s)$,前向网络通路传输单元 $e^{-\tau_1 s}$ 和 $e^{-\tau_3 s}$ 及反馈网络通路传输单元

$e^{-\tau_2 s}$和$e^{-\tau_4 s}$，以及交叉解耦网络通路传输单元$e^{-\tau_{21} s}$和$e^{-\tau_{12} s}$组成.

图16.1中，$x_1(s)$和$x_2(s)$表示系统输入信号，$y_1(s)$和$y_2(s)$表示系统输出信号，$C_1(s)$和$C_2(s)$表示控制回路1和2的控制器，$u_1(s)$和$u_2(s)$表示控制信号，$y_{p21}(s)$和$y_{p12}(s)$表示交叉解耦通路输出信号，$u_{1p}(s)$和$u_{2p}(s)$表示控制解耦信号，τ_1和τ_3表示将控制解耦信号$u_{1p}(s)$和$u_{2p}(s)$从控制解耦器CD_1和CD_2节点向执行器A_1和A_2节点传输所经历的前向网络通路传输时延，τ_2和τ_4表示将传感器S_1和S_2节点的检测信号$y_1(s)$和$y_2(s)$向控制解耦器CD_1和CD_2节点传输所经历的反馈网络通路传输时延，τ_{21}和τ_{12}表示将交叉解耦通道传递函数$P_{21}(s)$和$P_{12}(s)$的输出信号$y_{p21}(s)$和$y_{p12}(s)$向控制解耦器CD_2和CD_1节点传输所经历的网络通路传输时延.

现对图16.1中的闭环控制回路1分析如下：

(1) 从输入信号$x_1(s)$到输出信号$y_1(s)$之间的闭环传递函数为

$$\frac{y_1(s)}{x_1(s)}=\frac{C_1(s)e^{-\tau_1 s}G_{11}(s)}{1+C_1(s)e^{-\tau_1 s}G_{11}(s)e^{-\tau_2 s}} \tag{16-1}$$

式中，$C_1(s)$是控制单元；$G_{11}(s)$是被控对象；τ_1表示将控制解耦器CD_1节点输出信号$u_{1p}(s)$，经前向网络通路传输到执行器A_1节点所经历的未知网络时延；τ_2表示将输出信号$y_1(s)$从传感器S_1节点，经反馈网络通路传输到控制解耦器CD_1节点所经历的未知网络时延.

(2) 来自闭环控制回路2中控制解耦器CD_2节点的输出信号$u_{2p}(s)$，通过交叉解耦通道传递函数$P_{12}(s)$及其网络通路单元$e^{-\tau_{12} s}$后作用于闭环控制回路1，从输入信号$u_{2p}(s)$到输出信号$y_1(s)$之间的闭环传递函数为

$$\frac{y_1(s)}{u_{2p}(s)}=\frac{-P_{12}(s)e^{-\tau_{12} s}e^{-\tau_1 s}G_{11}(s)}{1+C_1(s)e^{-\tau_1 s}G_{11}(s)e^{-\tau_2 s}} \tag{16-2}$$

(3) 来自闭环控制回路2中执行器A_2节点的输出信号$u_{2p}(s)$，通过被控对象交叉通道传递函数$G_{12}(s)$影响闭环控制回路1的输出信号$y_1(s)$，从输入信号$u_{2p}(s)$到输出信号$y_1(s)$之间的闭环传递函数为

$$\frac{y_1(s)}{u_{2p}(s)}=\frac{G_{12}(s)}{1+C_1(s)e^{-\tau_1 s}G_{11}(s)e^{-\tau_2 s}} \tag{16-3}$$

式(16-1)～式(16-3)的分母$1+C_1(s)e^{-\tau_1 s}G_{11}(s)e^{-\tau_2 s}$中，包含了未知网络时延$\tau_1$和$\tau_2$的指数项$e^{-\tau_1 s}$和$e^{-\tau_2 s}$，时延的存在将恶化控制系统的性能质量，甚至导致系统失去稳定性.

接着对图16.1中的闭环控制回路2进行分析：

(1) 从输入信号$x_2(s)$到输出信号$y_2(s)$之间的闭环传递函数为

$$\frac{y_2(s)}{x_2(s)}=\frac{C_2(s)e^{-\tau_3 s}G_{22}(s)}{1+C_2(s)e^{-\tau_3 s}G_{22}(s)e^{-\tau_4 s}} \tag{16-4}$$

式中，$C_2(s)$是控制单元；$G_{22}(s)$是被控对象；τ_3 表示将控制解耦器 CD_2 节点输出信号 $u_{2p}(s)$，经前向网络通路传输到执行器 A_2 节点所经历的未知网络时延；τ_4 表示将输出信号 $y_2(s)$从传感器 S_2 节点，经反馈网络通路传输到控制解耦器 CD_2 节点所经历的未知网络时延.

(2) 来自闭环控制回路 1 中控制解耦器 CD_1 节点的输出信号 $u_{1p}(s)$，通过交叉解耦通道传递函数 $P_{21}(s)$及网络通路单元 $e^{-\tau_{21}s}$后作用于闭环控制回路 2，从输入信号 $u_{1p}(s)$到输出信号 $y_2(s)$之间的闭环传递函数为

$$\frac{y_2(s)}{u_{1p}(s)}=\frac{-P_{21}(s)e^{-\tau_{21}s}e^{-\tau_3 s}G_{22}(s)}{1+C_2(s)e^{-\tau_3 s}G_{22}(s)e^{-\tau_4 s}} \tag{16-5}$$

(3) 来自闭环控制回路 1 执行器 A_1 节点的输出信号 $u_{1p}(s)$，通过被控对象交叉通道传递函数 $G_{21}(s)$影响闭环控制回路 2 的输出信号 $y_2(s)$，从输入信号 $u_{1p}(s)$到输出信号 $y_2(s)$之间的闭环传递函数为

$$\frac{y_2(s)}{u_{1p}(s)}=\frac{G_{21}(s)}{1+C_2(s)e^{-\tau_3 s}G_{22}(s)e^{-\tau_4 s}} \tag{16-6}$$

式(16-4)～式(16-6)的分母 $1+C_2(s)e^{-\tau_3 s}G_{22}(s)e^{-\tau_4 s}$中均包含了未知网络时延 τ_3 和 τ_4 的指数项 $e^{-\tau_3 s}$和 $e^{-\tau_4 s}$，时延的存在将恶化控制系统的性能质量，甚至导致系统失去稳定性.

针对图 16.1 所示的 TITO-NDCS，其闭环控制回路 1 的闭环传递函数等式(16-1)～式(16-3)的分母中，均包含了未知网络时延 τ_1 和 τ_2 的指数项 $e^{-\tau_1 s}$和 $e^{-\tau_2 s}$，以及闭环控制回路 2 的闭环传递函数等式(16-4)～式(16-6)的分母中，均包含了未知网络时延 τ_3 和 τ_4 的指数项 $e^{-\tau_3 s}$和 $e^{-\tau_4 s}$. 时延的存在会降低各自闭环控制回路的控制性能质量并影响各自闭环控制回路的稳定性，同时将降低整个系统的控制性能质量并影响整个系统的稳定性，严重时将导致整个系统失去稳定性.

为此，提出了两种免除对各闭环控制回路中，节点与节点之间未知网络时延 τ_1 和 τ_2 及 τ_3 和 τ_4 的测量、估计或辨识的时延补偿方法. 当预估模型等于其真实模型时，可实现各自闭环控制回路的特征方程中不包含网络时延的指数项，进而可降低网络时延对系统稳定性的影响，改善系统的动态性能质量，实现对 TITO-NDCS 未知网络时延的分段、实时、在线和动态的预估补偿与控制.

16.3 方　法　1

现对图 16.1 中的闭环控制回路 1 和闭环控制回路 2 进行如下改变.

第一步：为了实现满足预估补偿条件时，闭环控制回路 1 的闭环特征方程中不再包含网络时延的指数项，以实现对网络时延 τ_1 和 τ_2 的补偿与控制，在控制解耦

器 CD_1 节点中，以控制解耦输出信号 $u_{1p}(s)$ 和 $u_{2pm}(s)$ 作为输入信号，被控对象预估模型 $G_{11m}(s)$ 和 $G_{12m}(s)$ 作为被控过程，控制与过程数据通过网络传输时延预估模型 $e^{-\tau_{1m}s}$ 以及 $e^{-\tau_{2m}s}$，围绕控制器 $C_1(s)$ 构造一个负反馈预估控制回路和一个正反馈预估控制回路.

与此同时，为了实现满足预估补偿条件时，闭环控制回路 2 的闭环特征方程中不再包含网络时延的指数项，以实现对网络时延 τ_3 和 τ_4 的补偿与控制，在控制解耦器 CD_2 节点中，以控制解耦输出信号 $u_{1pm}(s)$ 和 $u_{2p}(s)$ 作为输入信号，被控对象预估模型 $G_{22m}(s)$ 和 $G_{21m}(s)$ 作为被控过程，控制与过程数据通过网络时延传输预估模型 $e^{-\tau_{3m}s}$ 以及 $e^{-\tau_{4m}s}$，围绕控制器 $C_2(s)$ 构造一个负反馈预估控制回路和一个正反馈预估控制回路.

实施第一步之后，图 16.1 变成图 16.2 所示的结构.

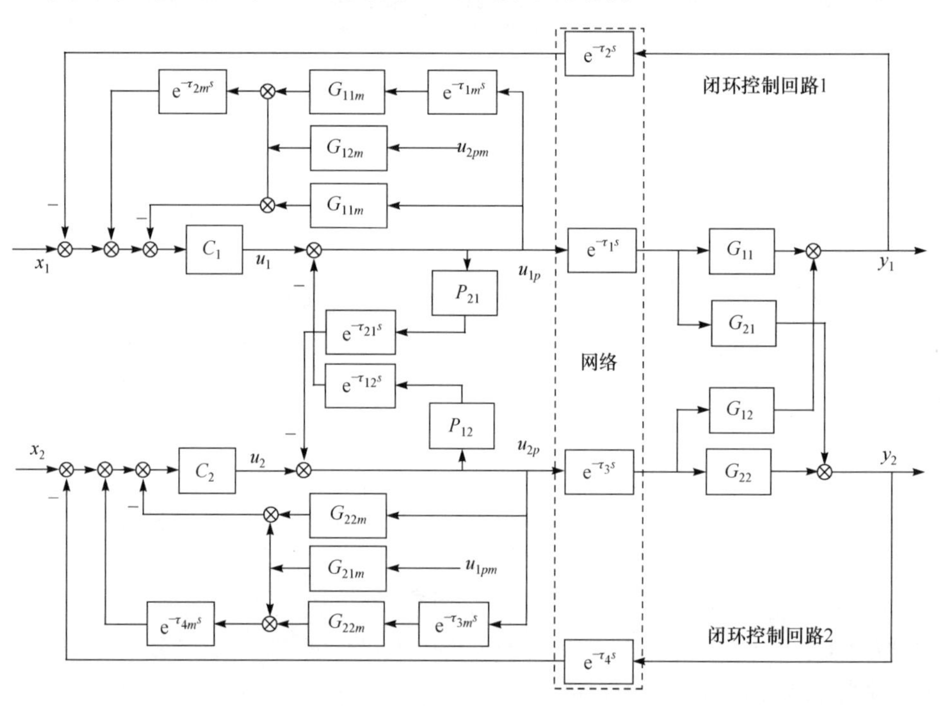

图 16.2　一种包含预估时延模型和预估被控对象模型的 TITO-NDCS 时延补偿结构

第二步：针对实际 TITO-NDCS 中，难以获取网络时延准确值的问题. 在图 16.2 中要实现对网络时延的补偿与控制，除了要满足被控对象预估模型等于其真实模型的条件外，还必须满足未知网络时延预估模型 $e^{-\tau_{1m}s}$ 以及 $e^{-\tau_{2m}s}$ 等于其真实模型 $e^{-\tau_1 s}$ 以及 $e^{-\tau_2 s}$ 的条件. 为此，从传感器 S_1 节点到控制解耦器 CD_1 节点之间，以及从控制解耦器 CD_1 节点到执行器 A_1 节点之间，采用真实的网络数据传输过程 $e^{-\tau_2 s}$ 以及 $e^{-\tau_1 s}$ 代替其间网络时延的预估补偿模型 $e^{-\tau_{2m}s}$ 以及 $e^{-\tau_{1m}s}$，因此无论被控对象的预估模型是否等于其真实模型，都可以从系统结构上实现不包含其间网络时延的预估补偿模型，从而免除对闭环控制回路1中，节点与节点之间未知网络时延 τ_1 和 τ_2 的测量、估计或辨识. 当被控对象的预估模型等于其真实模型时，可实现对其未知网络时延 τ_1 和 τ_2 的完全补偿与控制.

与此同时，在图16.2中要实现对网络时延的补偿与控制，除了要满足被控对象预估模型等于其真实模型的条件外，还必须满足未知网络时延预估模型 $e^{-\tau_{3m}s}$ 以及 $e^{-\tau_{4m}s}$ 等于其真实模型 $e^{-\tau_3 s}$ 以及 $e^{-\tau_4 s}$ 的条件. 为此，从传感器 S_2 节点到控制解耦器 CD_2 节点之间，以及从控制解耦器 CD_2 节点到执行器 A_2 节点之间，采用真实的网络数据传输过程 $e^{-\tau_4 s}$ 以及 $e^{-\tau_3 s}$ 代替其间网络时延的预估补偿模型 $e^{-\tau_{4m}s}$ 以及 $e^{-\tau_{3m}s}$，因此无论被控对象的预估模型是否等于其真实模型，都可以从系统结构上实现不包含其间网络时延的预估补偿模型，从而免除对闭环控制回路2中，节点与节点之间未知网络时延 τ_3 和 τ_4 的测量、估计或辨识. 当被控对象的预估模型等于其真实模型时，可实现对其未知网络时延 τ_3 和 τ_4 的完全补偿与控制.

实施第二步之后，图16.2变成图16.3所示的结构.

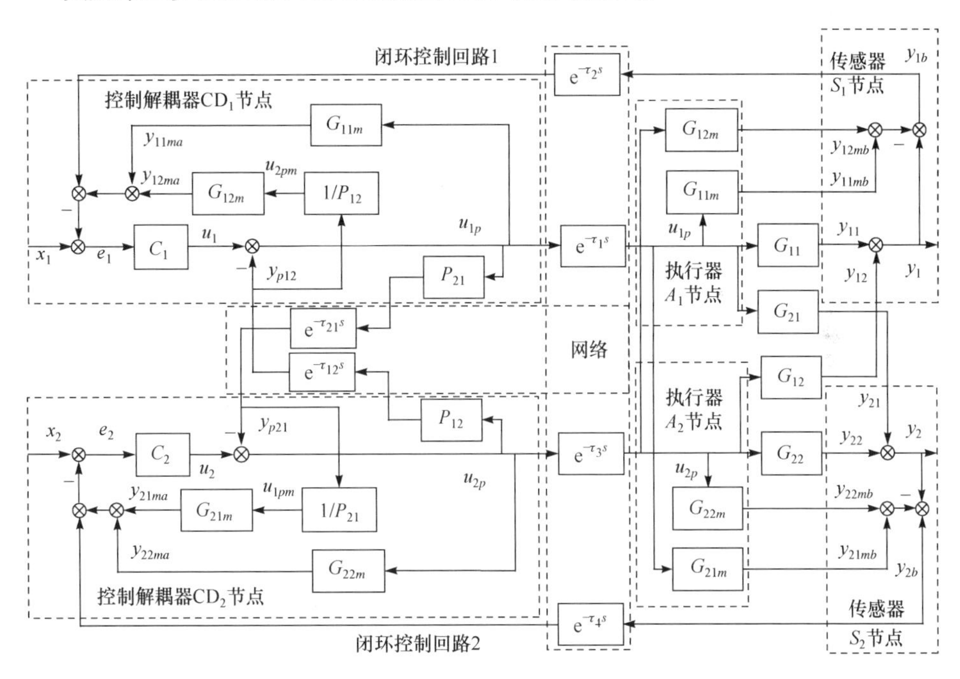

图16.3　基于TITO-NDCS结构(6)的时延补偿方法1

现对图16.3中的闭环控制回路1分析如下：

(1) 从输入信号 $x_1(s)$ 到输出信号 $y_1(s)$ 之间的闭环传递函数为

$$\frac{y_1(s)}{x_1(s)}=\frac{C_1(s)\mathrm{e}^{-\tau_1 s}G_{11}(s)}{1+C_1(s)G_{11m}(s)+C_1(s)\mathrm{e}^{-\tau_1 s}(G_{11}(s)-G_{11m}(s))\mathrm{e}^{-\tau_2 s}} \tag{16-7}$$

式中,$G_{11m}(s)$是被控对象 $G_{11}(s)$的预估模型.

(2) 来自闭环控制回路 2 控制解耦器 CD_2 节点的输出信号 $u_{2p}(s)$,通过交叉解耦通道传递函数 $P_{12}(s)$和其网络传输通道 $\mathrm{e}^{-\tau_{12}s}$单元的输出信号 $y_{p12}(s)$作用于闭环控制回路 1 的前向通路,以及 $y_{p12}(s)$作用于传递函数 $1/P_{12}(s)$及被控对象预估模型 $G_{12m}(s)$,从输入信号 $u_{2p}(s)$到输出信号 $y_1(s)$之间的闭环传递函数为

$$\frac{y_1(s)}{u_{2p}(s)}=\frac{-\mathrm{e}^{-\tau_{12}s}\mathrm{e}^{-\tau_1 s}G_{11}(s)(P_{12}(s)+G_{12m}(s)C_1(s))}{1+C_1(s)G_{11m}(s)+C_1(s)\mathrm{e}^{-\tau_1 s}(G_{11}(s)-G_{11m}(s))\mathrm{e}^{-\tau_2 s}} \tag{16-8}$$

(3) 来自闭环控制回路 2 执行器 A_2 节点的控制信号 $u_{2p}(s)$,同时通过被控对象交叉通道传递函数 $G_{12}(s)$和其预估模型 $G_{12m}(s)$作用于闭环控制回路 1,从输入信号 $u_{2p}(s)$到输出信号 $y_1(s)$之间的闭环传递函数为

$$\frac{y_1(s)}{u_{2p}(s)}=\frac{G_{12}(s)(1+C_1(s)G_{11m}(s))+C_1(s)\mathrm{e}^{-\tau_1 s}(G_{11}(s)G_{12m}(s)-G_{11m}(s)G_{12}(s))\mathrm{e}^{-\tau_2 s}}{1+C_1(s)G_{11m}(s)+C_1(s)\mathrm{e}^{-\tau_1 s}(G_{11}(s)-G_{11m}(s))\mathrm{e}^{-\tau_2 s}} \tag{16-9}$$

采用方法 1,当被控对象预估模型等于其真实模型时,即当 $G_{11m}(s)=G_{11}(s)$、$G_{12m}(s)=G_{12}(s)$时,控制回路 1 的闭环特征方程将由 $1+C_1(s)G_{11m}(s)+C_1(s)\mathrm{e}^{-\tau_1 s}\cdot(G_{11}(s)-G_{11m}(s))\mathrm{e}^{-\tau_2 s}=0$ 变成 $1+C_1(s)G_{11}(s)=0$,其闭环特征方程中不再包含影响系统稳定性的网络时延 τ_1 和 τ_2 的指数项 $\mathrm{e}^{-\tau_1 s}$和 $\mathrm{e}^{-\tau_2 s}$,从而可降低网络时延对系统稳定性的影响,改善系统的动态控制性能质量,实现对未知网络时延的动态补偿与控制.

接着对图 16.3 中的闭环控制回路 2 进行分析:

(1) 从输入信号 $x_2(s)$到输出信号 $y_2(s)$之间的闭环传递函数为

$$\frac{y_2(s)}{x_2(s)}=\frac{C_2(s)\mathrm{e}^{-\tau_3 s}G_{22}(s)}{1+C_2(s)G_{22m}(s)+C_2(s)\mathrm{e}^{-\tau_3 s}(G_{22}(s)-G_{22m}(s))\mathrm{e}^{-\tau_4 s}} \tag{16-10}$$

式中,$G_{22m}(s)$是被控对象 $G_{22}(s)$的预估模型.

(2) 来自闭环控制回路 1 控制解耦器 CD_1 节点的输出信号 $u_{1p}(s)$,通过交叉解耦通道传递函数 $P_{21}(s)$和其网络传输通道 $\mathrm{e}^{-\tau_{21}s}$单元的输出信号 $y_{p21}(s)$作用于闭环控制回路 2 的前向通路,以及 $y_{p21}(s)$作用于传递函数 $1/P_{21}(s)$及被控对象预估模型 $G_{21m}(s)$,从输入信号 $u_{1p}(s)$到输出信号 $y_2(s)$之间的闭环传递函数为

$$\frac{y_2(s)}{u_{1p}(s)}=\frac{-\mathrm{e}^{-\tau_{21}s}\mathrm{e}^{-\tau_3 s}G_{22}(s)(P_{21}(s)+G_{21m}(s)C_2(s))}{1+C_2(s)G_{22m}(s)+C_2(s)\mathrm{e}^{-\tau_3 s}(G_{22}(s)-G_{22m}(s))\mathrm{e}^{-\tau_4 s}} \tag{16-11}$$

(3) 来自闭环控制回路 1 执行器 A_1 节点的控制信号 $u_{1p}(s)$,同时通过被控对象交叉通道传递函数 $G_{21}(s)$和其预估模型 $G_{21m}(s)$作用于闭环控制回路 2,从输入

信号 $u_{1p}(s)$到输出信号 $y_2(s)$之间的闭环传递函数为

$$\frac{y_2(s)}{u_{1p}(s)}=\frac{G_{21}(s)(1+C_2(s)G_{22m}(s))+C_2(s)\mathrm{e}^{-\tau_3 s}(G_{22}(s)G_{21m}(s)-G_{22m}(s)G_{21}(s))\mathrm{e}^{-\tau_4 s}}{1+C_2(s)G_{22m}(s)+C_2(s)\mathrm{e}^{-\tau_3 s}(G_{22}(s)-G_{22m}(s))\mathrm{e}^{-\tau_4 s}} \tag{16-12}$$

采用方法 1,当被控对象预估模型等于其真实模型时,即当 $G_{22m}(s)=G_{22}(s)$、$G_{21m}(s)=G_{21}(s)$时,控制回路 2 的闭环特征方程将由 $1+C_2(s)G_{22m}(s)+C_2(s)\mathrm{e}^{-\tau_3 s}\cdot(G_{22}(s)-G_{22m}(s))\mathrm{e}^{-\tau_4 s}=0$ 变成 $1+C_2(s)G_{22}(s)=0$,其闭环特征方程中不再包含影响系统稳定性的网络时延 τ_3 和 τ_4 的指数项 $\mathrm{e}^{-\tau_3 s}$和 $\mathrm{e}^{-\tau_4 s}$,从而可降低网络时延对系统稳定性的影响,改善系统的动态控制性能质量,实现对未知网络时延的动态补偿与控制.

方法 1 适用于被控对象预估模型等于其真实模型的一种 TITO-NDCS 未知网络时延的补偿与控制,其研究思路与方法同样适用于被控对象预估模型等于其真实模型的两个以上输入和输出所构成的 MIMO-NDCS 未知网络时延补偿与控制.

16.4　方　法　2

现对图 16.1 中的闭环控制回路 1 和闭环控制回路 2 重新进行如下改变.

第一步:为了实现满足预估补偿条件时,闭环控制回路 1 的闭环特征方程中不再包含网络时延的指数项,以实现对网络时延 τ_1 和 τ_2 的补偿与控制,围绕被控对象 $G_{11}(s)$,采用以闭环控制回路 1 的输出信号 $y_1(s)$作为输入信号,构造两个预估补偿控制回路:一是将 $y_1(s)$通过预估控制器 $C_{1m}(s)$构造一个负反馈预估控制回路;二是将 $y_1(s)$通过网络传输时延预估模型 $\mathrm{e}^{-\tau_{2m}s}$和预估控制器 $C_{1m}(s)$以及网络传输时延预估模型 $\mathrm{e}^{-\tau_{1m}s}$后构造一个正反馈预估控制回路.

与此同时,为了实现满足预估补偿条件时,闭环控制回路 2 的闭环特征方程中不再包含网络时延的指数项,以实现对网络时延 τ_3 和 τ_4 的补偿与控制,围绕被控对象 $G_{22}(s)$,采用以闭环控制回路 2 的输出信号 $y_2(s)$作为输入信号,构造两个预估补偿控制回路:一是将 $y_2(s)$通过预估控制器 $C_{2m}(s)$构造一个负反馈预估控制回路;二是将 $y_2(s)$通过网络传输时延预估模型 $\mathrm{e}^{-\tau_{4m}s}$和预估控制器 $C_{2m}(s)$以及网络传输时延预估模型 $\mathrm{e}^{-\tau_{3m}s}$后构造一个正反馈预估控制回路.

实施第一步之后,图 16.1 变成图 16.4 所示的结构.

第二步:针对实际 TITO-NDCS 中,难以获取网络时延准确值的问题. 在图 16.4 中要实现对网络时延的补偿与控制,必须满足网络时延预估模型 $\mathrm{e}^{-\tau_{1m}s}$和 $\mathrm{e}^{-\tau_{2m}s}$等于其真实模型 $\mathrm{e}^{-\tau_1 s}$和 $\mathrm{e}^{-\tau_2 s}$的条件,满足预估控制器 $C_{1m}(s)$等于其真实控制

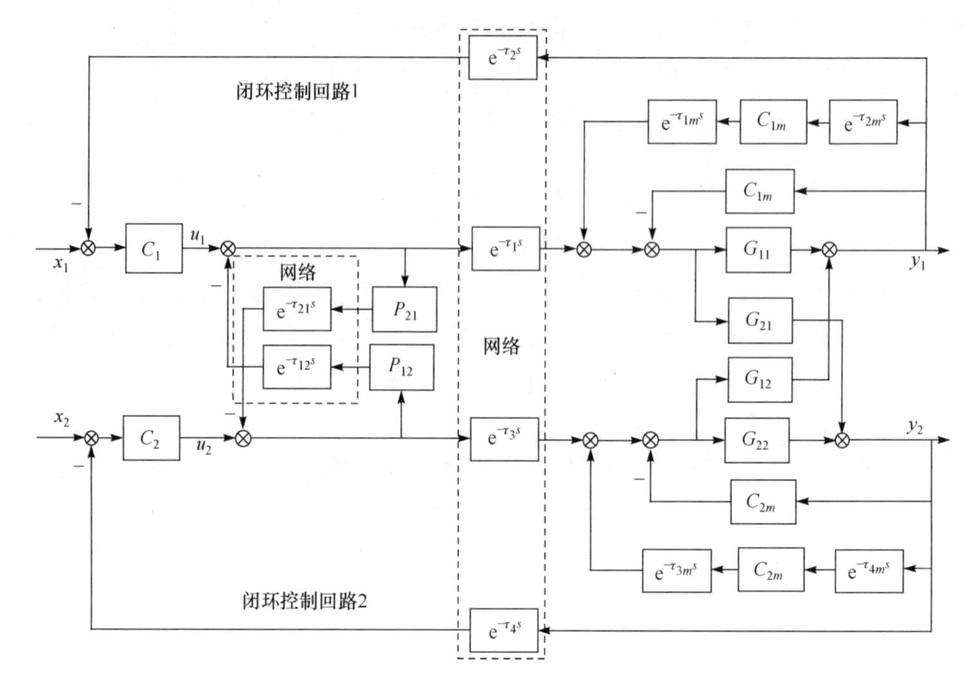

图 16.4 一种包含预估时延模型和预估控制器模型的 TITO-NDCS 时延补偿结构

器 $C_1(s)$的条件(由于控制器 $C_1(s)$是人为设计与选择的,自然满足 $C_{1m}(s)=C_1(s)$).为此,从传感器 S_1 节点到控制解耦器 CD_1 节点之间,以及从控制解耦器 CD_1 节点到执行器 A_1 节点之间,采用真实的网络数据传输过程 $e^{-\tau_2 s}$以及 $e^{-\tau_1 s}$代替其间网络时延的预估补偿模型 $e^{-\tau_{2m}s}$以及 $e^{-\tau_{1m}s}$,并将图 16.4 中的控制器 $C_1(s)$,按传递函数等价变换规则进一步化简,得到如图 16.5 所示的网络时延补偿结构.从结构上实现系统不包含其间网络时延的预估补偿模型,从而免除对闭环控制回路 1 中,节点与节点之间网络时延 τ_1 和 τ_2 的测量、估计或辨识,可实现对网络时延 τ_1 和 τ_2 的补偿与控制.

与此同时,在图 16.4 中要实现对网络时延的补偿与控制,还必须满足网络时延预估模型 $e^{-\tau_{3m}s}$和 $e^{-\tau_{4m}s}$等于其真实模型 $e^{-\tau_3 s}$和 $e^{-\tau_4 s}$的条件,满足预估控制器 $C_{2m}(s)$等于其真实控制器 $C_2(s)$的条件(由于控制器 $C_2(s)$是人为设计与选择的,自然满足 $C_{2m}(s)=C_2(s)$).为此,从传感器 S_2 节点到控制解耦器 CD_2 节点之间,以及从控制解耦器 CD_2 节点到执行器 A_2 节点之间,采用真实的网络数据传输过程 $e^{-\tau_4 s}$以及 $e^{-\tau_3 s}$代替其间网络时延的预估补偿模型 $e^{-\tau_{4m}s}$以及 $e^{-\tau_{3m}s}$,并将图 16.4 中的控制器 $C_2(s)$,按传递函数等价变换规则进一步化简,得到如图 16.5 所示的网络时延补偿结构.从结构上实现系统不包含其间网络时延的预估补偿模型,从而免除对闭环控制回路 2 中,节点与节点之间网络时延 τ_3 和 τ_4 的测量、估计或辨识,

可实现对网络时延 τ_3 和 τ_4 的补偿与控制.

实施第二步之后,图 16.4 变成图 16.5 所示的结构.

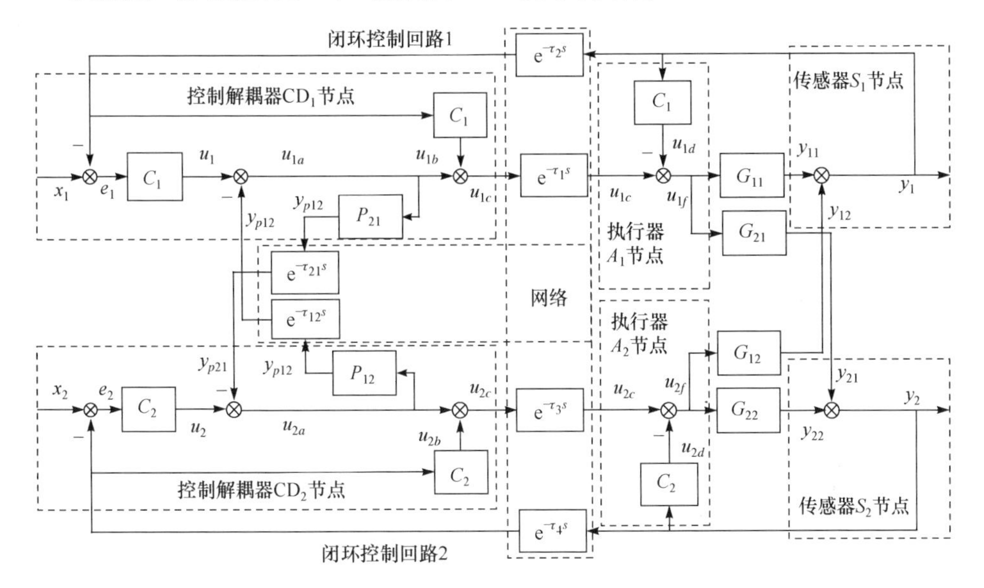

图 16.5　基于 TITO-NDCS 结构(6)的时延补偿方法 2

现对图 16.5 中的闭环控制回路 1 分析如下:

(1) 从输入信号 $x_1(s)$到输出信号 $y_1(s)$之间的闭环传递函数为

$$\frac{y_1(s)}{x_1(s)}=\frac{C_1(s)\mathrm{e}^{-\tau_1 s}G_{11}(s)}{1+C_1(s)G_{11}(s)} \tag{16-13}$$

(2) 来自闭环控制回路 2 控制解耦器 CD_2 节点的信号 $u_{2a}(s)$作为输入,通过交叉解耦通道传递函数 $P_{12}(s)$以及网络通路 $\mathrm{e}^{-\tau_{12}s}$单元传输的信号 $y_{p12}(s)$作用于闭环控制回路 1,从输入信号 $u_{2a}(s)$到输出信号 $y_1(s)$之间的闭环传递函数为

$$\frac{y_1(s)}{u_{2a}(s)}=\frac{-P_{12}(s)\mathrm{e}^{-\tau_{12}s}\mathrm{e}^{-\tau_1 s}G_{11}(s)}{1+C_1(s)G_{11}(s)} \tag{16-14}$$

(3) 来自闭环控制回路 2 执行器 A_2 节点的输出信号 $u_{2f}(s)$,通过被控对象交叉通道传递函数 $G_{12}(s)$作用于闭环控制回路 1,从输入信号 $u_{2f}(s)$到输出信号 $y_1(s)$之间的闭环传递函数为

$$\frac{y_1(s)}{u_{2f}(s)}=\frac{G_{12}(s)}{1+C_1(s)G_{11}(s)} \tag{16-15}$$

从式(16-13)~式(16-15)中可以看出:闭环控制回路 1 的闭环特征方程 $1+C_1(s)G_{11}(s)=0$ 中,不再包含影响系统稳定性的网络时延 τ_1 和 τ_2 的指数项 $\mathrm{e}^{-\tau_1 s}$ 和 $\mathrm{e}^{-\tau_2 s}$,从而可降低网络时延对系统稳定性的影响,改善系统的动态控制性能质

量,实现对未知网络时延的动态补偿与控制.

接着对图 16.5 中的闭环控制回路 2 进行分析:

(1) 从输入信号 $x_2(s)$到输出信号 $y_2(s)$之间的闭环传递函数为

$$\frac{y_2(s)}{x_2(s)}=\frac{C_2(s)\mathrm{e}^{-\tau_3 s}G_{22}(s)}{1+C_2(s)G_{22}(s)} \tag{16-16}$$

(2) 来自闭环控制回路 1 控制解耦器 CD_1 节点的信号 $u_{1a}(s)$作为输入,通过交叉解耦通道传递函数 $P_{21}(s)$以及网络通路 $\mathrm{e}^{-\tau_{21}s}$单元传输的信号 $y_{p21}(s)$作用于闭环控制回路 2,从输入信号 $u_{1a}(s)$到输出信号 $y_2(s)$之间的闭环传递函数为

$$\frac{y_2(s)}{u_{1a}(s)}=\frac{-P_{21}(s)\mathrm{e}^{-\tau_{21}s}\mathrm{e}^{-\tau_3 s}G_{22}(s)}{1+C_2(s)G_{22}(s)} \tag{16-17}$$

(3) 来自闭环控制回路 1 执行器 A_1 节点的输出信号 $u_{1f}(s)$,通过被控对象交叉通道传递函数 $G_{21}(s)$作用于闭环控制回路 2,从输入信号 $u_{1f}(s)$到输出信号 $y_2(s)$之间的闭环传递函数为

$$\frac{y_2(s)}{u_{1f}(s)}=\frac{G_{21}(s)}{1+C_2(s)G_{22}(s)} \tag{16-18}$$

从式(16-16)~式(16-18)中可以看出:闭环控制回路 2 的闭环特征方程 $1+C_2(s)G_{22}(s)=0$ 中,不再包含影响系统稳定性的网络时延 τ_3 和 τ_4 的指数项 $\mathrm{e}^{-\tau_3 s}$ 和 $\mathrm{e}^{-\tau_4 s}$,从而可降低网络时延对系统稳定性的影响,改善系统的动态控制性能质量,实现对未知网络时延的动态补偿与控制.

方法 2 适用于被控对象模型已知或未确知的一种 TITO-NDCS 未知网络时延的补偿与控制,其研究思路与研究方法同样适用于被控对象模型已知或未确知的两个以上输入和输出所构成的 MIMO-NDCS 未知网络时延的补偿与控制.

16.5 方法特点

方法 1 和方法 2 具有如下特点:

(1) 从系统结构上实现,免除对 TITO-NDCS 中网络时延的测量、观测、估计或辨识,同时可免除节点时钟信号同步的要求,进而可避免时延估计模型不准确造成的估计误差,避免对时延辨识所需耗费节点存储资源的浪费,同时可避免由于时延造成的“空采样”或“多采样”所带来的补偿误差.

(2) 从 TITO-NDCS 结构上实现,与具体的网络通信协议的选择无关,因此既适用于采用有线网络协议的 TITO-NDCS,也适用于无线网络协议的 TITO-NDCS;既适用于确定性网络协议,也适用于非确定性的网络协议;既适用于异构网络构成的 TITO-NDCS,同时也适用于异质网络构成的 TITO-NDCS.

(3) 从 TITO-NDCS 结构上实现,与具体控制器的控制策略的选择无关,因此既可用于采用常规控制的 TITO-NDCS,也可用于采用智能控制或采用复杂控制

策略的 TITO-NDCS.

(4) 采用的是“软件”改变 TITO-NDCS 结构的补偿与控制方法,因此在其实现过程中无须再增加任何硬件设备,利用现有 TITO-NDCS 智能节点自带的软件资源,足以实现其补偿功能,可节省硬件投资,便于推广和应用.

16.6　本章小结

本章重点分析了 TITO-NDCS 结构(6)存在的问题,并提出了从结构上解决网络时延的基本思路与两种时延补偿方法,最后说明了两种时延补偿方法的特点及其适合范围.

第 17 章　TITO-NDCS 结构(7)时延补偿方法

17.1　引　　言

本章主要研究 MIMO-NDCS 的时延补偿方法. 为了便于分析,以一种 TITO-NDCS 结构(7)为例,研究并提出了两种时延补偿方法. 其研究范围涉及自动控制、网络通信与计算机等技术的交叉领域,尤其涉及带宽资源有限的 MIMO-NDCS 技术领域.

17.2　TITO-NDCS 结构(7)存在的问题

MIMO-NDCS 中的一种 TITO-NDCS 结构(7)如图 17.1 所示.

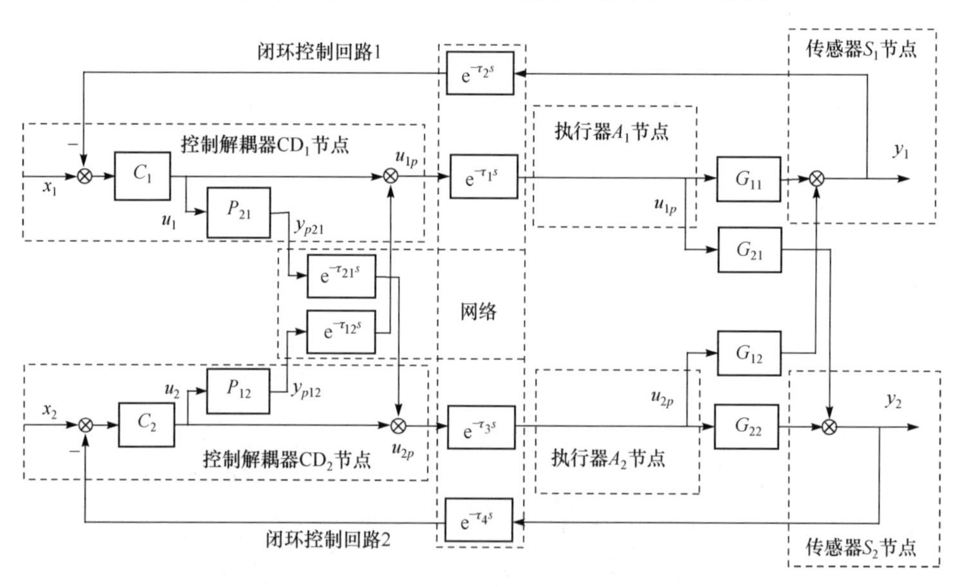

图 17.1　一种 TITO-NDCS 结构(7)

图 17.1 由闭环控制回路 1 和闭环控制回路 2 构成. 系统由传感器 S_1 和 S_2 节点、控制解耦器 CD_1 和 CD_2 节点、执行器 A_1 和 A_2 节点、被控对象传递函数 $G_{11}(s)$ 和 $G_{22}(s)$及被控对象交叉通道传递函数 $G_{21}(s)$和 $G_{12}(s)$、交叉解耦通道传递函数 $P_{21}(s)$和 $P_{12}(s)$、前向网络通路传输单元 $e^{-\tau_1 s}$ 和 $e^{-\tau_3 s}$ 及反馈网络通路传输单元

$e^{-\tau_2 s}$和 $e^{-\tau_4 s}$,以及交叉解耦网络通路传输单元 $e^{-\tau_{21} s}$和 $e^{-\tau_{12} s}$组成.

图 17.1 中,$x_1(s)$和 $x_2(s)$表示系统输入信号,$y_1(s)$和 $y_2(s)$表示系统输出信号,$C_1(s)$和 $C_2(s)$表示控制回路 1 和 2 的控制器,$u_1(s)$和 $u_2(s)$表示控制信号,$y_{p21}(s)$和 $y_{p12}(s)$表示交叉解耦通路输出信号,$u_{1p}(s)$和 $u_{2p}(s)$表示控制解耦信号,τ_1 和 τ_3 表示将控制解耦信号 $u_{1p}(s)$和 $u_{2p}(s)$从控制解耦器 CD_1 和 CD_2 节点向执行器 A_1 和 A_2 节点传输所经历的前向网络通路传输时延,τ_2 和 τ_4 表示将传感器 S_1 和 S_2 节点的检测信号 $y_1(s)$和 $y_2(s)$向控制解耦器 CD_1 和 CD_2 节点传输所经历的反馈网络通路传输时延,τ_{21}和 τ_{12}表示将交叉解耦通道传递函数 $P_{21}(s)$和 $P_{12}(s)$的输出信号 $y_{p21}(s)$和 $y_{p12}(s)$向控制解耦器 CD_2 和 CD_1 节点传输所经历的网络通路传输时延.

现对图 17.1 中的闭环控制回路 1 分析如下:

(1) 从输入信号 $x_1(s)$到输出信号 $y_1(s)$之间的闭环传递函数为

$$\frac{y_1(s)}{x_1(s)}=\frac{C_1(s)e^{-\tau_1 s}G_{11}(s)}{1+C_1(s)e^{-\tau_1 s}G_{11}(s)e^{-\tau_2 s}} \tag{17-1}$$

式中,$C_1(s)$是控制单元;$G_{11}(s)$是被控对象;τ_1 表示将控制解耦器 CD_1 节点输出信号 $u_{1p}(s)$,经前向网络通路传输到执行器 A_1 节点所经历的随机网络时延;τ_2 表示将输出信号 $y_1(s)$从传感器 S_1 节点,经反馈网络通路传输到控制解耦器 CD_1 节点所经历的随机网络时延.

(2) 来自闭环控制回路 2 中 $C_2(s)$控制单元的输出信号 $u_2(s)$,通过交叉解耦通道传递函数 $P_{12}(s)$及其网络通路单元 $e^{-\tau_{12} s}$后作用于闭环控制回路 1,从输入信号 $u_2(s)$到输出信号 $y_1(s)$之间的闭环传递函数为

$$\frac{y_1(s)}{u_2(s)}=\frac{P_{12}(s)e^{-\tau_{12} s}e^{-\tau_1 s}G_{11}(s)}{1+C_1(s)e^{-\tau_1 s}G_{11}(s)e^{-\tau_2 s}} \tag{17-2}$$

(3) 来自闭环控制回路 2 执行器 A_2 节点的输出信号 $u_{2p}(s)$,通过被控对象交叉通道传递函数 $G_{12}(s)$影响闭环控制回路 1 的输出信号 $y_1(s)$,从输入信号 $u_{2p}(s)$到输出信号 $y_1(s)$之间的闭环传递函数为

$$\frac{y_1(s)}{u_{2p}(s)}=\frac{G_{12}(s)}{1+C_1(s)e^{-\tau_1 s}G_{11}(s)e^{-\tau_2 s}} \tag{17-3}$$

式(17-1)~式(17-3)的分母 $1+C_1(s)e^{-\tau_1 s}G_{11}(s)e^{-\tau_2 s}$中,包含了随机网络时延 τ_1 和 τ_2 的指数项 $e^{-\tau_1 s}$和 $e^{-\tau_2 s}$,时延的存在将恶化控制系统的性能质量,甚至导致系统失去稳定性.

接着对图 17.1 中的闭环控制回路 2 进行分析:

(1) 从输入信号 $x_2(s)$到输出信号 $y_2(s)$之间的闭环传递函数为

$$\frac{y_2(s)}{x_2(s)}=\frac{C_2(s)e^{-\tau_3 s}G_{22}(s)}{1+C_2(s)e^{-\tau_3 s}G_{22}(s)e^{-\tau_4 s}} \tag{17-4}$$

式中,$C_2(s)$是控制单元;$G_{22}(s)$是被控对象;τ_3 表示将控制解耦器 CD_2 节点输出信号 $u_{2p}(s)$,经前向网络通路传输到执行器 A_2 节点所经历的随机网络时延;τ_4 表示将输出信号 $y_2(s)$从传感器 S_2 节点,经反馈网络通路传输到控制解耦器 CD_2 节点所经历的随机网络时延.

(2) 来自闭环控制回路 1 中 $C_1(s)$控制单元的输出信号 $u_1(s)$,通过交叉解耦通道传递函数 $P_{21}(s)$及其网络通路单元 $e^{-\tau_{21}s}$后作用于闭环控制回路 2,从输入信号 $u_1(s)$到输出信号 $y_2(s)$之间的闭环传递函数为

$$\frac{y_2(s)}{u_1(s)}=\frac{P_{21}(s)e^{-\tau_{21}s}e^{-\tau_3 s}G_{22}(s)}{1+C_2(s)e^{-\tau_3 s}G_{22}(s)e^{-\tau_4 s}} \tag{17-5}$$

(3) 来自闭环控制回路 1 执行器 A_1 节点的输出信号 $u_{1p}(s)$,通过被控对象交叉通道传递函数 $G_{21}(s)$影响闭环控制回路 2 的输出信号 $y_2(s)$,从输入信号 $u_{1p}(s)$到输出信号 $y_2(s)$之间的闭环传递函数为

$$\frac{y_2(s)}{u_{1p}(s)}=\frac{G_{21}(s)}{1+C_2(s)e^{-\tau_3 s}G_{22}(s)e^{-\tau_4 s}} \tag{17-6}$$

式(17-4)～式(17-6)的分母 $1+C_2(s)e^{-\tau_3 s}G_{22}(s)e^{-\tau_4 s}$ 中,均包含了随机网络时延 τ_3 和 τ_4 的指数项 $e^{-\tau_3 s}$和 $e^{-\tau_4 s}$,时延的存在将恶化控制系统的性能质量,甚至导致系统失去稳定性.

针对图 17.1 所示的 TITO-NDCS,其闭环控制回路 1 的闭环传递函数等式(17-1)～式(17-3)的分母中,均包含了随机网络时延 τ_1 和 τ_2 的指数项 $e^{-\tau_1 s}$和 $e^{-\tau_2 s}$;以及闭环控制回路 2 的闭环传递函数等式(17-4)～式(17-6)的分母中,均包含了随机网络时延 τ_3 和 τ_4 的指数项 $e^{-\tau_3 s}$和 $e^{-\tau_4 s}$. 时延的存在会降低各自闭环控制回路的控制性能质量并影响各自闭环控制回路的稳定性,同时将降低整个系统的控制性能质量并影响整个系统的稳定性,严重时将导致整个系统失去稳定性.

为此,提出了两种免除对各闭环控制回路中,节点与节点之间随机网络时延 τ_1 和 τ_2、τ_3 和 τ_4 的测量、估计或辨识的时延补偿方法. 当预估模型等于其真实模型时,可实现各自闭环控制回路的特征方程中不包含网络时延的指数项,进而可降低网络时延对系统稳定性的影响,改善系统的动态性能质量,实现对 TITO-NDCS 随机网络时延的分段、实时、在线和动态的预估补偿与控制.

17.3 方　法　1

现对图 17.1 中的闭环控制回路 1 和闭环控制回路 2 进行如下改变.

第一步:为了实现满足预估补偿条件时,闭环控制回路 1 的闭环特征方程中不再包含网络时延的指数项,以实现对网络时延 τ_1 和 τ_2 的补偿与控制,在控制解耦

器 CD_1 节点中,以控制解耦输出信号 $u_{1p}(s)$ 和 $u_{2pm}(s)$ 作为输入信号,被控对象预估模型 $G_{11m}(s)$ 和 $G_{12m}(s)$ 作为被控过程,控制与过程数据通过网络传输时延预估模型 $e^{-\tau_{1m}s}$ 以及 $e^{-\tau_{2m}s}$,围绕控制器 $C_1(s)$ 构造一个负反馈预估控制回路和一个正反馈预估控制回路.

与此同时,为了实现满足预估补偿条件时,闭环控制回路 2 的闭环特征方程中不再包含网络时延的指数项,以实现对网络时延 τ_3 和 τ_4 的补偿与控制,在控制解耦器 CD 节点中,以控制解耦输出信号 $u_{1pm}(s)$ 和 $u_{2p}(s)$ 作为输入信号,被控对象预估模型 $G_{22m}(s)$ 和 $G_{21m}(s)$ 作为被控过程,控制与过程数据通过网络时延传输预估模型 $e^{-\tau_{3m}s}$ 以及 $e^{-\tau_{4m}s}$,围绕控制器 $C_2(s)$ 构造一个负反馈预估控制回路和一个正反馈预估控制回路.

实施第一步之后,图 17.1 变成图 17.2 所示的结构.

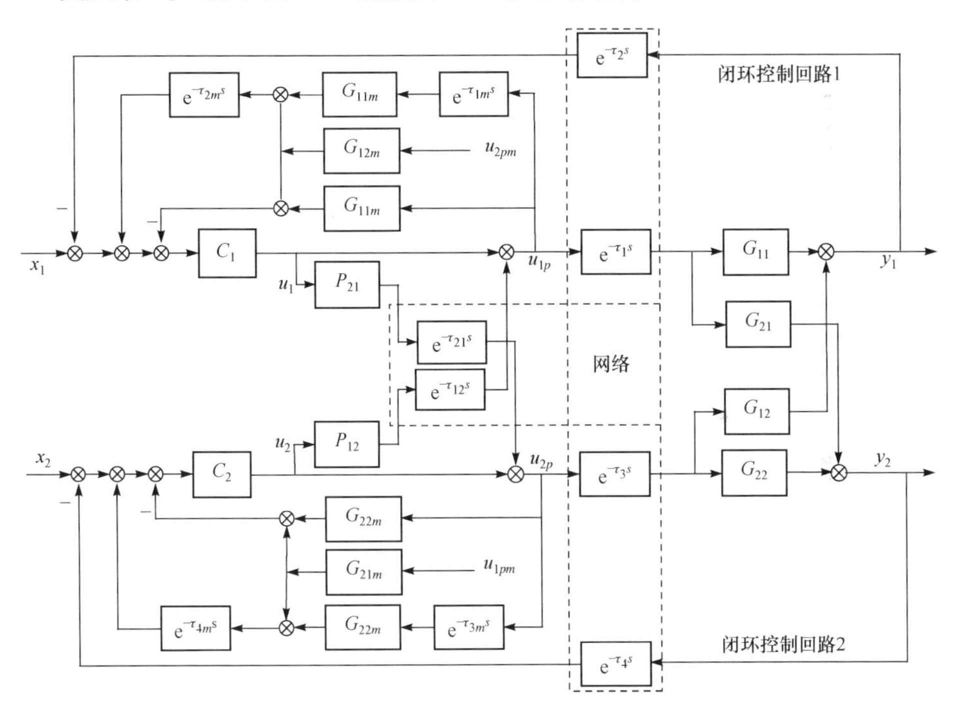

图 17.2　一种包含预估时延模型和预估被控对象模型的 TITO-NDCS 时延补偿结构

第二步:针对实际 TITO-NDCS 中,难以获取网络时延准确值的问题. 在图 17.2中要实现对网络时延的补偿与控制,除了要满足被控对象预估模型等于其真实模型的条件外,还必须满足随机网络时延预估模型 $e^{-\tau_{1m}s}$ 以及 $e^{-\tau_{2m}s}$ 要等于其真实模型 $e^{-\tau_1 s}$ 以及 $e^{-\tau_2 s}$ 的条件. 为此,从传感器 S_1 节点到控制解耦器 CD_1 节点之间,以及从控制解耦器 CD_1 节点到执行器 A_1 节点之间,采用真实的网络数据传输

过程 $e^{-\tau_2 s}$ 以及 $e^{-\tau_1 s}$ 代替其间网络时延的预估补偿模型 $e^{-\tau_{2m} s}$ 以及 $e^{-\tau_{1m} s}$. 无论被控对象的预估模型是否等于其真实模型,都可以从系统结构上实现不包含其间网络时延的预估补偿模型,从而免除对闭环控制回路 1 中,节点与节点之间随机网络时延 τ_1 和 τ_2 的测量、估计或辨识. 当被控对象的预估模型等于其真实模型时,可实现对其随机网络时延 τ_1 和 τ_2 的完全补偿与控制.

与此同时,在图 17.2 中要实现对网络时延的补偿与控制,除了要满足被控对象预估模型等于其真实模型的条件外,还必须满足随机网络时延预估模型 $e^{-\tau_{3m} s}$ 以及 $e^{-\tau_{4m} s}$ 等于其真实模型 $e^{-\tau_3 s}$ 以及 $e^{-\tau_4 s}$ 的条件. 为此,从传感器 S_2 节点到控制解耦器 CD_2 节点之间,以及从控制解耦器 CD_2 节点到执行器 A_2 节点之间,采用真实的网络数据传输过程 $e^{-\tau_4 s}$ 以及 $e^{-\tau_3 s}$ 代替其间网络时延的预估补偿模型 $e^{-\tau_{4m} s}$ 以及 $e^{-\tau_{3m} s}$,无论被控对象的预估模型是否等于其真实模型,都可以从系统结构上实现不包含其间网络时延的预估补偿模型,从而免除对闭环控制回路 2 中,节点与节点之间随机网络时延 τ_3 和 τ_4 的测量、估计或辨识. 当被控对象的预估模型等于其真实模型时,可实现对其随机网络时延 τ_3 和 τ_4 的完全补偿与控制.

实施第二步之后,图 17.2 变成图 17.3 所示的结构.

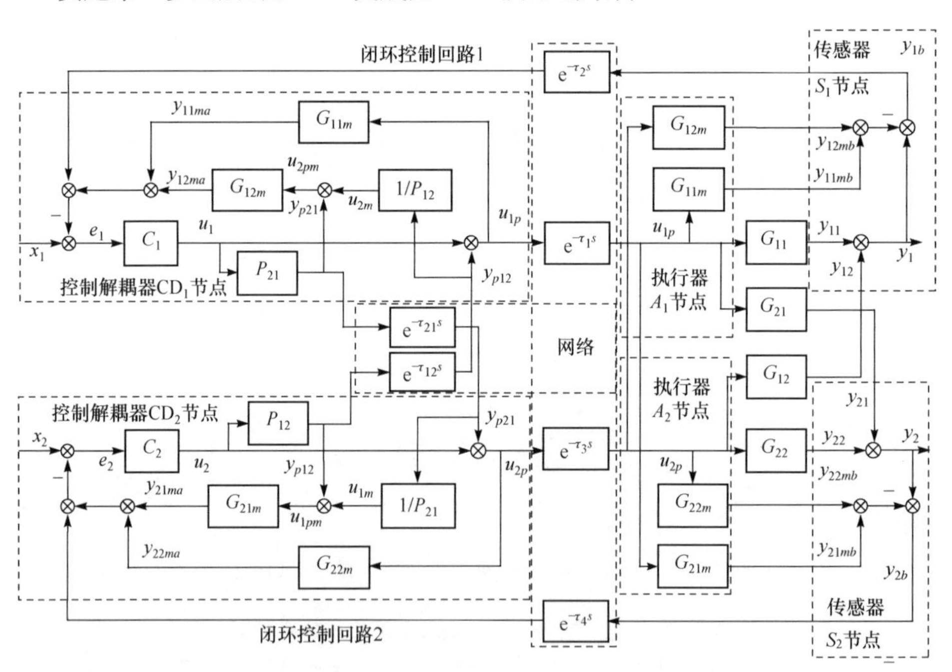

图 17.3 基于 TITO-NDCS 结构(7)的时延补偿方法 1

现在对图 17.3 中的闭环控制回路 1 分析如下:

(1) 从输入信号 $x_1(s)$ 到输出信号 $y_1(s)$ 之间的闭环传递函数为

$$\frac{y_1(s)}{x_1(s)}=\frac{C_1(s)\mathrm{e}^{-\tau_1 s}G_{11}(s)}{1+C_1(s)G_{11m}(s)+C_1(s)\mathrm{e}^{-\tau_1 s}(G_{11}(s)-G_{11m}(s))\mathrm{e}^{-\tau_2 s}} \tag{17-7}$$

式中,$G_{11m}(s)$是被控对象 $G_{11}(s)$的预估模型.

(2) 来自闭环控制回路 2 中 $C_2(s)$控制单元的输出信号 $u_2(s)$,通过交叉解耦通道传递函数 $P_{12}(s)$和其网络传输通道 $\mathrm{e}^{-\tau_{12}s}$作用于闭环控制回路 1 的前向通路,从输入信号 $u_2(s)$到输出信号 $y_1(s)$之间的闭环传递函数为

$$\frac{y_1(s)}{u_2(s)}=\frac{P_{12}(s)\mathrm{e}^{-\tau_{12}s}\mathrm{e}^{-\tau_1 s}G_{11}(s)}{1+C_1(s)G_{11m}(s)+C_1(s)\mathrm{e}^{-\tau_1 s}(G_{11}(s)-G_{11m}(s))\mathrm{e}^{-\tau_2 s}} \tag{17-8}$$

(3) 来自交叉解耦网络传输通道 $\mathrm{e}^{-\tau_{12}s}$的输出信号 $y_{p12}(s)$,作用于闭环控制回路 1 控制解耦器 CD_1 节点中的传递函数 $1/P_{12}(s)$得到其输出 $u_{2m}(s)$,从输入信号 $y_{p12}(s)$到输出信号 $y_1(s)$之间的闭环传递函数为

$$\frac{y_1(s)}{y_{p12}(s)}=\frac{-\dfrac{1}{P_{12}(s)}G_{12m}(s)C_1(s)\mathrm{e}^{-\tau_1 s}G_{11}(s)}{1+C_1(s)G_{11m}(s)+C_1(s)\mathrm{e}^{-\tau_1 s}(G_{11}(s)-G_{11m}(s))\mathrm{e}^{-\tau_2 s}} \tag{17-9}$$

(4) 来自闭环控制回路 2 执行器 A_2 节点的控制信号 $u_{2p}(s)$,同时通过被控对象交叉通道传递函数 $G_{12}(s)$和其预估模型 $G_{12m}(s)$作用于闭环控制回路 1,从输入信号 $u_{2p}(s)$到输出信号 $y_1(s)$之间的闭环传递函数为

$$\frac{y_1(s)}{u_{2p}(s)}=\frac{G_{12}(s)(1+C_1(s)G_{11m}(s))+C_1(s)\mathrm{e}^{-\tau_1 s}(G_{11}(s)G_{12m}(s)-G_{11m}(s)G_{12}(s))\mathrm{e}^{-\tau_2 s}}{1+C_1(s)G_{11m}(s)+C_1(s)\mathrm{e}^{-\tau_1 s}(G_{11}(s)-G_{11m}(s))\mathrm{e}^{-\tau_2 s}} \tag{17-10}$$

采用方法 1,当被控对象预估模型等于其真实模型时,即当 $G_{11m}(s)=G_{11}(s)$、$G_{12m}(s)=G_{12}(s)$时,闭环控制回路 1 的闭环特征方程将由 $1+C_1(s)G_{11m}(s)+C_1(s)\cdot\mathrm{e}^{-\tau_1 s}(G_{11}(s)-G_{11m}(s))\mathrm{e}^{-\tau_2 s}=0$ 变成 $1+C_1(s)G_{11}(s)=0$,其闭环特征方程中不再包含影响系统稳定性的网络时延 τ_1 和 τ_2 的指数项 $\mathrm{e}^{-\tau_1 s}$和 $\mathrm{e}^{-\tau_2 s}$,从而可降低网络时延对系统稳定性的影响,改善系统的动态控制性能质量,实现对随机网络时延的动态补偿与控制.

接着对图 17.3 中的闭环控制回路 2 进行分析:

(1) 从输入信号 $x_2(s)$到输出信号 $y_2(s)$之间的闭环传递函数为

$$\frac{y_2(s)}{x_2(s)}=\frac{C_2(s)\mathrm{e}^{-\tau_3 s}G_{22}(s)}{1+C_2(s)G_{22m}(s)+C_2(s)\mathrm{e}^{-\tau_3 s}(G_{22}(s)-G_{22m}(s))\mathrm{e}^{-\tau_4 s}} \tag{17-11}$$

式中,$G_{22m}(s)$是被控对象 $G_{22}(s)$的预估模型.

(2) 来自闭环控制回路 1 中 $C_1(s)$控制单元的输出信号 $u_1(s)$,通过交叉解耦通道传递函数 $P_{21}(s)$和其网络传输通道 $\mathrm{e}^{-\tau_{21}s}$作用于闭环控制回路 2 的前向通路,从输入 $u_1(s)$到输出信号 $y_2(s)$之间的闭环传递函数为

$$\frac{y_2(s)}{u_1(s)}=\frac{P_{21}(s)\mathrm{e}^{-\tau_{21}s}\mathrm{e}^{-\tau_3 s}G_{22}(s)}{1+C_2(s)G_{22m}(s)+C_2(s)\mathrm{e}^{-\tau_3 s}(G_{22}(s)-G_{22m}(s))\mathrm{e}^{-\tau_4 s}} \tag{17-12}$$

(3) 来自交叉解耦网络传输通道 $\mathrm{e}^{-\tau_{21}s}$ 的输出信号 $y_{p21}(s)$，作用于闭环控制回路 2 的控制解耦器 CD_2 节点中的传递函数 $1/P_{21}(s)$ 得到其输出 $u_{1m}(s)$，从输入信号 $y_{p21}(s)$ 到输出信号 $y_2(s)$ 之间的闭环传递函数为

$$\frac{y_2(s)}{y_{p21}(s)}=\frac{-\frac{1}{P_{21}(s)}G_{21m}(s)C_2(s)\mathrm{e}^{-\tau_3 s}G_{22}(s)}{1+C_2(s)G_{22m}(s)+C_2(s)\mathrm{e}^{-\tau_3 s}(G_{22}(s)-G_{22m}(s))\mathrm{e}^{-\tau_4 s}} \tag{17-13}$$

(4) 来自闭环控制回路 1 执行器 A_1 节点的控制信号 $u_{1p}(s)$，同时通过被控对象交叉通道传递函数 $G_{21}(s)$ 和其预估模型 $G_{21m}(s)$ 作用于闭环控制回路 2，从输入信号 $u_{1p}(s)$ 到输出信号 $y_2(s)$ 之间的闭环传递函数为

$$\frac{y_2(s)}{u_{1p}(s)}=\frac{G_{21}(s)(1+C_2(s)G_{22m}(s))+C_2(s)\mathrm{e}^{-\tau_3 s}(G_{22}(s)G_{21m}(s)-G_{22m}(s)G_{21}(s))\mathrm{e}^{-\tau_4 s}}{1+C_2(s)G_{22m}(s)+C_2(s)\mathrm{e}^{-\tau_3 s}(G_{22}(s)-G_{22m}(s))\mathrm{e}^{-\tau_4 s}} \tag{17-14}$$

采用方法 1，当被控对象预估模型等于其真实模型时，即当 $G_{22m}(s)=G_{22}(s)$、$G_{21m}(s)=G_{21}(s)$ 时，控制回路 2 的闭环特征方程将变成 $1+C_2(s)G_{22}(s)=0$，其闭环特征方程中不再包含影响系统稳定性的网络时延的指数项 $\mathrm{e}^{-\tau_3 s}$ 和 $\mathrm{e}^{-\tau_4 s}$，从而可降低时延对系统稳定性的影响，实现对随机网络时延的动态补偿与控制.

方法 1 适用于被控对象预估模型等于其真实模型的一种 TITO-NDCS 随机网络时延补偿与控制，其研究思路与方法同样适用于被控对象预估模型等于其真实模型的 MIMO-NDCS 随机网络时延的补偿与控制.

17.4　方　法　2

现重新对图 17.1 中的闭环控制回路 1 和闭环控制回路 2 进行改变.

第一步：为了实现满足预估补偿条件时，闭环控制回路 1 的闭环特征方程中不再包含网络时延的指数项，以实现对网络时延 τ_1 和 τ_2 的补偿与控制，围绕被控对象 $G_{11}(s)$，以闭环控制回路 1 的输出信号 $y_1(s)$ 作为输入信号，构造两个预估补偿控制回路：一个是将 $y_1(s)$ 通过预估控制器 $C_{1m}(s)$ 构造一个负反馈预估控制回路；另一个是将 $y_1(s)$ 通过网络传输时延预估模型 $\mathrm{e}^{-\tau_{2m}s}$ 和预估控制器 $C_{1m}(s)$ 以及网络传输时延预估模型 $\mathrm{e}^{-\tau_{1m}s}$ 后构造一个正反馈预估控制回路.

与此同时，为了实现满足预估补偿条件时，闭环控制回路 2 的闭环特征方程中不再包含网络时延的指数项，以实现对网络时延 τ_3 和 τ_4 的补偿与控制，围绕被控对象 $G_{22}(s)$，采用以闭环控制回路 2 的输出信号 $y_2(s)$ 作为输入信号，构造两个预估补偿控制回路：一个是将 $y_2(s)$ 通过预估控制器 $C_{2m}(s)$ 构造一个负反馈预估控

制回路;另一个是将 $y_2(s)$通过网络传输时延预估模型 $e^{-\tau_{4m}s}$和预估控制器 $C_{2m}(s)$以及网络传输时延预估模型 $e^{-\tau_{3m}s}$后构造一个正反馈预估控制回路.

实施第二步之后,图 17.1 变成图 17.4 所示的结构.

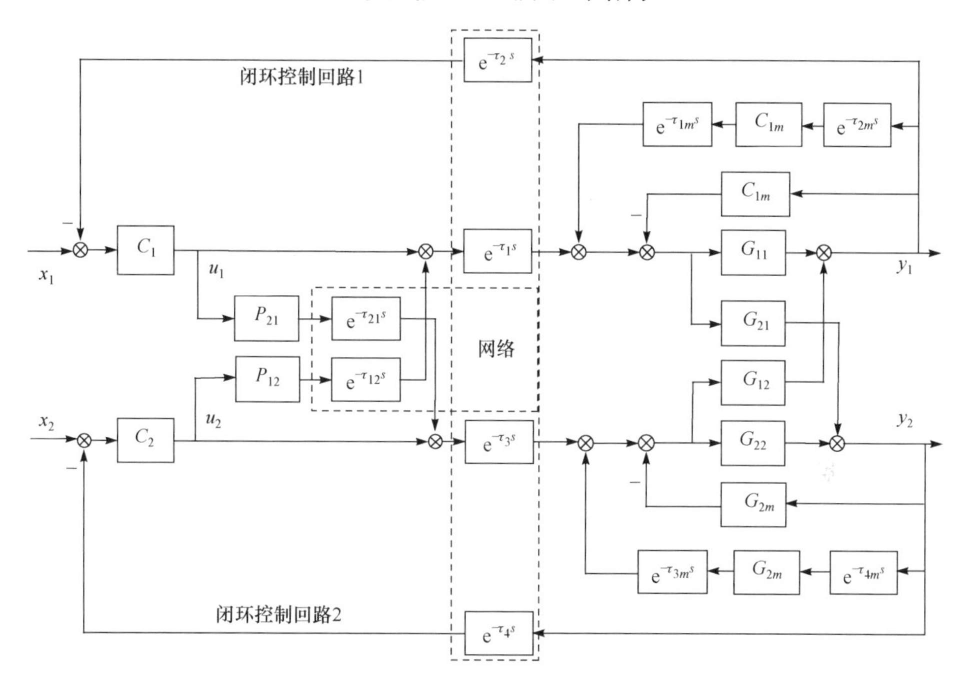

图 17.4　一种包含预估时延模型和预估控制器模型的 TITO-NDCS 时延补偿结构

第二步:针对实际 TITO-NDCS 中,难以获取网络时延准确值的问题.在图 17.4 中要实现对网络时延的补偿与控制,必须满足网络时延预估模型 $e^{-\tau_{1m}s}$和 $e^{-\tau_{2m}s}$等于其真实模型 $e^{-\tau_1 s}$和 $e^{-\tau_2 s}$的条件,满足预估控制器 $C_{1m}(s)$等于其真实控制器 $C_1(s)$的条件(由于控制器 $C_1(s)$是人为设计与选择的,自然满足 $C_{1m}(s)=C_1(s)$).为此,从传感器 S_1 节点到控制解耦器 CD_1 节点之间,以及从控制解耦器 CD_1 节点到执行器 A_1 节点之间,采用真实的网络数据传输过程 $e^{-\tau_2 s}$以及 $e^{-\tau_1 s}$代替其间网络时延的预估补偿模型 $e^{-\tau_{2m}s}$以及 $e^{-\tau_{1m}s}$.

与此同时,在图 17.4 中要实现对网络时延的补偿与控制,还必须满足网络时延预估模型 $e^{-\tau_{3m}s}$和 $e^{-\tau_{4m}s}$等于其真实模型 $e^{-\tau_3 s}$和 $e^{-\tau_4 s}$的条件,满足预估控制器 $C_{2m}(s)$等于其真实控制器 $C_2(s)$的条件(由于控制器 $C_2(s)$是人为设计与选择的,自然满足 $C_{2m}(s)=C_2(s)$).为此,从传感器 S_2 节点到控制解耦器 CD_2 节点之间,以及从控制解耦器 CD_2 节点到执行器 A_2 节点之间,采用真实的网络数据传输过程 $e^{-\tau_4 s}$以及 $e^{-\tau_3 s}$代替其间网络时延的预估补偿模型 $e^{-\tau_{4m}s}$以及 $e^{-\tau_{3m}s}$.

实施第二步之后,图 17.4 变成图 17.5 所示的结构.

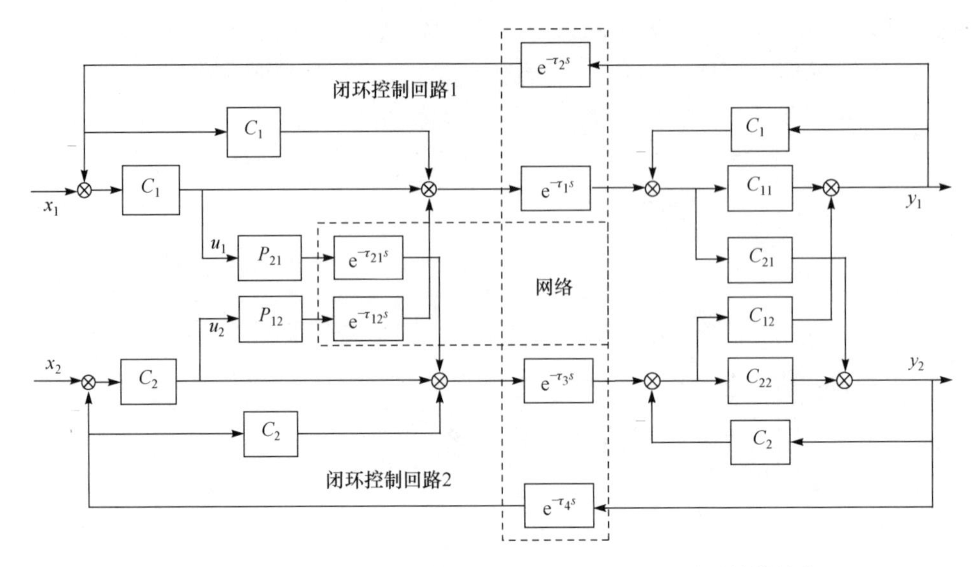

图 17.5　用真实模型代替预估模型的 TITO-NDCS 时延补偿结构

第三步：将图 17.5 中的控制器 $C_1(s)$，按传递函数等价变换规则进一步化简，得到如图 17.6 所示的实施方法 2 的网络时延补偿结构；从结构上实现系统不包含其间网络时延预估补偿模型，从而免除对闭环控制回路 1 中，节点与节点之间网络时延 τ_1 和 τ_2 的测量、估计或辨识，可实现对网络时延 τ_1 和 τ_2 的补偿与控制.

与此同时，将图 17.5 中的控制器 $C_2(s)$，按传递函数等价变换规则进一步化简，得到如图 17.6 所示的实施方法 2 的网络时延补偿结构；从结构上实现系统不包含其间网络时延预估补偿模型，从而免除对闭环控制回路 2 中，节点与节点之间网络时延 τ_3 和 τ_4 的测量、估计或辨识，可实现对网络时延 τ_3 和 τ_4 的补偿与控制.

实施第三步之后，图 17.5 变成图 17.6 所示的结构.

现对图 17.6 中的闭环控制回路 1 分析如下：

(1) 从输入信号 $x_1(s)$到输出信号 $y_1(s)$之间的闭环传递函数为

$$\frac{y_1(s)}{x_1(s)}=\frac{C_1(s)e^{-\tau_1 s}G_{11}(s)}{1+C_1(s)G_{11}(s)} \tag{17-15}$$

(2) 来自闭环控制回路 2 控制解耦器 CD_2 节点的 $e_2(s)$作为输入信号，通过 $C_2(s)$控制单元与交叉解耦通道传递函数 $P_{12}(s)$以及网络通路 $e^{-\tau_{12}s}$单元传输的信号作用于闭环控制回路 1，从输入信号 $e_2(s)$到输出信号 $y_1(s)$之间的闭环传递函数为

$$\frac{y_1(s)}{e_2(s)}=\frac{C_2(s)P_{12}(s)e^{-\tau_{12}s}e^{-\tau_1 s}G_{11}(s)}{1+C_1(s)G_{11}(s)} \tag{17-16}$$

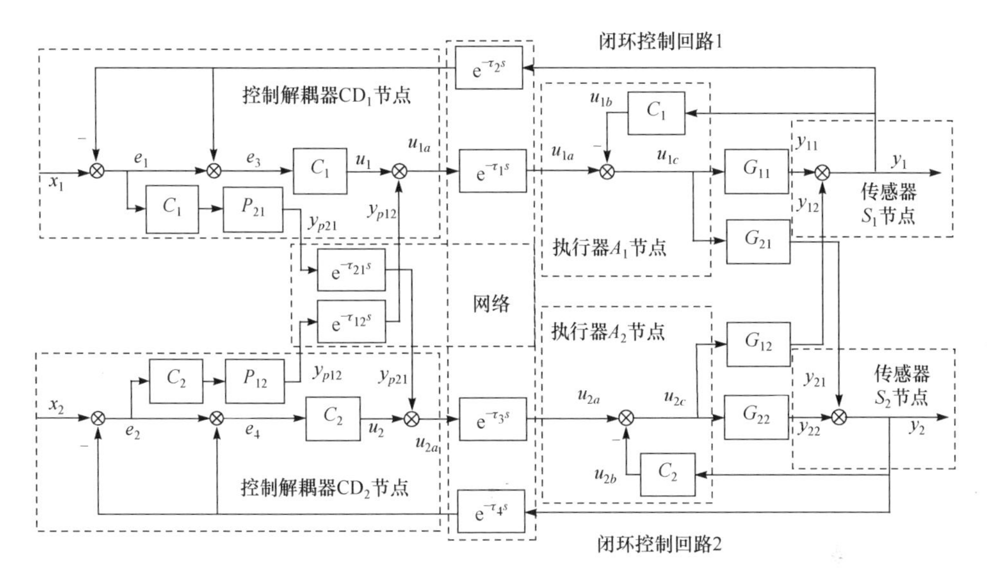

图17.6 基于TITO-NDCS结构(7)的时延补偿方法2

(3) 来自闭环控制回路2执行器A_2节点输出信号$u_{2c}(s)$,通过被控对象交叉通道传递函数$G_{12}(s)$作用于闭环控制回路1,从输入信号$u_{2c}(s)$到输出信号$y_1(s)$之间的闭环传递函数为

$$\frac{y_1(s)}{u_{2c}(s)}=\frac{G_{12}(s)}{1+C_1(s)G_{11}(s)} \tag{17-17}$$

采用方法2,从上述闭环传递函数等式(17-15)~式(17-17)中可以看出:控制回路1的闭环特征方程$1+C_1(s)G_{11}(s)=0$中,不再包含影响系统稳定性的网络时延τ_1和τ_2的指数项$e^{-\tau_1 s}$和$e^{-\tau_2 s}$,从而可降低网络时延对系统稳定性的影响,改善系统的动态控制性能质量,实现对时变网络时延的动态补偿与控制.

接着对图17.6中的闭环控制回路2进行分析:

(1) 从输入信号$x_2(s)$到输出信号$y_2(s)$之间的闭环传递函数为

$$\frac{y_2(s)}{x_2(s)}=\frac{C_2(s)e^{-\tau_3 s}G_{22}(s)}{1+C_2(s)G_{22}(s)} \tag{17-18}$$

(2) 来自闭环控制回路1控制解耦器CD$_1$节点的$e_1(s)$作为输入信号,通过$C_1(s)$控制单元与交叉解耦通道传递函数$P_{21}(s)$以及网络通路$e^{-\tau_{21} s}$单元传输的信号作用于闭环控制回路2,从输入信号$e_1(s)$到输出信号$y_2(s)$之间的闭环传递函数为

$$\frac{y_2(s)}{e_1(s)}=\frac{C_1(s)P_{21}(s)e^{-\tau_{21} s}e^{-\tau_3 s}G_{22}(s)}{1+C_2(s)G_{22}(s)} \tag{17-19}$$

(3) 来自闭环控制回路1执行器A_1节点输出信号$u_{1c}(s)$,通过被控对象交叉通道传递函数$G_{21}(s)$作用于闭环控制回路2,从输入信号$u_{1c}(s)$到输出信号$y_2(s)$

之间的闭环传递函数为

$$\frac{y_2(s)}{u_{1c}(s)}=\frac{G_{21}(s)}{1+C_2(s)G_{22}(s)} \tag{17-20}$$

采用方法 2,从上述闭环传递函数等式(17-18)～式(17-20)中可以看出:控制回路 2 的闭环特征方程 $1+C_2(s)G_{22}(s)=0$ 中,不再包含影响系统稳定性的网络时延 τ_3 和 τ_4 的指数项 $e^{-\tau_3 s}$和 $e^{-\tau_4 s}$,从而可降低网络时延对系统稳定性的影响,改善系统的动态控制性能质量,实现对时变网络时延的动态补偿与控制.

方法 2 适用于被控对象模型已知或未确知的一种 TITO-NDCS 时变网络时延的补偿与控制,其研究思路与研究方法同样适用于被控对象模型已知或未确知的两个以上输入和输出所构成的 MIMO-NDCS 时变网络时延的补偿与控制.

17.5 方法特点

方法 1 和方法 2 具有如下特点:

(1) 从系统结构上实现,免除对 TITO-NDCS 中网络时延的测量、观测、估计或辨识,同时还可免除节点时钟信号同步的要求,进而避免时延估计模型不准确造成的估计误差,避免对时延辨识所需耗费节点存储资源的浪费,还可避免由于时延造成的"空采样"或"多采样"所带来的补偿误差.

(2) 从 TITO-NDCS 结构上实现,与具体的网络通信协议的选择无关,因此既适用于采用有线网络协议的 TITO-NDCS,也适用于无线网络协议的 TITO-NDCS;既适用于确定性网络协议,也适用于非确定性的网络协议;既适用于异构网络构成的 TITO-NDCS,也适用于异质网络构成的 TITO-NDCS.

(3) 从 TITO-NDCS 结构上实现,与具体控制器的控制策略的选择无关,因此既可用于采用常规控制的 TITO-NDCS,也可用于采用智能控制或采用复杂控制策略的 TITO-NDCS.

(4) 采用的是"软件"改变 TITO-NDCS 结构的补偿与控制方法,因此在其实现过程中无须再增加硬件设备,利用现有 TITO-NDCS 智能节点自带软件资源,足以实现补偿功能,可节省硬件,便于推广应用.

17.6 本章小结

本章重点分析了 TITO-NDCS 结构(7)存在的问题,并提出了从结构上解决网络时延的基本思路与两种时延补偿方法,最后说明了两种时延补偿方法的特点及其适合范围.